Werner Böttges

DIE BEDEUTUNG RÄUMLICHER PARAMETER FÜR DIE AUSBAUPLANUNG LEITUNGSGEBUNDENER ENERGIETRÄGER IM RAHMEN VON KOMMUNALEN VERSORGUNGSKONZEPTEN, DARGESTELLT AM BEISPIEL DER STADT BONN

ARBEITEN ZUR RHEINISCHEN LANDESKUNDE

ISSN 0373—7187

Herausgegeben von

H. Hahn · W. Kuls · W. Lauer · P. Höllermann · W. Matzat · K.-A. Boesler

Schriftleitung: H.-J. Ruckert

Heft 57

Werner Böttges

Die Bedeutung räumlicher Parameter für die
Ausbauplanung leitungsgebundener Energieträger
im Rahmen von kommunalen Versorgungskonzepten,
dargestellt am Beispiel der Stadt Bonn

1987

In Kommission bei
FERD. DÜMMLERS VERLAG · BONN
— Dümmlerbuch 7157 —

Die Bedeutung räumlicher Parameter für die
Ausbauplanung leitungsgebundener Energieträger
im Rahmen von kommunalen Versorgungskonzepten,
dargestellt am Beispiel der Stadt Bonn

von

Werner Böttges

Mit 44 Tabellen, 24 Abbildungen, 14 Karten und einer Beilage.

In Kommission bei
FERD. DÜMMLERS VERLAG · BONN
1987

Gedruckt mit Unterstützung des Landschaftsverbandes Rheinland

Der Auflage liegt eine Falttafel: "Energieflußbild der Bundesrepublik Deutschland (1983)" bei, die von der Abteilung Anwendungstechnik der Rheinisch-Westfälischen Elektrizitätswerke AG, Essen, freundlicherweise zur Verfügung gestellt wurde.

Alle Rechte vorbehalten

ISBN 3-427-71571-x

© 1987 Ferd. Dümmlers Verlag, 5300 Bonn 1
Herstellung: Richard Schwarzbold, Witterschlick b. Bonn

VORWORT

Die Energieversorgung rückte im letzten Jahrzehnt in den Mittelpunkt des politischen und öffentlichen Interesses. Dies ist eine Folge der Energiekrisen in den Jahren 1973 und 1979 mit ihren sprunghaft steigenden Preisen. Aber auch in der zur Zeit (noch) herrschenden entspannten Versorgungssituation bleiben die Bemühungen um eine sinnvolle und rationelle Energieverwendung wegen der Begrenztheit der Ressourcen und der Verbindung zur Umweltproblematik eine Daueraufgabe.

Die vorliegende Untersuchung möchte darlegen, daß von geographischer Seite ein Beitrag zur Energieversorgungsplanung im genannten Sinne geleistet werden kann.

Herrn Prof. Dr. K.-A. Boesler bin ich zu besonders herzlichem Dank verpflichtet für die mir in liebenswürdiger Weise stets gewährte Unterstützung bei der Erstellung dieser Arbeit. Ebenfalls Dank schulde ich Prof. Dr. G. Aymans für die Übernahme des Korreferates, sowie Dr. W. Bahr und Dr. F. Spreer vom Saarländischen Wirtschaftsministerium, die mir in zahlreichen und ausführlichen Gesprächen wertvolle Anregungen gaben.

Herrn Kosack (Amt für Statistik und Wahlen), Herrn Eißmann (Amt für Wohnungswesen der Stadt Bonn), den Herren Truß und König vom Ingenieurbüro Goepfert & Reimer Hamburg ebenso wie den in Bonn tätigen Energieversorgungsunternehmen danke ich für die Überlassung umfangreichen Materials, den Herausgebern der ARBEITEN ZUR RHEINISCHEN LANDESKUNDE für die Aufnahme der Arbeit in diese Reihe.

Bonn, im Frühjahr 1986   Karl Werner Böttges

INHALTSVERZEICHNIS

	Seite
Verzeichnis der Tabellen, Abbildungen und Karten	IX
Einführung und Problemstellung	1

1.	Die energiewirtschaftliche Gesamtsituation	2
1.1	Die Lage auf dem Weltenergiemarkt	2
1.2	Die Angebots- und Verbrauchssituation von Energie in der Bundesrepublik Deutschland	3
1.3	Die Belastung der Umwelt	7
1.4	Die Energieversorgung als öffentliche Aufgabe	7
2.	Die energiepolitische Zielsetzung der Bundesregierung	8
2.1	Das Energieprogramm von 1973 und seine Fortschreibungen	8
2.2	Die Notwendigkeit sog. Energieversorgungskonzepte	9
3.	Die Energieversorgung als Gegenstand räumlicher Forschung	9
3.1	Die Beeinträchtigung der Umweltqualität	10
3.2	Die regionalen Unterschiede im Angebot und Preisniveau von Energie	11
3.3	Die Energieversorgung als wesentlicher Faktor der Wirtschaftskraft und der Wirtschaftsstruktur	11
3.4	Das Verhältnis zwischen Raumordnung und Energieversorgung	12
3.5	Die Standortplanung von Kraftwerken	12
3.6	Die Verbindung der Bereiche Verkehr und Energie	13
3.7	Der Zusammenhang zwischen leitungsgebundener Energieversorgung und räumlichen Strukturen	13
4.	Die Rahmenbedingungen und die Zielsetzungen bei der Erstellung örtlicher Versorgungskonzepte	14
4.1	Das Arbeitsprogramm 'örtliche und regionale Energieversorgungskonzepte'	14
4.2	Die energiepolitischen und wirtschaftlichen Zielsetzungen	15
4.3	Die Ziele einer räumlich orientierten Energieversorgungsplanung	17
4.4	Die Abstimmung der Energieversorgungsplanung mit den übrigen Zielbereichen der kommunalen Entwicklungsplanung	20
4.4.1	Exkurs: Die Notwendigkeit und Aufgabendefinition der kommunalen Entwicklungsplanung	21
4.4.2	Die Abstimmungsbereiche im einzelnen	22
5.	Die Methode der Nutzwertanalyse	27
5.1	Prinzipielle Aussagen zum Verfahren der Nutzwertanalyse	27
5.2	Die Arbeitsschritte der Nutzwertanalyse und ihre Verbindung zu örtlichen Energieversorgungskonzepten	27
6.	Das Beispiel des Energieversorgungskonzeptes Bonn	31
6.1	Die gegenwärtige Versorgungsstruktur der Stadt Bonn	31
6.2	Die Vorläufer und die Entstehungsgeschichte des Wärmeversorgungskonzeptes	41
6.2.1	Die Planstudie Köln/Bonn/Koblenz	41
6.2.2	Die Planung eines neuen Müllheizkraftwerkes	41
6.2.3	Die Entstehung und die Zielsetzung des Wärmeversorgungskonzeptes Bonn	42
6.3	Eine kurze Zusammenfassung der Ergebnisse des Konzeptes	43
7.	Die Ableitung von Indikatoren aus den Zielen für Versorgungskonzepte und ihre Ausprägungen in den räumlichen Handlungsalternativen	45
7.1	Die Datensituation	45
7.2	Die Statistischen Bezirke Bonns als räumliche Bezugsbasis	45
7.3	Die Indikatoren im einzelnen	46

	Seite
8. Die Transformation und die Gewichtung der Indikatoren	55
8.1 Die Umwandlung mit Hilfe verschiedener Transformationsfunktionen	55
8.2 Die Gewichtung der transformierten Indikatoren	59
8.2.1 Die Beschreibung der Gewichtungsalternativen	59
8.2.2 Die Einzelergebnisse und der Vergleich der Gewichtungsresultate	62
9. Die Darstellung konkreter Ausbauvorschläge	70
9.1 Die Methode des Vorgehens	70
9.2 Die nach Prioritätsstufen geordneten Ausbauvorschläge	70
9.2.1 Erste Prioritätsstufe	70
9.2.2 Zweite Prioritätsstufe	75
9.2.3 Dritte Prioritätsstufe	80
9.2.4 Ohne Ausbaupriorität	85
9.3 Die Zusammenfassung und der Vergleich der Ergebnisse mit den Vorschlägen des 'Wärmeversorgungskonzeptes Bonn'	89
Zusammenfassung der Untersuchungsergebnisse	90
Anmerkungen	95
Tabellenanhang	108
Literaturverzeichnis	132
Karten	146

VERZEICHNIS DER TABELLEN

Nr.		Seite
1	Weltweiter Bedarf an Primärenergie in Mrd. t SKE	2
2	Weltreserven an verschiedenen Energieträgern in Mrd. t SKE	2
3	Prozentualer Anteil der Energieträger 1960-1984 in der Bundesrepublik Deutschland	3
4	Schadstoffe und ihre Verursacher	7
5	Hauptmieterhaushalte nach der Mietbelastung und dem Haushaltsnettoeinkommen	18
6	Jährlicher Energieverbrauch und Wärmeanschlußwert verschiedener Gebäudetypen	24
7	Emissionsfaktoren für Feuerungsanlagen (Hausbrand und Kleingewerbe)	26
8	Nutzbare Fernwärmeabgabe der Stadtwerke Bonn 1983	32
9	Entwicklung der Fernwärmeversorgung der Stadtwerke Bonn	32
10	Nutzbare Abgabe von Erdgas in Bonn 1983 nach Verbrauchssektoren	35
11	Gasabsatz in Bonn in den Jahren 1972 bis 1983 (Mio. kWh)	35
12	Stromabsatz der in Bonn tätigen Versorgungsunternehmen in den Jahren 1972 bis 1983 (Mio. kWh)	37
13	Stromabgabe in Bonn 1983 nach Verbrauchssektoren	38
14	Prozentualer Anteil der Energieträger bei Wohngebäuden	39
15	Prozentualer Anteil von Erwerbsgruppen an den Wohngeldempfängern Bonns	50
16	Rangordnung der Statistischen Bezirke bei Gewichtungsalternative A	62
17	Statistische Bezirke nach Ausbauprioritäten bei Alternative A	64
18	Rangordnung der Statistischen Bezirke bei Gewichtungsalternative B	65
19	Statistische Bezirke nach Ausbauprioritäten bei Alternative B	66
20	Rangordnung der Statistischen Bezirke bei Gewichtungsalternative C	67
21	Statistische Bezirke nach Ausbauprioritäten bei Alternative C	68
22	Bezirke der 'Klasse 5' mit Rangplätzen (beim Vergleich der Gewichtungsalternativen)	69
A 1	Weltreserven an verschiedenen Energieträgern in Mrd. t SKE	108
A 2	Primärenergieverbrauch 1960-1984 in der Bundesrepublik	108
A 3	Entwicklung des Bruttoinlandsprodukts, des Primärenergieverbrauchs und des Elastizitätskoeffizienten 1961-1984	109
A 4	Anteil der mit Fernwärme- bzw. Erdgasrohren versehenen Anliegerstraßen	110
A 5	Wärmeanschluß- und Einwohner/Arbeitsplatzdichte in den Statistischen Bezirken der Stadt Bonn	111
A 6	Anschlußanteil großer Gebäude in %	112
A 7	Anteil der Heizungsarten in % bei Wohngebäuden	113
A 8	Altersklassen der Wohngebäude	114
A 9	Zahl der Haushalte pro Wohngebäude	115
A 10	Anteil der über 60-jährigen und der Ausländer an der Gesamtbevölkerung	116
A 11	Anteil der wohngeldempfangenden Haushalte	117
A 12	Anteil der Nichtwähler und Gymnasiasten	118
A 13	Nutzung der Eigentümer und Besitzer von Wohngebäuden	119
A 14	Nahwanderungssaldo 1982/83 und Raumzahl pro Person	120
A 15	Zunahme des Wärmeanschlußwertes durch Neubauten	121
A 16	Zunahme des Wärmeanschlußwertes durch Bundesbauten und Infrastruktureinrichtungen	122
A 17	Belastung der Luft mit Schadstoffen und Klimazonen Bonns	123
A 18	Transformierte Indikatorenwerte	124
A 19	Ergebnisse der Zielbereiche bei Gewichtungsalternative A	126
A 20	Ergebnisse der Zielbereiche bei Gewichtungsalternative B	127
A 21	Ergebnisse der Zielbereiche bei Gewichtungsalternative C	128
A 22	Standardisierte Strukturdaten der nach Prioritätsstufen geordneten Bezirke Bonns	129

VERZEICHNIS DER ABBILDUNGEN

Nr.		Seite
1	Primärenergieverbrauch in der Bundesrepublik Deutschland	4
2	Zielbaum der Energieversorgungskonzepte aus räumlicher Sicht	28
3	Transformations- bzw. Nutzenfunktionen der Indikatoren	29
4	Beispiel zur stufenweisen Bestimmung der relativen Gewichte von Zielen bei hierarchischem Aufbau	30
5	Leitungsgebundene Energieträger in der Stadt Bonn, Fernwärmeversorgung	33
6	Versorgungssituation in der Stadt Bonn, Entwicklung des Verhältnisses von Fernwärmeabgabe und Anschlußleistung	34
7	Leitungsgebundene Energieträger in der Stadt Bonn, Gasversorgung	36
8	Preisniveau von Erdgas und Heizöl in Bonn 1981-1984	37
9	Leitungsgebundene Energieträger in der Stadt Bonn, Stromversorgung	38
10	Klassifikation der Bonner Statistischen Bezirke nach dem Versorgungsanteil verschiedener Energieträger bei Wohngebäuden	40
11	Kosten der Wärmeversorgung für 22 ausgewählte Vorranggebiete des 'Wärmeversorgungskonzeptes Bonn'	44
12	Zusammenhang zwischen Wärmeanschluß- und Einwohner-/Arbeitsplatzdichte	47
13	Transformationsfunktionen der Indikatoren	56
14	Gewichtungsschema der Alternative A	59
15	Gewichtungsschema der Alternative B	60
16	Gewichtungsschema der Alternative C	61
17	Hierarchie von Gruppeneinteilungen (Dendrogramm) bei Gewichtungsalternative A	63
18	Diskriminanzfunktion bei Gewichtungsalternative A	63
19	Diskriminanzfunktion bei Gewichtungsalternative B	65
20	Diskriminanzfunktion bei Gewichtungsalternative C	67
21	Datenprofile der Bezirke der ersten Prioritätsstufe	73
22	Datenprofile der Bezirke der zweiten Prioritätsstufe	78
23	Datenprofile der Bezirke der dritten Prioritätsstufe	83
24	Datenprofile der Gruppen von Bezirken ohne Ausbaupriorität	88

VERZEICHNIS DER KARTEN

Nr.

1 Fernwärmeversorgung im Bonner Stadtgebiet
2 Gasversorgung im Bonner Stadtgebiet
3 Stromversorgung im Bonner Stadtgebiet
4 Darstellung der 22 Untersuchungsgebiete des 'Wärmeversorgungskonzeptes Bonn'
5 Konzeptvorschläge des 'Wärmeversorgungskonzeptes Bonn'
6 Statistische Bezirke der Stadt Bonn
7 Wärmedichte 1982 in MW/qkm bezogen auf die überbauten Flächen
8 Anteile der einzelnen Heizungsarten bei Wohngebäuden in %
9 Prozentualer Anteil wohngeldempfangender Haushalte
10 Prozentuale Zunahme des Wärmeanschlußwertes durch den Neubau von Wohngebäuden
11 Schwefeldioxidimmissionen mittlere Belastung in Mikrogramm pro Kubikmeter
12 Schwefeldioxidimmissionen Spitzenbelastung in Mikrogramm pro Kubikmeter
13 Zusammenfassung und Vergleich der Ergebnisse der drei Gewichtungsalternativen
14 Überblick über die vorgeschlagenen Ausbaumaßnahmen bei den leitungsgebundenen Energieträgern

EINFÜHRUNG UND PROBLEMSTELLUNG

Langfristig ist mit krisenhaften Entwicklungen und angespannten Versorgungssituationen auf dem Weltenergiemarkt zu rechnen. Die Ursachen dafür liegen in der geographischen Verteilung der Energiereserven, in einem zukünftig stark steigenden Bedarf an Energie der Entwicklungsländer, vor allem aber in einem Ungleichgewicht von Energieangebot (Reserven) und Energienachfrage (Art der verwendeten Energien) begründet.

Die Risiken des Energie-Weltmarktes treffen in erster Linie Industrienationen, die wie die Bundesrepublik Deutschland auf Energieimporte angewiesen sind. Eine Analyse der Struktur des Energieverbrauchs in der Bundesrepublik gibt über die folgenden Punkte Aufschlüsse:

- In der Bundesrepublik besteht wie auf dem Weltmarkt eine Diskrepanz von Angebot und Nachfrage an Energiearten.
- Die Bemühungen um eine sparsamere und rationellere Energieversorgung haben bislang die angestrebten Erfolge noch nicht erreicht.
- Eine sinnvolle Energiepolitik muß hauptsächlich bei der Umwandlung von Primärenergie in Strom und der Niedertemperaturwärme im Verbrauchssektor 'Haushalte und Kleinverbraucher' ansetzen.

Auch aus Gründen der mit der Gewinnung, Umwandlung, Verteilung und des Verbrauchs von Energie verbundenen Belastung der Umwelt ist eine vernünftigere Energieverwendung geboten.

Wegen ihrer hervorragenden wirtschaftlichen und gesellschaftlichen Bedeutung ist die Energieversorgung nicht allein eine Aufgabe der Versorgungsunternehmen, sondern eine öffentliche Aufgabe, und zwar sowohl auf der staatlichen Ebene als auch auf der Ebene der Kommunen im Rahmen ihrer Daseinsvorsorge. Die Aufgabenerfüllung findet staatlicherseits ihren Ausdruck in der Verfolgung einer Energiepolitik, die wiederum auf einem Energieprogramm fußt. Abgeleitet aus der energiewirtschaftlichen Situation ergeben sich vier Hauptziele des Energieprogramms, nämlich die Einsparung von Energie, die Umstrukturierung des Energiemarktes, die Sicherung der Energieversorgung und der Schutz der Umwelt.

Die staatliche Energiepolitik bleibt jedoch bei der Verfolgung ihrer Ziele auf den Beitrag der örtlichen Ebenen angewiesen. Vergleichende Betrachtungen verschiedener Technologien zur Versorgung des Sektors 'Haushalte und Kleinverbraucher' zeigen, daß vor allem die leitungsgebundenen Energieträger Fernwärme und Erdgas sowie Strom in Verbindung mit der Nutzung von Umgebungswärme den Zielen des Energieprogramms entsprechen. Ihr Leitungsnetz gilt es im Rahmen von Versorgungskonzepten den sehr unterschiedlichen räumlichen Strukturen und Planungen angepaßt auszubauen.

Dies ist gleichermaßen eine Forderung geographischer Untersuchungen auf dem Gebiet der Energieversorgung. Sie stellt die Folgerung aus der Erkenntnis dar, daß eine enge Wechselbeziehung zwischen Raum- und Siedlungsstrukturen einerseits und leitungsgebundenen Energieträgern andererseits besteht und deshalb eine enge Verzahnung von räumlicher und energiewirtschaftlicher Planung von beiderseitigem Nutzen ist.

Die angewandte Geographie kann einen wesentlichen Beitrag zur Planung der Energieversorgung leisten, indem sie eine Möglichkeit aufzeigt, räumliche Parameter und Vorhaben in das Planungsverfahren einzubeziehen.

Es fehlt allerdings die Darstellung eines entsprechenden und umfassenden Zielsystems für den Ausbau leitungsgebundener Energieträger bei örtlichen Versorgungskonzepten. Der Aufbau eines systematischen Zielsystems, das räumliche Parameter und Planungen beinhaltet, ist Aufgabe der vorliegenden Arbeit.

Des weiteren wird es darum gehen, ein Verfahren darzulegen, mit dessen Hilfe es möglich sein wird, ausgehend von den allgemein formulierten Zielen des oben angesprochenen Systems, konkrete Indikatoren für den Ausbau leitungsgebundener Energieträger zu entwickeln. Im Rahmen dieses Verfahrens müssen außerdem die Voraussetzungen dafür gegeben werden, die unterschiedliche Bedeutung der zu verfolgenden Ziele in der Ausbauplanung entsprechend zu berücksichtigen und zu einer zeitlichen Abstufung (Prioritätsliste) der Ausbauvorschläge zu gelangen.

Die Darstellung eines konkreten Anwendungsbeispieles wird mehrere Absichten verfolgen, von denen die wichtigsten die des Nachweises der Durchführbarkeit und der Verdeutlichung des im theoretischen Teil der Arbeit Gesagten darstellt. Darüber hinaus soll der Frage nachgegangen werden, ob und inwieweit unterschiedliche Zielgewichtungen bei örtlichen Versorgungskonzepten differierende Ergebnisse der Ausbauplanung leitungsgebundener Energieträger zur Folge haben.

Schließlich ist zu erwähnen, daß auch die im Zusammenhang mit dem Arbeitsprogramm 'örtliche und regionale Energieversorgungskonzepte' erstellten Studien bei der Ausbauplanung leitungsgebundener Energieträger letztlich doch allein wirtschaftliche Berechnungen anwenden. Eine weitere Aufgabenstellung der Arbeit liegt deshalb darin begründet, einen Vergleich der Resultate einer beispielhaft ausgewählten Planstudie mit den Ergebnissen der Planungen unter Einbeziehung räumlicher Parameter anzustellen.

1. DIE ENERGIEWIRTSCHAFTLICHE GESAMTSITUATION

1.1 Die Lage auf dem Weltenergiemarkt

Zahlenangaben über den Weltenergiemarkt beruhen im allgemeinen auf Expertenschätzungen. Sie sind deshalb als Anhaltspunkte zu verstehen, um einen Überblick über die Größenordnungen von Verbräuchen und Vorräten zu erhalten.

Nach übereinstimmender Beurteilung steigt der weltweite Energiebedarf ständig. Er lag im Jahre 1982 bei fast zehn Milliarden Tonnen STeinkohleneinheiten.

Tabelle 1: Weltweiter Bedarf an Primärenergie in Milliarden Tonnen Steinkohleneinheiten[1]

Energieträger	1975	1977	1979	1982
Kohle	2,5 (30%)	2,7 (31%)	2,9 (32%)	2,9 (30%)
Mineralöl	3,6 (43%)	3,9 (44%)	4,1 (45%)	4,0 (41%)
Erdgas	1,7 (21%)	1,5 (17%)	1,8 (20%)	1,8 (19%)
Kernenergie			0,2 (2%)	
Wasserkraft	0,5 (6%)	0,5 (6%)	0,3 (3%)	1,0 (10%)
insgesamt	8,3	8,8	9,1	9,7

Tabelle 2: Weltreserven an verschiedenen Energieträgern in Mrd. Tonnen Steinkohleneinheiten[2]

Kohle (1980)		Erdöl (1983)		Erdgas (1983)		Uran (1982)	
abs.	in %	abs.	in %	abs.	in %	abs.	in %
687,5	72	131,8	14	102,3	11	32,4	3

(siehe Anhang Tabelle 1)

Eine Gegenüberstellung von Bedarf einerseits und in absehbarer Zukunft technisch und wirtschaftlich gewinnbaren Reserven andererseits verdeutlicht, daß die derzeitige Situation auf dem Weltenergiemarkt durch ein Mißverhältnis zwischen Nutzung und Reserven an Energieträgern gekennzeichnet ist. Bei der Kohle steht einem 72-prozentigen Anteil an den Vorräten eine Beteiligung am Verbrauch von 30 Prozent gegenüber. Das Mineralöl weist nur einen Anteil von unter 15 Prozent an den Gesamtreserven auf, während sich der Verbrauch auf 41 Prozent beläuft. Die ebenfalls bestehende Diskrepanz beim Energieträger Erdgas fällt wesentlich geringer aus.

In Zukunft muß mit einem weiter ansteigenden Energieverbrauch gerechnet werden, von dem alle Energieträger betroffen sind.[3] Die Zunahmen betragen bei der Kohle und dem Erdgas im Durchschnitt der Prognosen ca. 75 Prozent, bei Mineralöl nochmals 27 Prozent. Kernenergie, Wasserkraft und sonstige Energiequellen zusammengenommen erreichen in den meisten Prognosen nicht den Anteil am Gesamtverbrauch, den das Erdgas allein zu decken haben wird. Sie bedeuten für die fossilen Energieträger also keine entscheidende Entlastung. Das Mineralöl trägt trotz gewisser Verschiebungen der Verbrauchsstruktur bei der Mehrzahl der Szenarien auch im Jahre 2000 die Hauptlast der Versorgung. Es ist dementsprechend künftig nicht mit einer Aufhebung des Mißverhältnisses zwischen Reserven und Nutzung von Energie zu rechnen.

Nur am Rande erwähnt sei der Aspekt der geographischen Verteilung von Reserven, beispielsweise in Ländern des OPEC-Kartells.[4] In den nächsten Jahrzehnten besteht auf dem Weltenergiemarkt die Notwendigkeit, einen Umstrukturierungsprozeß einzuleiten, der sich von denen früherer Zeiten (z. B. von der Kohle zum Mineralöl) deutlich unterscheidet. Es wird nicht mehr den Energieträger geben, "vielmehr wird der zukünftige Energiebedarf durch mehrere Energieträger, deren Art und Gewichtigkeit in verschiedenen Weltregionen unterschiedlich sein werden",[5] gedeckt werden müssen.

1.2 Die Angebots- und Verbrauchssituation von Energie in der Bundesrepublik Deutschland

Der inländische Primärenergieverbrauch wuchs von 3.971 Petajoule (PJ) (≙ 135,5 Mio. t SKE) im Jahre 1950 auf 11.032 PJ (≙ 376,5 Mio. t SKE) 1984. Der Verbrauch von Primärenergie stieg dabei allerdings nicht kontinuierlich. Nach 1973 und vor allem nach 1979 sind starke Verbrauchseinbrüche zu verzeichnen. Deren Ursachen liegen in den beiden Energiekrisen mit sprunghaften Preissteigerungen und in den schwachen Konjunkturlagen. Der beginnende wirtschaftliche Aufschwung findet auch im Energieverbrauch seinen Niederschlag. Erstmals nach 1979 kann 1984 wieder eine deutliche Steigerungsrate gegenüber dem Vorjahr verbucht werden. Das Energieverbrauchsniveau entspricht damit etwa dem des Jahres 1973.

Gleichzeitig mit dem Verbrauchsanstieg von 288 Prozent gegenüber 1950 vollzogen sich auf keinem anderen Markt der Bundesrepublik derart große Strukturverschiebungen wie sie im Energiemarkt beobachtet werden können. Dieser Wandel erfolgte bis 1973 unbeeinflußt von energiepolitischen Konzepten, wenn man von Einzelmaßnahmen im Bereich des Kohlebergbaus absieht.

Tabelle 3: Prozentualer Anteil der Energieträger 1960-1984

JAHR	STEIN-KOHLE	BRAUN-KOHLE	MINERAL-OEL	ERDGAS	KERNE-NERGIE	SONSTIGE
1960	60.7	13.8	21.0	.4	.0	4.1
1961	57.2	13.6	24.9	.5	.0	3.8
1962	54.1	13.2	28.8	.6	.0	3.2
1963	51.0	13.0	32.4	.7	.0	2.9
1964	47.4	12.8	36.3	1.0	.0	2.5
1965	43.2	11.3	40.8	1.3	.0	3.3
1966	38.6	10.6	45.7	1.6	.0	3.8
1967	36.2	10.2	47.7	2.1	.1	3.6
1968	34.0	9.9	49.4	3.2	.2	3.3
1969	32.3	9.5	50.9	4.2	.5	2.6
1970	28.7	9.1	53.1	5.4	.6	3.0
1971	26.6	8.6	54.7	7.1	.6	2.4
1972	23.5	8.8	55.4	8.6	.9	2.8
1973	22.2	8.7	55.2	10.2	1.0	2.6
1974	22.6	9.6	51.5	12.7	1.1	2.5
1975	19.1	9.9	52.1	14.1	2.0	2.7
1976	19.1	10.2	52.9	14.0	2.1	1.7
1977	18.0	9.4	52.1	14.9	3.2	2.4
1978	17.8	9.2	52.3	15.5	3.0	2.2
1979	18.6	9.3	50.7	16.1	3.4	1.9
1980	19.8	10.0	47.6	16.5	3.7	2.5
1981	20.9	10.6	44.8	16.0	4.7	2.9
1982	21.3	10.6	44.2	15.2	5.8	2.9
1983	21.3	10.5	43.5	15.5	5.9	3.3
1984	21.1	10.2	42.1	15.9	8.1	2.6
ZAHL DER JAHRE						
25	25.0	25.0	25.0	25.0	25.0	25.0

Im Gegensatz zur Braunkohle, deren Anteil am Energieverbrauch bei einer absoluten Steigerung von 607 PJ (20,7 Mio. t SKE) 1950 auf 2.330 PJ (79,5 Mio. t SKE) 1984 relativ konstant bei ca. zehn Prozent lag, büßte die Steinkohle ihre Stellung als Hauptenergieträger ein. Der steile anteilmäßige und auch absolute Rückgang des Steinkohleeinsatzes nach 1960 ist neben Verlusten bei der Stahlerzeugung in erster Linie auf Absatzeinbrüche auf dem Wärmemarkt zurückzuführen.[6]

Die günstige Situation der Kohlevorkommen und die technischen Möglichkeiten lassen bis zum

Jahre 2000 eine Steigerung der Förderung auf 45 bei Braunkohle und 100 Mio. t SKE bei Steinkohle zu.[7)]

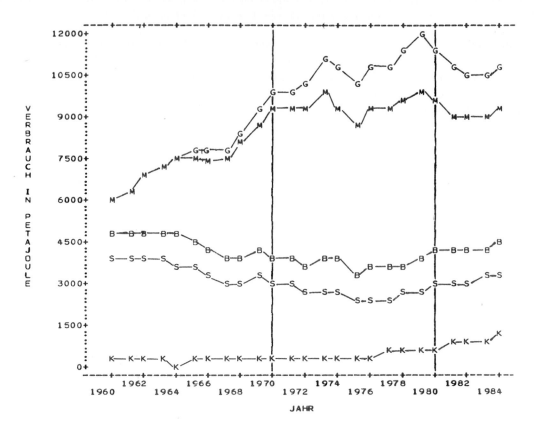

K: Kernenergie und regenerative Energiequellen
S: Steinkohle
B: Braunkohle
M: Mineralöl
G: Gase

Abbildung 1: Primärenergieverbrauch in der Bundesrepublik Deutschland (siehe Anhang-Tabelle 2)

Im Zeitraum 1960 bis 1970 zeichnet sich die Substitution der Steinkohle durch das Mineralöl ab. Während in den fünfziger Jahren das Mineralöl lediglich einen bescheidenen Beitrag zur Energieversorgung der Bundesrepublik leistete, basierte in den siebziger Jahren der Primärenergieverbrauch zeitweise zu mehr als der Hälfte auf Ölprodukten. In dieser Strukturverschiebung zugunsten des Mineralöls spiegelt sich das energiewirtschaftliche Denken der damaligen Zeit wider, das nach STUMPF dadurch gekennzeichnet war, daß "der Zielkonflikt zwischen den Alternativen einer billigen, einer nachhaltig ausreichenden/sicheren, einer umweltfreundlichen und einer sparsamen Energieversorgung ... von der öffentlichen Meinung und von den einzelnen Wirtschaftssubjekten größtenteils zugunsten der billigsten Lösung entschieden"[8)] wurde.

Der Mineralölsektor führt die Abhängigkeit der Bundesrepublik Deutschland von der Funktionsfähigkeit des Weltenergiemarktes in besonderem Maße vor Augen. Vier Millionen Tonnen betrug die westdeutsche Rohölförderung im Jahre 1984. Dem stand eine Gesamteinfuhr von 65 Millionen Tonnen gegenüber.[9)] Mit dem Aufzehren der inländischen Rohöl-Reserven ist bei der gegenwärtigen Fördermenge etwa 1992 zu rechnen.[10)]

Zur Substitution von Steinkohle trug in den siebziger Jahren aber auch das Erdgas bei. Das Gasaufkommen stieg von 1970 bis 1979 um den Faktor 3,6 und konnte seinen Anteil am Gesamtenergieverbrauch auf 16 Prozent ausbauen.

Die Bezugsperspektiven der Gasversorgung können als günstig bezeichnet werden.[11] Von dem benötigten Erdgasaufkommen in der Bundesrepublik stammte 1984 ein Drittel aus eigenen Feldern. Die Niederlande und Norwegen besitzen einen Anteil an den Importen von 64 Prozent.[12] Als Ergänzung des Naturgasvorkommens stehen die verschiedenen Verfahren der Kohlevergasung zur Verfügung.[13]

Der Anteil der Kernenergie an der Deckung des Primärenergiebedarfs ist - trotz seiner Bedeutung bei der Stromversorgung - mit acht Prozent bescheiden. Mittel- und langfristig muß man nach dem Reaktorunfall in der UdSSR von einem rückläufigen Beitrag der Kernenergie ausgehen.

Zu den regenerativen Energiequellen zählen neben der Erzeugung von Strom aus Wasserkraft die Windkraft, die Nutzung von Biomasse oder Geothermik und die Entstehung von Niedertemperaturwärme aus direkter Sonnenstrahlung bzw. Umgebungswärme. Der Bedarf an Primärenergie läßt sich nur zu einem geringen Teil durch regenerative Energiequellen decken. An dieser Situation wird sich nach überwiegender Meinung der Energiesachverständigen in absehbarer Zukunft nichts ändern.[14] Günstigere Einsatzchancen besitzen lediglich die verschiedenen Wärmepumpensysteme. Im Jahre 1979 waren in der Bundesrepublik erst 1.500 Anlagen installiert, 1985 wird mit mehr als 250.000 Anlagen gerechnet bei einem Potential allein im Wohnungsbau von 400.000 Anlagen.[15]

Die Rolle der einzelnen Energieträger am Primärenergieverbrauch läßt den Schluß zu, daß die erforderlichen Reaktionen von Staat, Industrie und Haushalten auf die erste Energiekrise 1973 und die Entwicklung des Weltenergiemarktes weitestgehend ausblieben. "Die langen Anpassungsjahre nach dem ersten Preisschub 1973 blieben ohne die erforderliche ökonomische Anpassung und ohne hinreichende energiepolitische Gestaltung."[16] Erst nach 1979 sind Mengenreduktionen und Umstrukturierungen auf Kosten des Mineralöls spürbar.

Zu dem gleichen Ergebnis kommt man bei der Betrachtung des sogenannten Elastizitätskoeffizienten. Unter dem Elastizitätskoeffizienten ist das Verhältnis der jährlichen Veränderungsraten von Primärenergieverbrauch und Bruttosozialprodukt zu verstehen. In den sechziger und siebziger Jahren verlief die Entwicklung des realen Bruttoinlandsprodukts weitgehend parallel zu der des Primärenergieverbrauchs, d. h. der Elastizitätskoeffizient lag nahe eins.[17] Es ist allerdings ein Ziel der Energiepolitik, soweit wie möglich eine 'Entkoppelung' anzustreben, wie dies auf der Gipfelkonferenz der Industrieländer in Venedig und der Ministersitzung der Internationalen Energieagentur 1980 erklärt wurde.[18]

Diesem Ziel ist man bislang nicht näher gekommen. Abgesehen von zwei Phasen krisenhafter Entwicklung 1974/1975 und 1980/1982 ist die Tendenz der Abhängigkeit ungebrochen. Gemessen am Indikator 'Elastizitätskoeffizient' kann bis in die jüngste Vergangenheit kein Erfolg bei dem Bemühen festgestellt werden, eine sparsamere und rationellere Energieverwendung zu erreichen und konjunkturelle Aufschwünge künftig nicht durch Energieengpässe zu gefährden (siehe Anhang-Tabelle 3).

Eine gebräuchliche Form, die Struktur des Energieverbrauchs darzustellen, ist die sog. Energiebilanz. "Als Energiebilanz bezeichnet man eine ganz bestimmte Form des statistischen Nachweises von Aufkommen und Verwendung an Energieträgern innerhalb eines eindeutig abgegrenzten Wirtschaftsraumes."[19] Für die Bundesrepublik stellt die Arbeitsgemeinschaft Energiebilanzen die betreffenden energiewirtschaftlichen Strukturgrößen zusammen.[20] Auf dieses Zahlenmaterial greift die Darstellung des Energieflußbildes zurück[21] (vgl. Abbildung im Anhang).

Das Energieflußbild läßt sich in vier große Abschnitte unterteilen:

- Herkunft und Größe des Energieaufkommens im Inland;
- Aufbereitungs- und Umwandlungskette von Energie;
- Verbrauch und Verwendung einzelner Energieträger;
- Einsatz und Nutzung der Energie bei den Verbrauchssektoren.

Das Energieflußbild schließt damit die Bereiche von der Primärenergie bis zur Nutzenergie ein. Es bietet einen umfassenden und anschaulichen Überblick über Aufkommen, Verbrauch und Verwendung von Energie.

Ohne die Berücksichtigung der regenerativen Energien erreichte der Endenergieverbrauch 1983 eine Höhe von 6.916 PJ (≙ 236 Mio. t SKE). Der Verbrauchsanteil der Industrie betrug 32,1 Prozent, während der Anteil des Verkehrs mit 23,9 Prozent angegeben wird. Die Sektoren Haushalte und Kleinverbraucher stellen mit insgesamt 44 Prozent die bedeutendste Verbrauchergruppe dar.

Bemerkenswert ist, daß auch hier ein Umstrukturierungsprozeß beobachtet werden kann. Der Verbrauchsanteil der Industrie liegt gegenüber dem Jahr 1950 um 13 Prozentpunkte niedriger, die auf der anderen Seite zu etwa gleich großen Teilen die Sektoren Verkehr bzw. Haushalte und Kleinverbraucher als Zuwächse verbuchen.[22]

Das Energieflußbild kann aber auch dazu dienen, die Ansatzpunkte einer Strategie der Sicherung und rationellen Verwendung von Energie zu lokalisieren.

Über 60 Prozent des Energieaufkommens der Bundesrepublik müssen importiert werden. Aus Gründen der Sicherung der Energieversorgung gilt es, die Abhängigkeit von ausländischen Lieferungen zu reduzieren und heimische Energiequellen stärker zu nutzen. Dies liegt auch im volkswirtschaftlichen Interesse einer ausgeglichenen Handelsbilanz.[23] Von den bedeutenden Energieträgern besitzt das Mineralöl mit 94 Prozent den bei weitem höchsten Importanteil.

Ein weiterer Ansatzpunkt ist die Umwandlung fossiler Brennstoffe und der Kernenergie in Strom. Von der in Kraftwerken eingesetzten Energiemenge (1983 = 3.271 PJ ohne Wasser- und Heizkraftwerke) können lediglich 35 bis 40 Prozent (1983 = 1.231 PJ) als Strom abgegeben werden. Der Rest (2.040 PJ) geht in Form von Abwärme verloren.

Wärmeenergie kann zwar nicht vollständig und ohne Verluste in höherwertige Energieformen umgewandelt werden. Es ist jedoch möglich, die anfallenden Verluste zu reduzieren und einen Teil der Abwärme zu Heizzwecken zu verwenden.

Fast doppelt so hohe Verluste entstehen bei der Anwendung von Energie zur Deckung des Bedarfs an Wärme, Kälte, Kraft und Licht der Endverbraucher. Die Verluste werden auf insgesamt 3.803 PJ (≙ 129,8 Mio. t SKE) beziffert. Die Energieeinbußen der Umwandlung (außer der Stromerzeugung in Kraftwerken), der Veredlung zu Sekundärenergie sowie des Transportes fallen mit 940 PJ (≙ 32,1 Mio. t SKE) im Verhältnis dazu gering aus. Es ist daher wichtig, in allen Verbrauchssektoren den energetischen Wirkungsgrad, d. h. das Verhältnis von eingesetzter zu genutzter Energie zu verbessern.

Besonderes Augenmerk ist auf den Sektor 'Haushalte und Kleinverbraucher' zu richten. Zu einer rationellen Energieverwendung gehört es nämlich, die Energiedienstleistungen mit einem möglichst geringen Exergieaufwand zu erbringen. Als Exergie bezeichnet man den in Arbeit umwandelbaren Teil einer Energiemenge. Die kinetische, elektrische und potentielle Energie sind reine Exergieformen. Die sog. Anergie läßt sich nicht in Arbeit umwandeln. Hierzu sind die innere Energie der Umgebung und die thermische Energie bei Umgebungstemperatur zu rechnen. Die thermische Energie bei einer Temperatur ungleich der Umgebungstemperatur ist beschränkt in Arbeit umwandelbar, wobei der Exergieanteil mit der Höhe der Temperatur steigt.[24]

Die Industrie benötigt fast ausschließlich Prozeßwärme mit Temperaturen, die weit über 200°C liegen.[25] Für die Verwendungsart 'Kraft' werden im Sektor Verkehr 98,6 Prozent der Endenergiemenge eingesetzt.[26] In beiden Fällen ist der Gebrauch von exergiereichen Energieformen unumgänglich.

Bei der Raumheizung und Warmwasserversorgung im Sektor 'Haushalte und Kleinverbraucher' handelt es sich um Temperaturniveaus, die nur wenig über dem der Umgebungstemperatur liegen. Der Bedarf an Niedertemperatur könnte hier mit geringerwertiger Energie - z. B. der Abwärme aus Kraftwerken - gedeckt werden.

Hinzu kommt, daß im Sektor 'Haushalte und Kleinverbraucher' der Einsatz des importabhängigen Mineralöls überwiegt.

1.3 Die Belastung der Umwelt

Die Gewinnung, Umwandlung, Verteilung und der Verbrauch von Energie zur Erzeugung der jeweiligen Energiedienstleistung gehen nicht ohne auf die Umwelt einwirkende Belastungen vor sich.

Obwohl es eine Vielzahl luftverunreinigender Stoffe gibt, von denen eine schädliche Wirkung ausgeht und deren Nachweis bzw. Messung durch entsprechende Instrumente möglich ist, beschränkt sich die Luftüberwachung auf einige wenige gasförmige und feste Bestandteile. Sie sind mengenmäßig von größter Bedeutung und stellen darüber hinaus eine besondere Belastung oder Gefahr für Mensch, Tier, Pflanze und Material dar. Sie dienen als Indikatoren für die gesamte lufthygienische Situation eines Raumes. Die Überwachung der Luftqualität konzentriert sich auf die Schadstoffe "Schwefeldioxid, Staubniederschlag und Schwebstaub (teilweise mit den Komponenten Blei und Cadmium), Stickstoffoxide und Kohlenmonoxid".[27]

Tabelle 4: Schadstoffe und ihre Verursacher[28]

	Kohlenmonoxid CO	Schwefeldioxid SO_2	Stickoxide NO_2	Staub
Gesamtemission 1982 in Mio. t	8,2	3,0	3,1	0,7
Emittentengruppen				
Kraftwerke/Fernheizw.	0,4%	62,1%	27,7%	21,7%
Industrie	13,6%	25,2%	14,0%	59,7%
Haushalte/Kleinverbr.	21,0%	9,3%	3,7%	9,2%
Verkehr	65,0%	3,4%	54,6%	9,4%

Der mengenmäßig bedeutendste Luftschadstoff, das Kohlenmonoxid, stammt vorwiegend aus den Abgasen der Automobile. Auf das gesamte Bundesgebiet bezogen haben ca. zehn Prozent des Schwefeldioxids und des Staubes ihren Ursprung in Haushalten und bei Kleinverbrauchern. Dabei kann der Anteil dieser Emittentengruppe lokal betrachtet wesentlich höher liegen, wie das Beispiel des Beitrages zur Entstehung von Schwefeldioxid in Nürnberg an Wintertagen mit 78 Prozent[29] zeigt.

Zahlreiche Untersuchungen weisen einen Zusammenhang zwischen Luftverschmutzungen und Gesundheitsbeeinträchtigungen beim Menschen nach. Als Folge der Schadstoffbelastung sind außerdem das Waldsterben, Schäden an landwirtschaftlichen Pflanzen und Tieren sowie die Verwitterung an Bauwerken und Denkmälern zu nennen.[30] Die gesamten Schäden durch Luftverschmutzung einschließlich der Gesundheitskosten belaufen sich für die Bundesrepublik nach Schätzungen jährlich auf 40 bis 70 Milliarden Mark.[31]

Darüber hinaus ist mit den Umwandlungs- und Nutzungsprozessen von Energie die Entstehung von Abwärme verbunden. "Somit wird im Ergebnis der gesamte Primärenergiebedarf mit Ausnahme der nichtenergetisch genutzten Energieträger als Abwärme in die Umwelt emittiert."[32] Die Einleitung der Abwärme in Gewässer und die Atmosphäre stellt ebenfalls eine Belastung der Umwelt dar.

Regionale Klimabeeinflussungen durch die Erwärmung der Atmosphäre in Ballungsgebieten (Wärmeinseleffekte) sind bereits längere Zeit bekannt.[33] Die anthropogene Wärmeproduktion mit etwa 30 W/qm in den Zentren der Großstädte übertrifft während der Wintermonate die Globalstrahlung. Gegenüber einer ländlichen Umgebung tritt als Folge u. a. eine Minderung der Sonneneinstrahlung um etwa 15 Prozent, eine Temperaturerhöhung bei bestimmten Wetterlagen um bis zu zehn Grad Celsius und eine Niederschlagserhöhung um bis zu zehn Prozent ein.[34]

1.4 Die Energieversorgung als öffentliche Aufgabe

Die Energieversorgung besitzt eine unbestrittene wirtschaftliche und gesellschaftliche Bedeutung. Ein ausreichendes Energieangebot kann man als grundlegende Bedingung für die Erhaltung und Fortentwicklung der Zivilisation[35] sowie als Lebensnerv unserer Wirtschaft und Gesellschaft[36] bezeichnen. Energie ist nicht irgendeine Ware, sondern bildet die unabdingbare Voraussetzung für das gesellschaftliche Leben. Als Produktionsfaktor ist Energie nicht substituierbar. "Eine sichere, ausreichende, preiswürdige und umweltverträgliche Energieversorgung ist eine Grundvoraussetzung für die Funktionsfähigkeit der Wirtschaft und die Befriedigung fundamentaler Bedürfnisse der Bürger, letztlich somit eine Schlüsselfrage der künftigen wirtschaftlichen und gesellschaftlichen Entwicklung schlechthin ..."[37]

Daher nimmt selbst in marktwirtschaftlich orientierten Wirtschaftssystemen die Energieversorgung eine Sonderstellung ein, indem indirekt oder direkt energiepolitische Vorstellungen die energiewirtschaftliche Entwicklung zu beeinflussen versuchen. Für die Versorgung der Bundesrepublik insgesamt mit Energie trägt der Staat die Verantwortung.

Die Versorgung der einzelnen Endabnehmer innerhalb der Bundesrepublik ist jedoch in ihrer Struktur vielschichtig. Der Handel mit festen und flüssigen Brennstoffen bleibt weitgehend privaten Unternehmen überlassen. Mit der Abkehr von der Einzelversorgung mit festen und flüssigen Brennstoffen und der Hinwendung zu einer leitungsgebundenen Versorgung mit Fernwärme, Gas und Strom wird die Energieversorgung zu einem Problem und einer Aufgabe der örtlichen Gemeinschaften. Es gehört zu den hervorragenden Pflichten der kommunalen Gebietskörperschaften, eine sichere und wirtschaftliche Versorgung der Bürger mit leitungsgebundenen Energiearten zu gewährleisten. "Politisch nehmen die Städte und Gemeinden nicht zuletzt unter Hinweis auf die Selbstverwaltungsgarantie (Art. 28 Abs. 2 GG) die übergeordnete Verantwortung dafür in Anspruch, daß eine ordnungsgemäße Energieversorgung des von ihnen betreuten Gebietes gewährleistet ist."[38]

Es bleibt allerdings jeder Kommune überlassen, die Energieversorgung bis hin zum Endabnehmer überörtlichen Spartenunternehmen zu übertragen, denen die Gemeinden mit sog. Konzessionsverträgen das Wegerecht einräumen, oder in Form kommunaler Unternehmen meist im Querverbund mit zusammengefaßter Strom-, Gas- und Fernwärmeversorgung diese Aufgabe selber wahrzunehmen.

2. DIE ENERGIEPOLITISCHE ZIELSETZUNG DER BUNDESREGIERUNG

Die internationalen und nationalen Entwicklungen im Energiebereich fließen in die Überlegungen bei der Formulierung der Energiepolitik ein. Die Verantwortung für die energiepolitischen Grundsatzentscheidungen in Form von Gesetzen, Verordnungen, finanziellen Anreizen, Forschungs- und Entwicklungsprojekten liegt in der Bundesrepublik Deutschland in erster Linie bei der Bundesregierung. Die von ihr gesetzten Rahmenbedingungen besitzen einen wesentlichen Einfluß auf die Energieversorgungsstruktur.

2.1 Das Energieprogramm von 1973 und seine Fortschreibungen

Ihre Gesamtkonzeption für die Energieversorgung entwickelte die Bundesregierung im sogenannten Energieprogramm von 1973 bzw. dessen Fortschreibungen. Aus den gesammelten Erfahrungen und Erkenntnissen ergab sich im Laufe der Jahre eine Verschiebung der Gewichtung energiepolitischer Ziele. Zwar erschienen bereits im Energieprogramm von 1973[39] die allgemeinen energiepolitischen Zielsetzungen 'ausreichendes, preisgünstiges, sicheres und umweltgerechteres Energieangebot'. Die Bundesregierung ging jedoch von einer stark expandierenden Verbrauchsentwicklung wie in den sechziger Jahren aus. Es galt vor allem, den zu erwartenden Bedarf zu sichern, d. h. man griff zu einer angebotsorientierten Strategie zur Deckung des Energiebedarfs.[40]

In der ersten Fortschreibung ihres Programms[41] räumte die Bundesregierung zum ersten Male der Energieeinsparung einen höheren Rang ein und wies auf die Notwendigkeit einer möglichst rationellen Energieverwendung sowie eines 'neuen Energiebewußtseins' der Verbraucher hin. Erkenntnisse über die möglichen Gefahren, die die internationale und nationale Situation der Energieversorgung beinhaltet, setzten sich jedoch in vollem Umfange erst in jüngster Zeit durch.

In ihrer Folge ging die Bundesregierung in der zweiten und dritten Fortschreibung des Energieprogramms[42] von 1977 und 1981 verstärkt zu einer nachfrageorientierten Strategie über. Sie besteht darin, "die Sicherheit der Energieversorgung vor allem dadurch sicherzustellen ..., daß die künftige Entwicklung der Energienachfrage durch wirtschaftspolitische Maßnahmen (Energieeinsparungen) limitiert"[43] und die Abhängigkeit von Importenergien - vor allem vom Mineralöl - vermindert wird.

Die Schwerpunkte der von der Bundesregierung vorgelegten dritten Fortschreibung des Energieprogramms lassen sich mit den Stichworten 'Energieeinsparung, Substitution von Mineralöl, langfristige Versorgungssicherheit und Schutz der Umwelt' charakterisieren. Dabei kann die Bundesregierung zu Recht auf eine breite Zustimmung bei politischen Gremien, Verbänden der Wirtschaft, wissenschaftlichen Instituten usw. verweisen.[44] Mit der Erreichung der Hauptziele der künftigen Energiepolitik soll in den nächsten Jahren der "Anpassungsprozeß der deutschen Volkswirtschaft an die weltweit veränderte Energiesituation"[45] abgestützt und weitergeführt werden.

2.2. Die Notwendigkeit sogenannter Energieversorgungskonzepte

Der Begriff des Versorgungskonzeptes erschien zuerst in der vom Bundesministerium für Forschung und Technologie in Auftrag gegebenen Fernwärmestudie. Örtliche Versorgungskonzepte wurden dort als unabdingbare Voraussetzung für den forcierten Ausbau der Fernwärmeversorgung bezeichnet.[46] Die Bundesregierung übernahm den Terminus des Versorgungskonzeptes - allerdings mit erweiterter Aufgabenstellung - in die zweite und dritte Fortschreibung des Energieprogramms.[47] Sie bezeichnet die Aufstellung örtlicher und regionaler Energieversorgungskonzepte als aus energiepolitischer Sicht besonders wichtig.

Das Instrument der Versorgungskonzepte soll dazu dienen, die "Planung und Verwirklichung optimaler Versorgungsstrukturen" (Tz 92) zu ermöglichen. Dabei findet eine Optimierung - wie die weiteren Ausführungen zeigen - nicht allein im Hinblick auf energiepolitische Zielvorstellungen statt.

Versorgungskonzepte werden aus den folgenden Gründen als notwendig erachtet:

- Siedlungs- und Baustrukturen sind regional sehr unterschiedlich. Konkret brauchbare Aussagen sind nur aufgrund eingehender Untersuchungen möglich. Die Energieversorgungsplanung benötigt daher eine fundierte Grundlage, die die Erforschung des Bedarfs nach Menge, Leistung und Verursachung beinhaltet.[48]
- Die energiepolitischen Ziele sind nicht allein durch zentrale, sondern vor allem durch Maßnahmen erreichbar, welche 'vor Ort' ergriffen werden. Energieeinsparung, Umstrukturierung, volkswirtschaftlich günstige und langfristige Sicherung der Energieversorgung sowie Beachtung des Umweltschutzes erfordern dezentrale Konzepte. Die staatliche Energiepolitik ist in hohem Maße auf die Mitwirkung örtlicher Ebenen angewiesen.[49] Städte- und Gemeindeverwaltungen sind in ihrem Bereich sowohl selbst Energieverbraucher, als auch im Rahmen der ihnen obliegenden Aufgabe der öffentlichen Daseinsvorsorge zuständig für die Versorgung der Bürger mit Energie.[50]
- Zu einer optimalen Energieversorgung gehört nicht nur die Berücksichtigung technischer und betriebswirtschaftlicher Aspekte. Zu den Rahmenbedingungen des Optimierungsprozesses gehören auch die Verhältnisse der Siedlungs-, Bau- und Sozialstruktur, der Abwärmequellen und der Umweltsituation.[51] Herkömmliche Planungs- und Abstimmungsverfahren reichen dazu nicht aus. Die Abstimmung der verschiedenen Aspekte soll im Rahmen von Versorgungskonzepten erfolgen.
- Nach den Ergebnissen einer Studie des Bundesministers für Raumordnung, Bauwesen und Städtebau lassen sich trotz gesteigerter Komfortverhältnisse und der Vergrößerung spezifischer Wohn- und Arbeitsflächen bis zum Jahr 2000 auf wirtschaftliche Weise 50 Prozent der für Raumheizungszwecke benötigten Primärenergie einsparen.[52] Dieses Resultat ist jedoch nur erreichbar, wenn unter anderem eine bestmögliche Anpassung von Wärmeversorgungssystemen an die siedlungsstrukturellen Gegebenheiten stattfindet.

3. DIE ENERGIEVERSORGUNG ALS GEGENSTAND RÄUMLICHER FORSCHUNG

Die Bereitstellung und der Verbrauch von Energie besitzen in vielfältiger Hinsicht Wirkungen auf die Gestalt des Raumes. Aus diesem Grunde findet der Themenkomplex der Energieversorgung auch von geographischer Seite Interesse, wobei sich insgesamt sieben Forschungsfelder unterscheiden lassen.

Ein Teilbereich der räumlichen Forschung beschäftigt sich mit den in Kapitel 1.3 erwähnten Umweltbelastungen und deren lokalen bzw. regionalen Auswirkungen.

Ferner sind Untersuchungen zu regionalen Unterschieden im Angebot und Preisniveau von Energie zu nennen, die eine Analyse der Situation und deren Ursachen anstellen und zum Teil auch Vorschläge zum Abbau regionaler Disparitäten durch raumwirksame Maßnahmen und Planungen zum Inhalt haben. In enger Verbindung zu dem letztgenannten Themenbereich stehen Arbeiten zur gegenseitigen Beeinflussung von Wirtschaftskraft- und Wirtschaftsstruktur einerseits und Energieversorgung andererseits.

Ein weiteres Problemfeld behandelt das Verhältnis zwischen der Raumordnung als Teil raumwirksamer Staatstätigkeit und Fragenkreis der Politischen Geographie[53] und der Energieversorgung. Es geht hierbei um Möglichkeiten, wie über die bisherige Praxis der Abstützung energiewirtschaftlicher Planungen von seiten der Raumordnung hinaus die Energiepolitik einen Beitrag zur Verwirklichung der Raumordnungsziele leisten kann. In die gleiche Richtung gehen Versuche der Optimierung der Standortplanung von Kraftwerken mit dem Zweck, daß neben energiewirtschaftlichen Kriterien auch Gesichtspunkte der Raumordnung in die Standortfindung eingehen.

Andere geographische Untersuchungen aus dem Bereich der Energieversorgung stellen die Wirkungskette ausgehend von der Art der Energieträger über die Wahl der Verkehrsmittel bis hin zur Raum- und Siedlungsstruktur dar.

Schließlich gelang in weiteren Studien der Nachweis des Zusammenhanges zwischen räumlichen Strukturen und der leitungsgebundenen Energieversorgung. Daraus leitet sich die Forderung ab, räumliche und energiewirtschaftliche Vorhaben aufeinander abzustimmen und nicht nur betriebswirtschaftliche, sondern auch räumliche Parameter in die Energieversorgungsplanung einzubeziehen. In diesem Themenzusammenhang ist die vorliegende Arbeit zu sehen.

3.1 Die Beeinträchtigung der Umweltqualität

Eine Komponente der Raumwirksamkeit besteht in der mit der Nutzung von Energie einhergehenden Beeinträchtigung der Umwelt. Anlagen zur Umwandlung und zum Verbrauch von Energie treten gehäuft in Städten und Siedlungsagglomerationen auf. Sie sind in hohem Maße mitverantwortlich für die Veränderungen der Klimafaktoren in diesen Gebieten.[54] Die Geographie beschäftigt sich mit dem Thema 'Stadtklima' schon seit langer Zeit. Beschränkte sich die Forschung zunächst auf die unterschiedliche Ausprägung der verschiedenen Klimafaktoren wie Strahlung, Temperatur, Niederschlag usw. im städtischen Gebiet und dessen ländlicher Umgebung,[55] so fand bald auch die Darstellung der Luftverunreinigungen selbst Beachtung.[56]

Aber man begnügte sich nicht mit der Beschreibung der Situation. Bei vielen stadtklimatischen Arbeiten trat die Frage nach den Möglichkeiten der Anwendung der gewonnenen mesoklimatologischen Erkenntnisse in den verschiedenen Bereichen der Praxis in den Vordergrund.[57] Beispielhaft für diesen Forschungsbereich sei auch eine Arbeit von WEICHET angeführt.

WEICHET nannte die thermischen Bedingungen incl. des Phänomens der Wärmeinseln, die Durchlüftung und die Aerosolbelastung als diejenigen Eigenschaften des Stadtklimas, denen unter dem Gesichtspunkt der Planungsrelevanz eine Schlüsselposition zukommt.[58]

In diesem Zusammenhang ist eine vom Lehrstuhl für Biogeographie in Saarbrücken erstellte Untersuchung erwähnenswert. Die Aufstellung eines Flächennutzungsplans im Stadtverband Saarbrücken wurde zum Anlaß genommen, mittels verschiedener Umweltkriterien, die man zu einer gewichteten Gesamtbewertungsziffer verarbeitete, festzustellen, ob und in welchem Umfange die im Flächennutzungsplan ausgewiesenen potentiellen Baugebiete aus der Sicht des Umweltschutzes für die geplante Nutzung geeignet waren.[59] Die Palette der Forschungsaktivitäten reicht bis zu lufthygienisch-meteorologischen Modelluntersuchungen, um bei bestimmten planerischen Maßnahmen

(Ansiedlung von Industrie, Besiedlung von Grünflächen) frühzeitig prüfen zu können, welche Umweltveränderungen zu erwarten sind.[60]

3.2 Die regionalen Unterschiede im Angebot und Preisniveau von Energie

Als weitere Gegenstände räumlicher Forschung sind die regionalen Unterschiede im Energieangebot und Energiepreisniveau in der Bundesrepublik Deutschland zu nennen. BAHR und WAGNER[61] sowie GANSER[62] weisen auf ein starkes Gefälle der Strompreise in Ost-West-Richtung hin. Die Ursachen sind in der niedrigen Stromabnahmedichte und in der ungünstigen Lage der Hochpreisregionen zur verdichtungsnahen Stromproduktion zu suchen, die zusätzlich "von betriebsinternen Faktoren der einzelnen Unternehmen in der Geschäfts- und Preispolitik sowohl auf der Absatzseite als auch auf der Beschaffungsseite"[63] verstärkt werden. Das Problem der Preisdisparitäten ist aber auch eng verknüpft mit dem der regionalen Unterschiede im Energieangebot. Nach GANSER besitzen im Jahre 1980 drei Viertel der Fläche der Bundesrepublik weder eine Fernwärme-, noch eine Erdgasversorgung und "sind somit ausschließlich auf Mineralöl, feste Brennstoffe oder Strom angewiesen".[64]

WAGNER gibt einen Überblick über die regionalen Strompreisunterschiede im Bundesgebiet, führt sie auf die Kraftwerksstandort- und Verbundnetzstruktur zurück und nennt eine Reihe von Maßnahmen zum Abbau regionaler Strompreisdisparitäten.[65] Seine Arbeit behandelt darüber hinaus die Bedeutung von Strompreisen und Strompreisdisparitäten auf die Raumentwicklung[66] und berührt damit ein weiteres Feld der räumlichen Forschung, nämlich die Wirkung des unterschiedlichen Energieangebotes auf die Wirtschaftsstruktur.

3.3 Die Energieversorgung als wesentlicher Faktor für Wirtschaftskraft und Wirtschaftsstrukrur

Einen geschichtlichen Rückblick der Raumwirkungen von der vor- und frühindustriellen Phase an gibt SCHNEIDER.[67] Er kommt zu dem Ergebnis, daß die Energie im Zuge der wirtschaftlichen Entwicklung eine immer größere Bedeutung erlangte, ihr raumgestaltender Einfluß im ganzen jedoch zurückging. Allerdings räumt SCHNEIDER im Falle der Bündelung von Energieleitungen die Möglichkeit der Beeinflussung groß- und kleinräumiger Strukturen ein.

LINDENLAUB untersucht in seiner Studie eingehend, welche Wirtschaftsbereiche unmittelbar oder mittelbar durch Impulse der Energiewirtschaft beeinflußt werden, welche Regionen davon betroffen sind und welche Energieträger regional wachstumsdifferenzierende Prozesse auslösen.[68] In die gleiche Richtung gehen spätere Arbeiten von ARENS über die Theorie und Technik der räumlichen Verteilung von Energieversorgungsanlagen und die primären und sekundären Effekte von Elektrizitätsversorgungsanlagen auf das regionale Wirtschaftswachstum.[69] Sie widerlegen eine von verschiedenen Autoren in der zweiten Hälfte der sechziger Jahre vertretene Auffassung, der Einfluß des Energiesektors auf die Standortentscheidungen der Industrie werde immer mehr abnehmen, und zwar einerseits durch das Vordringen von Mineralöl, Erdgas und Atomenergie, indem Energie zu einer Ubiquität werde, andererseits weil es gelänge, den Energieanteil pro Produktionseinheit beachtlich zu senken.[70]

Die Untersuchungen zeigen vielmehr, daß in erster Linie die sog. Schlüsselindustrien (chemische und metallverarbeitende Industrie, Maschinenbau und Fahrzeugbau) weiterhin energieintensiv sind. Das kostengünstigere und vielseitigere Energieangebot führt in den Ballungsgebieten daher zu einer neuerlichen Agglomeration der Wirtschaftstätigkeit.[71]

VOLWAHSEN unterstreicht in seinen Ausführungen die enge Wechselbeziehung von regionaler Wirtschaftsentwicklung und Energieversorgung. "Einerseits fördert ein breites und preiswertes Energieangebot z. B. die regionale Industrieentwicklung ...", andererseits "fördert eine dynamische Industrieentwicklung aufgrund einer diversifizierten und hohen Energienachfrage den Ausbau eines breiten und preisgünstigen Energieangebots ..."[72] VOLWAHSEN weist einen Zusammenhang zwischen Energiepreisen und Indikatoren der Wirtschaftskraft nach.

3.4 Das Verhältnis zwischen Raumordnung und Energieversorgung

Angesichts des Einflusses der Energieversorgung auf die regionale Wirtschaftsentwicklung läge es nahe, daß sich die Raumordnung des Instrumentes der Energieversorgungsplanung zur Steuerung der Regionalentwicklung bedient, zumal "sie gegenwärtig eine der wenigen - möglicherweise die einzige - hinreichend beeinflußbare Steuerungsgröße ist.[73]

Raumordnung und Landesplanung beschränkten sich jedoch in der Vergangenheit darauf, im Rahmen ihrer räumlichen Fachplanungen entsprechend dem von der Energiepolitik vorgegebenen Bedarf Standorte und Trassen zu sichern. Auf die Energieversorgungsplanungen haben sie dagegen im Sinne ihrer eigenen Zielvorstellungen kaum eingewirkt.

Hinweise von SCHNEIDER auf das Problem einer zweckmäßigen Leitungsbündelung, welches "eine Frage der optimalen Raumgestaltung und somit ein gemeinsames Anliegen von Raumordnung und regionaler Wirtschaftspolitik"[74] sei, fanden keine Beachtung. Ebenso drangen von GÖB angestellte Überlegungen zunächst nicht in die politische Umsetzung. Er forderte ausgehend von der Wechselbeziehung zwischen Energieversorgungsplanung einerseits, Raumordnung und Stadtplanung andererseits, daß die Raumplanung "Leistungen für eine Koordinierung ihrer Aufgaben mit denen der Energiewirtschaft"[75] erbringen müsse.

In die gleiche Richtung gingen von BAHR erhobene Forderungen.[76] Mit den Ausführungen im Raumordnungsbericht 1974 zur Bedeutung eines ausreichenden und vielseitigen Energieangebots für die Herstellung gleichwertiger Lebensverhältnisse und zum Beitrag einer dichten Leitungsnetzbildung für den Ausbau einer Siedlungsstruktur in Achsen und Entwicklungszentren gemäß Bundesraumordnungsprogramm deutet sich aber schon eine Einstellungsveränderung der politisch Verantwortlichen an.[77]

Im Jahre 1977 gab der Bundesminister für Raumordnung, Bauwesen und Städtebau eine Studie in Auftrag, in der es darum ging festzustellen, welche energiewirtschaftlichen Entwicklungen mit den Raumordnungszielen in Einklang zu bringen sind.[78] Das Ergebnis der Überprüfung lautete zusammengefaßt, "daß eine zurückhaltende Expansion von Energieproduktion und -verbrauch und eine möglichst dezentralisierte Auslegung der energietechnischen Anlagen am ehesten den Hauptzielen der Raumordnung entspricht".[79]

Der Beirat für Raumordnung konkretisierte in seiner Stellungnahme vom 11. 3. 1982 energiepolitische Zielsetzungen unter Berücksichtigung raumordnungspolitischer Grundsätze folgendermaßen:

- Ein ausreichendes und preiswertes Energieangebot;
- hohe Versorgungssicherheit und Vielfalt der Energieträger;
- umweltgerechte Energieversorgung

in allen Regionen.[80] Er hob nochmals die Richtigkeit einer zweiseitigen Betrachtungsweise des Problems hervor, wobei die Raumordnungspolitik von der Energiepolitik einen Beitrag zur Verwirklichung der Raumordnungsziele fordern müsse und umgekehrt die Energiepolitik erwarten könne, daß die Raumordnungspolitik mit dazu beitrage, energiepolitische Zielsetzungen zu erfüllen.

3.5 Die Standortplanung von Kraftwerken

Die Standortplanung konventioneller und nuklearer Kraftwerke stellt einen wichtigen Gegenstand im Überschneidungsbereich von Raumordnung und Energieversorgungsplanung dar. Man verspricht sich von den Kraftwerksanlagen überwiegend positive Effekte auf die Wirtschafts-, Siedlungs- und Sozialstruktur in strukturschwachen Räumen[81] und den Abbau der Energiedisparitäten.[82]

Die Kriterien der Standortwahl aus der Sicht der Energieversorgungsunternehmen entsprachen aber keineswegs immer raumordnerischen Zielvorstellungen.[83] Bis in die zweite Hälfte der siebziger Jahre hinein war kein Verfahren der Standortfindung bekannt, das die beiderseitigen Zielvorstellungen annäherungsweise zusammenführte.[84]

Der Raumordnungsbericht 1974 bedeutet auch hier einen Wendepunkt. In ihm forderte die Bundesregierung, daß bei der Erarbeitung eines Standortkonzeptes für Kraftwerke "raum- und siedlungsstrukturelle Ziele, die Erfordernisse einer sicheren Energieversorgung und des Umweltschutzes miteinander in Einklang"[85] zu bringen sind. In der Folgezeit wurden einige Versuche zur allseitigen Optimierung der Standortwahl von Kraftwerken unternommen.[86]

Den umfassendsten Versuch, für die Elemente Energie und Raumordnung ein geschlossenes Planungskonzept zu erarbeiten, unternahm eine Studie des Planungsbüros SIEVERTS und VOLWAHSEN.[87] Die Oberziele aus den drei Bereichen Raumordnung, Energiewirtschaft und nukleare Sicherheit wurden zunächst bis hin zu meßbaren Bewertungsindikatoren differenziert. Zentraler Bestandteil des Forschungsprojektes war ein flächendeckendes Bewertungsverfahren (Nutzwertanalyse) für die großräumige Standortplanung von Kraftwerken. Die Studie hatte die Verteilungen der Standortpotentiale von verschiedenen Kraftwerksarten und Blockgrößen aus der Sicht des Zielbereichs Raumordnung oder Energiewirtschaft und aus der Sicht beider Zielbereiche zusammengenommen zum Ergebnis.[88]

3.6 Die Verbindung der Bereiche Verkehr und Energie

Überlegungen zum Themenkomplex Energie und Raumgestalt sind ohne die Berücksichtigung des Verkehrsbereichs unvollständig. ROTH bezeichnete den Verkehr als "das wirkungskräftigste indirekte 'Scharnier' zwischen Energieversorgung und urbanem System".[89]

Daher haben beispielsweise Maßnahmen zur Kraftstoffeinsparung im Verkehr auch eine raumordnungspolitische Bedeutung. HEINZE, KANZLERSKI und WAGNER fanden die Rationalisierung der Benzinausgabe mit übertragbaren Bezugsscheinen unter mehreren Alternativen als diejenige heraus, die regionale Disparitäten nicht weiter verstärkt.[90] BAHR und WAGNER bezeichneten diese Lösung als geeignete Sparmaßnahme bei plötzlichen Engpaßsituationen. Mittel- und langfristig sprachen sie sich neben der Einführung energiesparender Technologien für eine KFZ-Steuerreform in Verbindung mit der Einführung einer allgemeinen Entfernungspauschale aus, wobei "die Verwirklichung städtebaulicher und raumordnungspolitischer Ziele ... unterstützt werden könnte".[91] Diese Auffassung deckt sich mit der Ansicht von GANSER, der zum Thema Substitution von Mineralöl im Verkehr feststellte: "Maßnahmen zur Energieeinsparung im Verkehr haben raumordnungspolitisch und städtebaulich erwünschte Nebenwirkungen ... Energiesparen im Verkehr könnte dazu beitragen, daß die siedlungsstrukturellen Fehlentwicklungen in den großen Agglomerationen ebenso wie in den peripheren ländlichen Räumen gedämpft werden."[92] Gemeint ist damit der Umstand, daß die heutige Struktur der Wohn- und Arbeitsstätten durch die starken Stadt-Umland-Wanderungen der vergangenen 20 Jahre geprägt wurde. Die Entwicklung vollzog sich während der Zeit des billigen Mineralöls und ist ohne eine hohe individuelle Motorisierung nicht denkbar. Die Wirkungskette Energieversorgung - Verkehr könnte nun in Zukunft einen anderen räumlichen Prozeß initiieren. Bei steigendem Energiepreisniveau oder knappen Energiemengen vergrößert sich nämlich aufgrund des geringeren spezifischen Verbrauchs der Anteil öffentlicher gegenüber privater Verkehrsmittel. Die Wirkung auf den Raum ergibt sich nun dadurch, daß die Abstände der Haltepunkte bei den öffentlichen Verkehrsmitteln größer sind als bei den privaten. Je mehr Verkehrsträger mit großer Kapazität und weiten Haltestellenabständen bevorzugt werden, desto geringer wird die Zahl der Orte, auf die der Einfluß der Verkehrsgunst wirkt.[93]

3.7 Der Zusammenhang zwischen leitungsgebundener Energieversorgung und räumlichen Strukturen

Die Einflußnahme des Energiesektors auf Raum- und Siedlungsstrukturen beschränkt sich nicht nur auf den indirekten Weg über den Verkehrsbereich bzw. die Standorte der Industrie oder Kraftwerke. Zahlreiche Studien behandelten die direkte Wirksamkeit der Energieversorgung auf die räumliche Struktur.[94] Umgekehrt war für andere Untersuchungen die bestehende Raum- und Siedlungsstruktur der Ausgangspunkt.

Bei dem zuletzt genannten Themenbereich stellte sich auf der einen Seite die Frage nach siedlungsbestimmenden Parametern und deren Einfluß auf Energieverbrauch und Energieträger.[95] Auf der anderen Seite stand die optimale Zuordnung von Energieversorgungssystemen zu Raum- und Siedlungsstrukturen nach betriebswirtschaftlichen Kriterien im Vordergrund.[96]

Das wichtigste Verbindungsglied stellt die Leitungsgebundenheit der Energieträger dar. "Generell läßt sich aber bei aller Differenziertheit der direkten und indirekten Wechselwirkungen zwischen Raum- und Siedlungsstrukturen und der Energieversorgung feststellen, daß Großtechnologien wenige große Agglomerationen und hohe, über große Flächen ausgedehnte Siedlungsdichten fördern bzw. voraussetzen; Kleintechnologien dagegen fördern dezentrale Siedlungsstrukturen mit einer Vielzahl von kleineren Agglomerationen geringerer Dichte und geringerer Ausdehnung bzw. eignen sich für die Versorgung derartiger Siedlungssysteme."[97]

Da es in umfangreichen Forschungsarbeiten gelang, einen qualitativen und quantitativen Zusammenhang zwischen räumlichen Strukturen und der Energieversorgung nachzuweisen, muß als Konsequenz eine enge Verzahnung von räumlicher und energiewirtschaftlicher Planung gefordert werden. Die Koordination zwischen räumlicher Planung und der Wasserversorgung beispielsweise hat im Städtebau eine lange Tradition. Die zunehmende Energieproblematik legt eine entsprechende Handlungsweise auch mit dem Bereich der Energieversorgung nahe. "Die aktuelle energiepolitische Situation hat neue Abhängigkeiten zwischen Energieversorgung und Siedlungsstruktur bewußt gemacht."[98]

Ein abgestimmtes Vorgehen ist von beiderseitigem Nutzen. Es dient einerseits der Energiewirtschaft. Der Beirat für Raumordnung führt dazu aus, "daß die beiden energiepolitischen Hauptziele - Energieeinsparung und Mineralöl-Substitution - durch eine räumlich differenzierte, an die sehr unterschiedliche Siedlungsstruktur angepaßte Energiepolitik rascher und besser erreicht werden können".[99]

Andererseits dient ein abgestimmtes Vorgehen der Raum- und Siedlungsplanung. Eine Raumverträglichkeit von Energieversorgungsvarianten durch eine Anpassung an die räumlichen Gegebenheiten bewirkt eine Übereinstimmung der Wirkungsrichtung von entsprechenden Maßnahmen mit den Zielen der regionalen und städtebaulichen Entwicklung.

Die in den nächsten Jahrzehnten anstehenden Schritte der Raumordnung und des Städtebaus (beispielsweise die Stadterneuerung) sowie die aus der energiewirtschaftlichen Situation heraus notwendige Umstrukturierung der Energieversorgung bieten die Möglichkeit, siedlungsverträgliche Versorgungssysteme abgestimmt einzusetzen. Mit den sog. integrierten örtlichen und regionalen Versorgungskonzepten unternimmt die räumlich orientierte Energieforschung den Versuch, diese koordinierte Planung zuwege zu bringen.

"Hinter dem Stichwort 'örtliche und regionale Energieversorgungskonzepte' verbirgt sich nicht weniger als der Anspruch, einen systematischen und koordinierten Ausbau der ölunabhängigen und energiesparenden Wärmeversorgungsformen in Abstimmung mit den örtlichen Gegebenheiten und dem Wärmeschutz zu leisten."[100] Im Rahmen der Versorgungskonzepte eröffnet sich der angewandten Geographie[101] ein bedeutsames Betätigungsfeld. Zur Problembewältigung und Durchsetzung von Versorgungskonzepten können "die städtebaulich und räumlich orientierte Energieforschung und damit auch die Geographie sowie die räumliche Planung ... einen wichtigen Beitrag leisten."[102]

4. DIE RAHMENBEDINGUNGEN UND DIE ZIELSETZUNGEN BEI DER ERSTELLUNG ÖRTLICHER VERSORGUNGSKONZEPTE

4.1 Das Arbeitsprogramm 'örtliche und regionale Energieversorgungskonzepte'

Die Bundesregierung trug mehrfach - zuerst in der zweiten Fortschreibung, später auch in der dritten Fortschreibung des Energieprogramms -[103] die Empfehlung an die Städte und Gemeinden heran, die energiepolitisch notwendige und volkswirtschaftlich dringend gebotene Aufstellung von Energieversorgungskonzepten zu verwirklichen. In der zweiten Fortschreibung des Energieprogramms heißt es dazu: "Für den örtlichen Ausbau der leitungsgebundenen Energien werden die Gemeinden aufgefordert, Versorgungskonzepte zu entwickeln, um ein sinnvolles Zusammenwirken von Strom, Gas, der Nutzung des wirtschaftlichen Fernwärmepotentials auf der Basis von Kraft-

Wärme-Kopplung und der industriellen Abwärme zu unterstützen."[104]

Zur Unterstützung ihrer Intention stellten der Bundesminister für Forschung und Technologie und der Bundesminister für Raumordnung, Bauwesen und Städtebau das gemeinsame Arbeitsprogramm 'örtliche und regionale Energieversorgungskonzepte'[105] auf. Der Charakter und die Struktur des Arbeitsprogramms bestanden darin, durch Parameter-, Plan- und Siedlungsstrukturstudien "allgemein anwendbare Grundlagen für die Aufstellung örtlicher und regionaler Versorgungskonzepte sowie Planungsvorschläge für konkrete Modellregionen"[106] zu erarbeiten. Die Ergebnisse dieser Arbeiten sollten - angepaßt an die jeweilige örtliche Situation - auf andere Städte und Regionen übertragbar sein und ihnen als Grundlage für die Erstellung eigener Versorgungskonzepte dienen.

Die generelle Zielsetzung der Versorgungskonzepte besteht neben der Anpassung der Wärmeversorgung an die örtlichen Gegebenheiten in einer Abstimmung der verschiedensten Interessen der an der Bereitstellung und am Verbrauch von Energie Beteiligten. Abstimmung bedeutet in diesem Fall die Verknüpfung der Zielsetzung der Energiepolitik des Bundes mit den entwicklungsplanerischen Zielen der Gemeinde, den wirtschaftlichen Zielen der Versorgungsunternehmen und den Wünschen der Bürger. Es gilt, "was betriebswirtschaftlich im Hinblick auf die Gesunderhaltung der Unternehmen vernünftig und tragbar ist, was volkswirtschaftlich im Hinblick auf die übergreifenden Ziele der Energiepolitik ... geboten ist und was den Erfordernissen der Stadtentwicklungsplanung entspricht, mit dem, was der Energieverbraucher ... jeweils wünscht, in Einklang"[107] zu bringen. Über das konkrete Verfahren der Abstimmung haben sich die Akteure in jedem einzelnen Fall zu einigen.[108]

Herauszustellen ist, daß keine prinzipiellen Unterschiede zwischen örtlichen und regionalen Versorgungskonzepten bestehen. Die Differenzen beschränken sich ausschließlich auf den Gebietsumfang bzw. den räumlichen Rahmen.

Der Deutsche Städtetag,[109] der Deutsche Städte- und Gemeindebund,[110] der Verband kommunaler Unternehmen,[111] der Deutsche Verband für Wohnungswesen, Städtebau und Raumplanung[112] und die Verbände der leitungsgebundenen Energiewirtschaft[113] haben auf die Notwendigkeit von Versorgungskonzepten hingewiesen und ihre Mitwirkung bzw. Hilfestellung bei der Entwicklung angeboten.

Von verschiedener Seite wurden in der Vergangenheit Überlegungen zu dem Zweck angestellt, Versorgungskonzepte auf eine eindeutige rechtliche Basis zu stellen. Wie in anderen europäischen Staaten (Österreich, Schweiz, Schweden) sollten sie zu einem rechtlichen oder rechtsähnlichen Instrument erhoben werden.[114] Die Palette der Empfehlungen reicht von der Ausdehnung eines Anschluß- und Benutzungszwanges zugunsten aller in Versorgungskonzepten festgelegten leitungsgebundenen Energieträger, über verbindliche Handlungsanweisungen mit Rechtswirkungen, bis zu einer gesetzlichen Planungspflicht für Gemeinden.[115] Die Erwartungen auf eine rechtliche Weiterentwicklung im Bereich der Versorgungskonzepte erfüllten sich nicht. Die Bundesregierung bekräftigte in ihrer Antwort auf eine kleine Anfrage der CDU/CSU-Fraktion im Bundestag ihre Auffassung, daß "Aufstellung und Durchsetzung der Versorgungskonzepte im Wege der Abstimmung der Beteiligten ... die dieser Sachlage angemessene Lösung"[116] sei. Im Hinblick auf diese angestrebte Kooperationslösung hält sie bislang eine Änderung des Bundesrechts nicht für erforderlich. Sie hat jedoch für den Fall, "daß die Versorgungskonzepte den Erfordernissen von Energieeinsparung und Durchsetzbarkeit nicht ausreichend Rechnung tragen", Abhilfemaßnahmen "einschließlich der Möglichkeit ergänzender, gesetzgeberischer Maßnahmen"[117] nicht ausgeschlossen.

4.2 Die energiepolitischen und wirtschaftlichen Zielsetzungen

Bei der Aufstellung von Versorgungskonzepten handelt es sich um eine Fortentwicklung der herkömmlichen Energieversorgungsplanung, wobei man energiewirtschaftlichen Entwicklungen in größerem Maße Rechnung tragen will.[118] Dementsprechend setzt sich der erste Zielkomplex von Versorgungskonzepten aus energiepolitischen und wirtschaftlichen Zielen zusammen, die im Rahmen dieser Konzepte ihre konkrete räumliche Umsetzung erfahren sollen. Weitere Ziele bestehen in der Beachtung räumlicher Strukturen, Entwicklungen und Planungen.

Einerseits soll folglich eine bessere Verwirklichung energiepolitischer und wirtschaftlicher Ziele, andererseits eine größere Abstimmung der Energieversorgungsplanung mit anderen Bereichen der Stadt- und Raumplanung erreicht werden.

Vertreter kommunaler Spitzenverbände und der Energiewirtschaft sind sich darin einig, daß Energieversorgungskonzepte nicht einseitige Ansätze verfolgen, sondern einen breiten Fächer von Zielen zu berücksichtigen und aufeinander abzustimmen haben.[119]

Einen wichtigen Gesichtspunkt stellen dabei die volkswirtschaftlichen Zielsetzungen der Energiepolitik dar. Energieversorgungskonzepte haben die Forderungen nach einem sparsamen und rationellen Einsatz der Primärenergieträger, einer energetischen Optimierung und einer Senkung des Energieverbrauchs zu beachten.[120] Sie haben dem Ziel zu dienen, stark importabhängige Energieträger - insbesondere das Mineralöl - auf dem Wärmemarkt zu substituieren.[121]

Vergleichende Betrachtungen der verschiedenen Energietechnologien zur Raumheizung hinsichtlich ihres Bedarfs an importierter Energie, ihres Beitrages zur Versorgungssicherheit und ihres Verhältnisses von Nutzenergie zur eingesetzten Primärenergie zeigen, daß vor allem die leitungsgebundenen Wärmeversorgungsformen Fernwärme und Erdgas sowie Strom in Verbindung mit der Nutzung von Umgebungswärme den gestellten Anforderungen entsprechen.[122]

Daher wird in Versorgungskonzepten angestrebt, einen möglichst großen Teil des Energiebedarfs mit leitungsgebundener Energie zu decken. Dabei können konventionelle Primärenergieträger, aber auch neue Energiequellen wie z. B. der Müll als Ausgangspunkt dienen. Zum Einsatz von Energieträgern im Rahmen von Versorgungskonzepten führt die Bundesregierung aus, daß "das Verhältnis von Fernwärme, Erdgas und Strom langfristig sinnvoll zu gestalten und insbesondere die Kraft-Wärme-Kopplung, die industrielle Abwärme und neue Techniken, wie die Wärmepumpe, verstärkt zu nutzen"[123] sei.

Ein Kriterium bei der Entscheidung über Art und Umfang des Ausbaus der leitungsgebundenen Energieträger ist die langfristige betriebswirtschaftliche Versorgungsmöglichkeit der Gebiete. Ihre Ermittlung erfolgt in einigen Studien in Form einer Gegenüberstellung des errechneten Nutzenergiepreises der leitungsgebundenen Energie (Kosten der Verteilung und Wärmebereitstellung) und der Nutzenergiekosten bei Einsatz einer Ölheizung, d. h. des sog. anlegbaren Preises frei Abnehmer.[124] Liegen die Kosten des jeweiligen leitungsgebundenen Energiesystems unter dem anlegbaren Preis, ist nach diesem Entscheidungsmodell eine entsprechende leitungsgebundene Wärmeversorgung im betrachteten Gebiet betriebswirtschaftlich vertretbar. Der Nachteil dieses Verfahrens liegt darin, daß bei einem Betrachtungszeitraum von 20 oder 30 Jahren in ihrer Entwicklung sehr schwer vorhersehbare Parameter wie beispielsweise die Energiepreise in die Berechnungen eingehen.

Ohne in Detailplanungen vorzudringen, genügt es, in Versorgungskonzepten bei der Betrachtung der Wirtschaftlichkeit von Richtwerten des Wärmebedarfs auszugehen.[125] Wegen ihres vergleichsweise großen Verteilungsaufwandes ist die Fernwärme nur bei hohen Wärmeanschlußdichten einsetzbar.[126] Je nach den örtlichen Verhältnissen kann sich eine Fernwärmeversorgung ab einer mittleren Wärmeanschlußdichte von 30 MW/qkm als wirtschaftlich erweisen, während man bei der Gasversorgung 15 bis 20 MW/qkm ansetzt.

Die sinnvolle Gestaltung des Verhältnisses von Fernwärme, Gas und Strom zueinander kann nur erreicht werden, wenn die Netze der leitungsgebundenen Energieträger als ein einheitliches Wärmenetz verstanden werden. Dies bedeutet, daß der politisch gewollte Abgleich leitungsgebundener Wärmeversorgungsformen nur auf eine Einschienigkeit hinauslaufen kann. Aufgabe von Versorgungskonzepten ist es also, bestimmte Gebiete für das schwerpunktartige Angebot jeweils einer der betreffenden Energien auszuweisen. Für solche Gebiete hat sich allgemein die Bezeichnung "Vorranggebiete" oder "Vorrangräume" in der Literatur eingebürgert. "Es wird notwendig sein, innerhalb der Städte ...   Vorrangräume für das schwerpunktartige Angebot der leitungsgebundenen Energien (Strom, Gas, Fernwärme) zu bilden. Während eine Stromversorgung überall durchgeführt werden muß, wird man im übrigen von dem Grundsatz ausgehen müssen, daß parallel geführte Gas- und Fernwärmeversorgungen zur Deckung des Wärmebedarfs im Bereich einer Straße oder eines Bezirks wirtschaftlich nicht optimal sind."[127]

Als besonderes Problem ergibt sich dabei, daß gerade in den Gebieten hoher Abnahmedichte, die sich auch für den Ausbau der Fernwärme eignen, bereits intakte Gasversorgungssysteme vorhanden sind. Viele Gasnetze wurden zudem erst bei der Umstellung von Stadtgas auf Erdgas erneuert, so daß ca. ein Drittel des gesamten Gasrohrleitungsnetzes in den letzten zehn Jahren verlegt wurde.[128] Zu einem hohen Ausbaustand kommt in einer großen Zahl städtischer Gebiete also noch eine lange Restnutzungsdauer. Verschiedene Autoren bringen ihre Befürchtungen zum Ausdruck, eine vor dem Zeitpunkt der wirtschaftlichen Abschreibung liegende Beseitigung der Leitungsnetze der Energieversorgungsunternehmen und der Hausinstallationen beim Kunden könne zu einer Kapitalvernichtung großen Umfanges führen. "Im Versorgungskonzept zu berücksichtigen sind auch die vorhandenen gewachsenen Versorgungsstrukturen und die bereits getätigten Investitionen, etwa zum Aufbau von Gasversorgungsnetzen, die nicht volkswirtschaftlich vernichtet werden dürfen."[129]

4.3 Die Ziele einer räumlich orientierten Energieversorgungsplanung

Bei der Erstellung von Energieversorgungskonzepten bzw. bei der Abgrenzung von Räumen für den schwerpunktartigen Ausbau einer der leitungsgebundenen Energiearten ist die Beachtung stadt- und siedlungsstruktureller Rahmenbedingungen erforderlich. Sie gehen als Vorgaben in das Konzept ein und haben die Aufgabe, eine größtmögliche Anpassung der Energieversorgung an die Siedlungsstruktur und an örtliche Besonderheiten zu gewährleisten. Die spezifischen lokalen Gegebenheiten können nämlich "die Rahmenbedingungen für ein bestimmtes Gebiet so verschieben, daß auch gegenüber auf den ersten Blick vergleichbaren Gebieten völlig andere Versorgungstechnologien sinnvoll werden".[130] Anders formuliert sind die Versorgungsmöglichkeiten im Hinblick auf die konkreten örtlichen Verhältnisse zu ermitteln und mit den Ausgangsbedingungen der Siedlungsstruktur in Einklang zu bringen.[131] In diesen Zusammenhang gehört das Stichwort der Siedlungs- und Raumverträglichkeit.[132]

Wirtschaftlich vertretbare Mengen und Preise stehen in engem Zusammenhang mit hinreichend dichten Baustrukturen im Bereich 'Haushalte und Kleinverbraucher'. Die Verteilungskosten leitungsgebundener Versorgungssysteme hängen aber auch in wesentlichem Maße von der Zahl der Übergabepunkte bezogen auf die Anschlußleistung ab. Als Konsequenz dieser Tatsache begünstigt das Vorhandensein von sog. Großabnehmern die Entscheidung für eine Leitungsverlegung, weil ausgehend von diesen "Kristallisationskernen"[133] mit vergleichsweise hohen Anschlußwerten in einzelnen Stadtgebieten die Realisierung erleichtert oder die Wirtschaftlichkeit der Investitionen erst erreicht wird. Als energiewirksamer Einflußfaktor räumlicher Art ist daher die Lage von öffentlichen Infrastruktureinrichtungen, Kaufhäusern, Bürokomplexen und Industriebetrieben von Bedeutung.

Als raumstruktureller Einflußfaktor ist darüber hinaus die Art der vorhandenen Heizungsanlagen anzusehen. Die Umstellung auf eine Fernwärmeversorgung setzt nämlich die Existenz von Zentralheizungen in den Gebäuden voraus. Ein großer Teil der Wärmeversorgung dichtbebauter städtischer Wohngebiete basiert jedoch heute noch auf Ofenheizungen.[134] Für solche Gebiete mit einem niedrigen Sammelheizungsbestand kommt lediglich eine Versorgung mit den anpassungsfähigeren leitungsgebundenen Energieträgern Erdgas oder Strom in Frage, sofern nicht erkennbar ist, daß mittelfristig durch entsprechende Modernisierungsmaßnahmen sich die Situation für die zentrale Wärmeversorgung entsprechend günstiger gestaltet.

Ferner gilt es, die Altersstruktur der in potentiellen Versorgungsgebieten befindlichen Wärmeerzeugungsanlagen zu berücksichtigen. In Gebäuden mit vergleichsweise neuen Wärmeversorgungssystemen und noch zufriedenstellendem Betrieb vollzieht sich die Umstellung auf ein neues Versorgungssystem kaum und/oder mit erheblichen Verzögerungen. Wesentlich höhere Umstellungsraten sind dann zu erwarten, wenn der Ersatz vorhandener Heizungsanlagen im Zyklus der 'natürlichen'

Anlagenerneuerung erfolgt. "Sind die bestehenden Systeme allerdings bereits abgeschrieben bzw. nicht mehr voll funktionsfähig, sieht die Wirtschaftlichkeitsberechnung zwischen verschiedenen alternativ einsetzbaren Systemen völlig anders aus. Dann bestehen für neue Versorgungssysteme sehr große Einsatzmöglichkeiten ..."[135] Der Zeitpunkt der Nutzungsbeendigung einer Anlage ist dann gegeben, wenn die Reparatur- und Instandhaltungskosten für die Erneuerung einzelner Anlagenteile einen so hohen Kostenaufwand erfordern, daß er in keinem vertretbaren Verhältnis mehr zu einer Neubeschaffung steht.[136]

Das Interesse an der Umstellung auf ein anderes Wärmeversorgungssystem und damit die Möglichkeit der Einführung leitungsgebundener Energieträger ist aber auch mit der allgemeinen Erneuerungsbedürftigkeit der Gebäude verknüpft. Der Grund liegt - abgesehen von rein praktischen und organisatorischen Gesichtspunkten - darin, daß sich die Wirtschaftlichkeit energiesparender Investitionen wie beispielsweise der Verbesserung der Wärmedämmung der Außenflächen eines Hauses meist erst dann ergibt, wenn sie im Rahmen des allgemeinen Erneuerungszyklus eines Gebäudes vorgenommen werden. Der Erfolg dieser Maßnahmen ist wiederum nur durch eine gleichzeitige Verbesserung bzw. Änderung der Wärmeerzeugungsanlage (Abnahme der Dimensionierung) gewährleistet.[137] Die Vorteile der großen öffentlichen und privatwirtschaftlich genutzten Gebäude gelten in übertragenem Sinne auch für die Wohnbebauung. Dichte Bebauung mit einer hohen Bevölkerungsdichte erleichtert den Ausbau und erhöht die Wirtschaftlichkeit von Fernwärme- und Erdgasnetzen. Die Versorgungsunternehmen beider Sparten konkurrieren daher gerade in solchen Stadtgebieten.

In den Zusammenhang der energieplanungsrelevanten räumlichen Strukturen gehören die Merkmale der Sozialstruktur der Bewohner. Bei der Abwägung über die effektivste Form der Energieversorgung "sind neben den baulichen und siedlungsstrukturellen Gesichtspunkten die voraussichtlichen Veränderungen im Mietniveau und die soziale Akzeptanz der angestrebten Versorgungsstruktur gleichrangig mit den Wirtschaftlichkeitsaspekten der Versorgungsunternehmen, Hauseigentümer und Mieter aufzuzeigen".[138] Die Forderung nach Berücksichtigung der Sozialstruktur stützt sich zum einen auf die Annahme, daß dieser Faktor entscheidend den zu erwartenden Anschlußgrad an neue Versorgungssysteme mitbestimmt. Zum anderen gilt es, die Möglichkeit unerwünschter sozialer Folgen (Verdrängungseffekte) durch die Einführung insbesondere der Fernwärme zu erkennen. Der Gesamtbereich der Sozialstruktur müßte dementsprechend für die Nutzbarmachung in Versorgungskonzepten einerseits in den Teilbereich 'Besitzverhältnisse und soziale Struktur der Hauseigentümer', andererseits in den Teilbereich 'soziale Struktur der Mieterhaushalte' aufgeteilt werden.

Die in den meisten Fällen vorliegende Datenaufbereitung verhindert allerdings eine Differenzierung zwischen Hauseigentümer und Mieter bei den Indikatoren der sozialen Stellung der Bewohner.

Gerade in sanierungsbedürftigen Stadtvierteln wohnen finanz- und sozialschwache Bevölkerungsgruppen, die trotz niedriger Mieten schon über 20 Prozent des Haushaltseinkommens für die Miete aufbringen müssen.

Tabelle 5: Hauptmieterhaushalte in reinen Mietwohnungen in Wohngebäuden nach der Mietbelastung und dem Haushaltsnettoeinkommen 1982[139]

Nettoein-kommen	Mieterhaushalte in 1000		Miete je Wohnung in DM	Mietbelastung des Gesamteinkommens (%)					
				<10	10-15	15-20	20-25	25-30	>30
unter 800	676	6,6%	243	(0,8)	3,6	7,0	10,4	12,9	65,2
800-1600	3023	29,3%	294	4,0	13,5	19,5	20,1	16,4	26,5
1600-2000	1719	16,7%	339	9,2	21,3	28,0	21,2	11,9	8,4
2000-2500	1753	17,0%	373	12,2	29,7	29,4	17,0	7,3	4,4
2500-3000	1214	11,8%	404	18,9	33,6	30,0	11,8	3,7	2,0
3000-5000	1924	18,6%	471	29,7	39,2	20,8	6,6	2,3	1,4
insgesamt	10308	100,0%	357	12,6	24,1	23,3	15,6	9,7	14,6

Eine umfassende Veränderung der Heizungsstruktur führt zu erheblichen Mietpreissteigerungen, da jährlich 14 Prozent der Kosten auf die Miete umgelegt werden können. Außerdem ändern sich mit der Umstellung von Einzelöfen auf Sammelheizungen die Verbrauchsgewohnheiten. Mit der Einführung einer Sammelheizung erhöht sich die Anzahl der ständig beheizten Räume und verlängert sich die Heizperiode. Es kommt nicht nur zu einer Steigerung der Kaltmieten, sondern auch zu einer Mehrbelastung der Mieter durch die Erhöhung des Energiebedarfs.[140]

In den Stadtteilen mit wirtschaftsstarken Bevölkerungsgruppen sind die genannten Investitionen problemlos zu realisieren. Als Folge dieser Komfort- und Kostensteigerungen können sozial schwache Bevölkerungsschichten dagegen aus den betreffenden Wohngebieten verdrängt werden. "Im politischen Bereich müssen die sozialen Auswirkungen der verschiedenen Lösungen mitbedacht werden."[141] Für die Modernisierung und Umstellung von Heizungssystemen gilt das, was für die Sanierungs- und Modernisierungsplanung generell zutrifft, nämlich daß sie über die rein technisch-wirtschaftlichen Überlegungen hinaus in soziale Bereiche wirkt. Unter Berücksichtigung sozialer Aspekte bieten sich in entsprechenden Problemgebieten zwei Lösungsmöglichkeiten an:

- Einer kleinräumigen, schrittweisen Modernisierung lediglich mittlerer Intensität wird der Vorzug gegeben.
- Die zweite Möglichkeit besteht darin, eine durchgreifende Erneuerung zugunsten unterer Einkommensschichten unter Inkaufnahme eines hohen Subventionsaufwandes zu betreiben. Der städtische Haushalt könnte allerdings durch die Folgekosten (z. B. Wohngeldzahlungen) stark belastet werden. Als Faustregel kann gelten, je weniger Verdrängung man bereit ist hinzunehmen, desto mehr Subventionen sind notwendig.

Obwohl es durch einen Anschluß- und Benutzungszwang möglich wäre, einen Anschluß an das Fernwärmenetz zu erzwingen,[142] geht man mit diesem Instrument sehr zurückhaltend um. Die Verbände der leitungsgebundenen Energiewirtschaft fürchten die damit einhergehende Versorgungspflicht. Außerdem bekunden die Regierungen von Bund und Ländern ihre Ansicht, daß im Rahmen von Versorgungskonzepten der Substitutionswettbewerb und die freie Wahl der Energieträger im Interesse der Verbraucher soweit wie möglich aufrecht erhalten, d. h. über das einschienige Angebot leitungsgebundener Energieträger hinaus nicht weiter eingeschränkt werden sollten.[143] Aus diesem Grunde hängt die zu erwartende Nachfrage im privaten Bereich von der Investitionsbereitschaft und -fähigkeit der Hauseigentümer ab, für die ihrerseits das Lebensalter und die mit ihm verbundene Scheu vor Organisationsaufwand und Durchführungsproblemen, die Komfortansprüche und das Einkommen der Besitzer eine wichtige Rolle spielen. Erkenntnisse über die Bereitschaft, energiesparende Maßnahmen durchzuführen, gelten sicherlich auch dann, wenn es darum geht, eine Umstellung auf ein leitungsgebundenes Energiesystem vorzunehmen. In einer Dokumentation des 'Spiegel' über Energiebewußtsein und Energieeinsparung bei privaten Hausbesitzern und Wohnungseigentümern heißt es dazu: "Auch die soziale Stellung des Hauseigentümers ist ein gutes Indiz dafür, ob energiesparende Maßnahmen geplant sind, weil mit steigender Finanzkraft die notwendigen Investitionen leicht fallen."[144]

Ein weiteres wichtiges Kriterium sind die Eigentumsverhältnisse, die für die Umstellung des Heizungssystems ebenfalls von ausschlaggebender Bedeutung sind. Nach geltendem Recht bleibt die Durchführung der entsprechenden Maßnahmen den Eigentümern vorbehalten. Während die Investitionskosten zunächst beim Eigentümer anfallen, können die Heizkosten getrennt von der Miete direkt an die Mieter abgewälzt werden. Solange rechtlich diese Trennung von Investitions- und laufenden Kosten weiterbesteht, ist das Interesse an einem rationellen Energievorsorgungssystem bei nicht selbstgenutztem Wohnungs- und Hauseigentum beschränkt. Als Beleg für diese Tatsache soll eine Untersuchung über zwischen 1972 und 1982 vorgenommene energiesparende Maßnahmen dienen. "Die wichtigste Information ... ist der jeweilige Anteil von Wohnungen/Häusern, an denen <u>keine</u> Investitionen durchgeführt wurden. Wie wir sehen können, ist er mit 56% nach wie vor ganz erheblich. Die zweite Information ist, daß bislang sehr viel mehr dort getan wurde, wo Eigenbesitz vorliegt, und zwar unabhängig vom Gebäudetyp."[145]

Die Art des Haus- und Wohnungsbesitzes sollte ebenfalls Beachtung finden. Die Zahl der Ansprechpartner in einem Stadtgebiet hängt sehr stark davon ab, ob überwiegend Wohnungsgesellschaften oder Eigentümergemeinschaften als Besitzer auftreten.

Zusammenfassend kann festgestellt werden, daß die Eigentumsverhältnisse die Abgrenzung von Stadtgebieten für den schwerpunktartigen Ausbau eines leitungsgebundenen Energieträgers im Rahmen von Versorgungskonzepten insofern beeinflussen, als das Vorliegen selbstgenutzten Eigentums sowie privater oder öffentlich-rechtlicher Gesellschaften Anschlußgeschwindigkeit und Anschlußgrad positiv beeinflußt, während Streubesitz und ein hoher Anteil an Mietwohnungen sich negativ auswirken.

Da aber die Leitungsverlegung – insbesondere bei der Fernwärme – sehr kostenintensiv ist, sind die Versorgungsunternehmen darauf angewiesen, innerhalb eines kurzen Zeitraumes die weitaus überwiegende Zahl der Gebäude eines Gebietes an das Netz anzuschließen. Nur so können sich die sog. Anlaufverluste, d. h. die Mehrkosten gegenüber der Wärmebereitstellung im Endjahr der Wirtschaftlichkeitsberechnung, in Grenzen halten. Wie sehr die Anlaufverluste zu Buche schlagen, zeigt eine Vergleichsrechnung, die im Rahmen der Studie 'Systemvergleich Fernwärme-/Erdgasversorgung' angestellt wurde. "Der Basisanalyse liegt zugrunde, daß die Netzauslastung innerhalb von 8 Jahren von 30% (Inbetriebnahme) auf 100% ansteigt. Für eine Beispielrechnung wurde unterstellt, daß die Anlaufphase 16 Jahre und der Anfangswert 15% beträgt. Im Ergebnis wirkt sich diese Änderung etwa gleich stark aus wie eine 35%-ige Netzbaukostenerhöhung."[146]

4.4 Die Abstimmung der Energieversorgungsplanung mit den übrigen Zielbereichen der kommunalen Entwicklungsplanung

Bereits oben wird die wechselseitige Beeinflussung städtischer Strukturen und der Möglichkeiten des Ausbaus der leitungsgebundenen Energieträger angesprochen.[147] Damit diese Wechselwirkung Berücksichtigung findet und es nicht zu Zielkonflikten kommt, ist eine Abstimmung zwischen energiewirtschaftlichen Konzepten und den Vorstellungen der Stadtentwicklungsplanung in einem möglichst frühen Planungsstadium unerläßlich. Versorgungs- und Entwicklungsplanung sind unlösbar miteinander verbunden. Die leitungsgebundene Energieversorgung bildet "einen integrierten Bestandteil der Grundausstattung (Infrastruktur) jedes Wohn-, Gewerbe- und Industriegebietes"[148] und trägt in wesentlichem Maße zur Qualität städtischer Lebensbedingungen bei. Davon ausgehend ist die Energieversorgungsplanung ein Faktor der Infrastrukturplanung mit steigendem Gewicht, als Fachplanung wichtiger Bestandteil der Gesamtentwicklungsplanung und in sie eingebunden. Die Maßnahmen der Energieversorgung haben sich nicht nur nach den vorgegebenen Merkmalen der Siedlungsstruktur zu richten, sondern sie sind mit anderen kommunalpolitischen Zielen bzw. Vorhaben abzustimmen. Bereits vor der Einrichtung des Arbeitsprogramms 'örtliche und regionale Energieversorgungskonzepte' forderte GÖB auf einer Tagung des Verbandes für Wohnungswesen, Städtebau und Raumplanung: "Für die Energieversorgung sind die Daten der Stadtentwicklung Rahmenbedingungen, und umgekehrt sind für die Stadtentwicklung die Möglichkeiten und Notwendigkeiten der Energieversorgung Rahmenbedingungen. Also ist beides parallel zu machen, es muß versucht werden, beides zu verklammern."[149]

Er bemängelt aber gleichzeitig, daß die Integration von Energieversorgungs- und kommunaler Entwicklungsplanung nicht üblich ist. Während beispielsweise der Verkehrs- oder Grünordnungsplan als Bestandteil der kommunalen Gesamtentwicklungsplanung bereits Tradition haben, ist die angemessene und vorausschauende Berücksichtigung rationeller Energieversorgungssysteme dagegen eine neue, kaum in Angriff genommene Aufgabe.[150] Bei der Einführung rationeller Energieversorgungsträger handelt es sich - entgegen einer weit verbreiteten Meinung - überwiegend nicht um technische, sondern um Fragen der Organisation und eines schwierigen Abstimmungsprozesses.[151]

In Versorgungskonzepten soll nun der Versuch unternommen werden, der Forderung nach einer integrierten Stadtentwicklungs- und Energiepolitik zu entsprechen. CRONAUGE formuliert dies folgendermaßen: "Ziel der kommunalen Planung muß daher eine ständige Abstimmung von Stadtentwicklung und Energieversorgungsplanung sein, wobei als Ergebnis dieses Koordinationsprozesses ein örtliches Energieversorgungskonzept stehen sollte."[152] Örtliche Versorgungskonzepte sind Instrumente der gemeindlichen Entwicklungsplanung, auf die das Bundesbaugesetz in § 1 Abs. 5 als Vorstufe für die Bauleitpläne Bezug nimmt.

4.4.1 Exkurs: Die Notwendigkeit und Aufgabendefinition der kommunalen Entwicklungsplanung

Historisch gesehen entstand die kommunale Entwicklungsplanung aus den Bedürfnissen der städtebaulichen Planung. Gegen Ende des vorigen Jahrhunderts versuchte man mit ersten tastenden Rechtshandhaben[153] die bis dahin unkontrollierte und stürmische Entwicklung der Städte in geordnete Bahnen zu lenken. Die baupolizeiliche Fluchtlinienplanung wurde nach dem ersten Weltkrieg von einer Phase der Planungsentwicklung abgelöst, in der sich das rechtliche Instrumentarium ausformte und vervollkommnete.[154] Die Stadtplanung verstand sich aber immer noch lediglich als Koordinierungsinstrument einer als natürlich bezeichneten Entwicklung. Sie sah sich zunehmend dem Vorwurf ausgesetzt, durch ihre rahmensetzenden Pläne für die Bewältigung der anstehenden Aufgaben ungeeignet und nur auf die Beseitigung partiell auftretender Mißstände abgestellt zu sein.[155] Man erhob die Forderung, die bisherige Auffang- und Anpassungsplanung zugunsten einer Gestaltungs- und Entwicklungsplanung aufzugeben.[156] Die wachsende Komplexität und Zahl der auf die Gemeinden zukommenden Aufgaben, die zunehmend mehrere Aufgabenbereiche betreffenden Probleme sowie der engere finanzielle Handlungsspielraum verstärken außerdem die Notwendigkeit einer zielgerichteten Koordination.

Auf der Suche nach Lösungen im Spannungsfeld zwischen unbewältigter Stadtstruktur und weiterer Aufgaben- und Bedeutungssteigerung[157] erscheint die Entwicklungsplanung seit 1967 im Katalog kommunaler Verwaltungstätigkeit. Obwohl keine Planungspflicht besteht, betreiben nach den Ergebnissen einer Umfrage aus dem Jahre 1979 alle Städte über 200.000 Einwohner Entwicklungsplanung; von den Städten zwischen 50.000 bis 200.000 Einwohnern sind es noch 70 Prozent.[158]

Die kommunale Entwicklungsplanung ist eingebettet in den Rahmen des Selbstverwaltungsrechts. Sie kann definiert werden als "das nach formulierten Zielvorstellungen optimierte zukunftsorientierte Programm aller administrativen Maßnahmen - einschließlich der Investitionen - zur Beeinflussung des Zustandes und Wandels der Lebensverhältnisse (Lebensbedingungen) der Bevölkerung im Gebiet der Stadt".[159] Die Stadtentwicklungsplanung hat die Veränderung des bestehenden Zustandes zum Ziel. Diese Veränderung kann sich sowohl auf die räumlichen Gegebenheiten, als auch auf die Lebensverhältnisse der Bevölkerung, auf Leistungen der öffentlichen Verwaltung, wie auch auf die Ausstattung mit Anlagen und Einrichtungen beziehen.[160]

Bei der kommunalen Entwicklungsplanung geht es nicht um die Einrichtung eines neuen Fachbereichs, sondern um die Integration und Abstimmung der Fachplanungen zu einem einheitlichen Handlungsprogramm. Es finden die Wirkungen einzelner in den Fachämtern geplanter Maßnahmen auf die Gesamtentwicklung der Gemeinde, also auch auf die Zielerreichungsgrade und Handlungsbedingungen in anderen Bereichen Beachtung. Entwicklungsplanung bedeutet eine kontinuierliche Steuerung der Verwaltungsaktivitäten anhand festumrissener, mittel- und langfristiger Zielvorstellungen.[161] Entwicklungspläne in einzelnen Teilbereichen "sind nicht Fachplanungen im herkömmlichen Sinne, sondern Planungen, die sich an gesamtstädtischen Entwicklungszielen orientieren und mit anderen Fachbereichen abgestimmt sind".[162]

Eine integrierte kommunale Entwicklungsplanung verlangt darüber hinaus als Ausgangspunkt eine einheitliche Planungsgrundlage, enthält entscheidende Daten der überörtlichen Planungen, auf die sie selbst keinen Einfluß hat und entwickelt Vorstellungen, in welcher zeitlichen Reihenfolge welche Ziele verfolgt werden sollen. Im Rahmen der Entwicklungsplanung sind - auch aus Gründen der Zielerreichungskontrolle - Ziele operational zu formulieren und räumliche Angaben über die Verteilung vorhandener und geplanter Infrastruktureinrichtungen zu machen.[163] Um die Entwicklungsplanung auf eine solide Grundlage zu stellen, ist eine enge Verbindung der flächenbezogenen Planung mit der Finanz- und Investitionsplanung erforderlich.[164]

Die Zielfindung wird auf allen Ebenen eindeutig den politischen Gremien zugeordnet. Für die kommunale Entwicklungsplanung ergibt sich daraus, daß aus Gründen der Legitimation und der Umsetzung die politischen Repräsentanten einer Gemeinde (der Rat) die inhaltlichen Beschlüsse der Gesamt- bzw. Fachprogramme fassen.[165]

Es bleibt der freien Entscheidung der Gemeinde überlassen, ob und mit welchem Inhalt sie Entwicklungsplanung betreibt. Die in die kommunale Entwicklungsplanung einbezogenen Aufgabenbereiche unterscheiden sich auch ohne Zweifel je nach den Verhältnissen des Ortes, der Verwaltung, der Gemeindegröße[166] usw. voneinander. Feststellbar ist jedoch, daß sich "bei einem solchen Planungs- und Handlungsansatz aus der Sache zwangsläufig ein Kernbestand von Aufgaben entwickelt hat ..."[167] Da nach der oben genannten Definition die kommunale Entwicklungsplanung die Beeinflussung der Lebensverhältnisse im Gebiet der Stadt zum Ziel hat, sind ihre Funktions- bzw. Aufgabenbereiche an den Daseinsgrundfunktionen der Bürger orientiert. Zu den Daseinsgrundfunktionen gehören nach PARTZSCH 'Wohnung, Arbeit, Versorgung, Bildung, Erholung, Verkehr und Kommunikation'.[168]

Bei einer problemorientierten Abgrenzung der Planungsfelder kann es angesichts der Aufgabengliederung der Gemeindeverwaltung auch zur Bildung ressortübergreifender Querschnittsaufgaben kommen.[169] Im allgemeinen nimmt man die folgende Einteilung der Planungsfelder vor:[170]

1. Wohnen (Wohnungsbau, Stadterneuerung und Wohnungsmodernisierung, Sanierung)
2. Arbeit und Wirtschaft
3. Erholung (Freizeit und Sport, Grün- und Landschaftsplanung)
4. Bildung und Kultur
5. Soziales (Alten-, Behinderten-, Jugendplanung)
6. Verkehr
7. Gesundheit
8. Ver- und Entsorgung
9. Stadtgestaltung und Stadtstruktur (räumlich-funktionales Zentrenkonzept)
10. Umweltschutz

4.4.2 <u>Die Abstimmungsbereiche im einzelnen</u>

Die vorliegende Arbeit behandelt die Koordination der Energieversorgungsplanung mit den übrigen Feldern der kommunalen Entwicklungsplanung in Form der Abgrenzung der sog. Vorranggebiete. Die folgenden Ausführungen berücksichtigen nur jene Planungsfelder, deren Vorstellungen und Maßnahmepakete wesentliche Berührungspunkte mit dem Einsatz leitungsgebundener Energieversorgungssysteme besitzen. Es steht also die Frage im Vordergrund, ob in den verschiedenen Bereichen Ziele gleichzeitig erreicht werden können, ob sie sich gegenseitig ausschließen oder behindern. Es muß von den grundsätzlich zu unterscheidenden drei Arten von Zielbeziehungen entweder eine Zielharmonie oder ein Zielkonflikt vorliegen.[171] Keine Beachtung finden demgegenüber jene Planungsbereiche, die sich weitestgehend durch Zielneutralität gegenüber der Energieversorgungsplanung auszeichnen.[172]

Die Vielzahl räumlicher Besonderheiten erlaubt es an dieser Stelle nicht, detailliertere Aussagen über die Zielvorstellungen zu treffen. Eine Konkretisierung ist nur für bestimmte, räumlich genau abgegrenzte Stadtgebiete möglich. Deshalb soll hier der Versuch unternommen werden, auf einem relativ hohen Abstraktionsniveau die Ziel- und Maßnahmebeziehungen zwischen der leitungsgebundenen Energieversorgungsplanung und den anderen relevanten Bereichen der kommunalen Entwicklungsplanung zu verdeutlichen.

<u>Wohnungsneubau</u>
In fast allen Großstädten ist seit vielen Jahren eine große Wanderungsbewegung zu beobachten. Ein beachtlicher Teil der Bevölkerung verläßt die Kernstädte der Agglomerationen und zieht in das Umland.[173] Die Hauptursache dieser 'Stadtflucht' ist mit der allgemeinen Einkommens- und Wohlstandsentwicklung eng verbunden.[174] Mit wachsendem Einkommen steigt der Flächenbedarf an Wohnraum und steigen die Ansprüche an die Wohnungsqualität. Die Wohnungsbestände verteilen sich nach Größe, Bauform und Ausstattung unterschiedlich auf einzelne Gebietstypen, d. h. der Bestand eines jeden regionalen Wohnungsmarktes hat ein bestimmtes Qualitätsniveau. Die Nachfrageverschiebung zugunsten einer größeren, besser ausgestatteten Wohnung in günstigerer Umwelt läßt sich in den bislang bewohnten Stadtgebieten nur selten befriedigen.

Die Folgen der Randwanderung werden überwiegend negativ dargestellt. Die Bevölkerungszahl der Kernstädte ist rückläufig mit der Folge von Infrastruktur-Leerkapazitäten. Es entsteht ein

Zwang zum Bau zusätzlicher Verkehrsstraßen, wobei die Pendler noch mehr Lärm und Abgase in die Stadtkerne bringen. Als weitere Konsequenz findet über einen längeren Zeitraum betrachtet in erheblichem Maße eine Umverteilung der Finanzkraft zwischen Kern- und Randgemeinden statt.[175] Die Veränderung der Bevölkerungsstruktur durch die Abwanderung bestimmter sozialer Gruppen (Haushalte mit überdurchschnittlichem Einkommen, junge Familien usw.) wird als gegenüber dem zahlenmäßigen Bevölkerungsrückgang noch schwerwiegenderes Problem angesehen.[176]

Um die negative soziale Selektion zu vermeiden und in den Kernstädten eine Stabilisierung der Bevölkerungszahl zu erreichen, stehen der kommunalen Entwicklungsplanung verschiedene Alternativen zur Verfügung. Ein Instrument findet sich in der Vergrößerung und qualitativen Verbesserung des Wohnflächenangebotes. Ein differenziertes Angebot in Form eines bedarfs- und zielgruppenorientierten Wohnungsneubaus soll aber nicht nur die oben genannten sozialen Gruppen an die Kernstädte binden, sondern auch verhindern, daß sich die Wohnungsversorgung benachteiligter Gruppen relativ zu den übrigen verschlechtert (sozialer Wohnungsbau).

Aus diesen Gründen unternehmen die Städte große Anstrengungen, Flächen für die Wohnbebauung zu erschließen und auszuweisen. Aus der Sicht der Energieversorgung sind dabei verdichtete Bauformen zu bevorzugen. Dem steht in der Realität der Trend zu einer lockeren Besiedlungsweise in Einzel- und Reihenhausbebauung gegenüber. Bei jeder Bebauungsplanung gilt es zwar, die Maßnahmen einer rationellen Energieverwendung von Anfang an zu bedenken.[177] Die 'energiegerechte Stadt' in der Art, daß "dieser Bereich ohne Abwägung über alle anderen gestellt wird",[178] entspricht aber nicht den Wünschen der Menschen in bezug auf die Formen des Wohnens. Sogenannte technische Sachzwänge treten gerade dann nicht in den Vordergrund, wenn eine frühzeitige Koordination und die Diversifikation der leitungsgebundenen Energieversorgung im Querverbund Möglichkeiten für den Ausbau in sehr unterschiedlichen Siedlungsstrukturen bietet.

Die leitungsgebundenen Energieträger können in Wohnungsneubaugebieten einen wesentlichen Beitrag zur Wohn- und Lebensqualität leisten. Auf der anderen Seite ist hier ihre Einführung erheblich einfacher durchführbar, da alle Berechnungen und Kalkulationen sich auf relativ sichere Informationsgrundlagen stützen können und vorhandene Strukturen als Hindernis nicht im Wege stehen.

<u>Sanierung und Modernisierung</u>
Dem Wohnungsneubau steht sozusagen "als Gegenangebot zur grünen Wiese"[179] eine andere Strategie der Stadtentwicklungsplanung gegenüber. Um die schlechte Wohnsituation in überalterten städtischen Wohnquartieren als mitverantwortlicher Faktor der unerwünschten Wanderungsbewegungen[180] zu beseitigen oder zu reduzieren, soll in den Kerngebieten durch Modernisierung und Sanierung ein Wohnungsangebot geschaffen werden, das qualitativ den heute üblichen Ausstattungsstandards entspricht. Der vorhandene Bestand in seiner gegenwärtigen Zusammensetzung mit einem Überangebot kleiner, schlecht ausgestatteter Geschoßwohnungen stimmt nicht mit der Nachfragestruktur überein. Weniger die Stadterweiterung wird als der Schwerpunkt städtebaulicher Aufgaben eingestuft, sondern vielmehr der Umbau der Städte, "die Sicherung, Erhaltung und Anpassung vorhandener Einrichtungen und deren künftige sinnvolle Nutzung".[181]

Hinsichtlich der Intensität des Modernisierungs- und Sanierungsprozesses kann man zwischen einer einfachen Modernisierung, die z. B. Verbesserungen an den Sanitäranlagen, an der Elektroinstallation, an den Fenstern und Türen beinhaltet, und einer gehobenen Modernisierung, die neben den Maßnahmen der einfachen Modernisierung auch Grundrißverbesserungen, Schallschutzmaßnahmen usw. umfaßt, unterscheiden.[182]

Die Palette verschiedener Ablaufmöglichkeiten der Sanierung reicht von einem konzentrierten Prozeß in abgegrenzten Teilräumen bis zu langwierigen punktuell ablaufenden und von den jeweiligen individuellen Verhältnissen abhängigen Veränderungsprozessen.

Modernisierung und Sanierung bieten sich als günstige Gelegenheit für den Aus- oder Umbau von leitungsgebundenen Energieversorgungssystemen an, die wiederum ihrerseits die Sanierung in ihren Bemühungen um Komfortsteigerung und um Hebung der Wohnqualität unterstützen. Die erneuerungspolitischen Zielsetzungen der Gemeinde müssen jedoch mit den Vorstellungen der Energieversorgungsplanung übereinstimmen, da nur Kombinationen bestimmter Maßnahmebündel aus beiden Bereichen realisierbar sind. "Die Entscheidung, welche Art der Energieversorgung künftig tragfähig und unter dem Gesichtspunkt der rationellen Energieverwendung besonders gut geeignet ist, muß die Zielrichtung und den Zeithorizont der Modernisierung berücksichtigen."[183] Mit den Kriterien der Umbaugeschwindigkeit und des Eingriffes in die Baustruktur wird zwischen Arten der Wärmeversorgung unterschieden, die einerseits einen allmählichen Umbauprozeß gestatten und für die nur geringe bauliche Maßnahmen erforderlich sind (Gasetagenheizung). Andererseits benötigen die Fernwärmeversorgung und Wärmepumpenanlagen eine schnelle Umstellung im Zuge konzentrierter Erneuerungsmaßnahmen bzw. eine durchgreifende Sanierung.[184]

Stadtstruktur

Die Planung der Standorte zentraler Funktionen ist für die Stadtentwicklung von besonderer Bedeutung. Der Aufbau eines breiten Angebotes an Gütern und Dienstleistungen soll aber nicht nur im Citybereich erfolgen, sondern durch eine räumlich ausgeglichene Verteilung in allen Stadtteilen. Gefördert werden die Ziele der Zusammenlegung komplementärer Dienstleistungen und eine Dezentralisierung des tertiären Sektors, um auch in Randgebieten eine ausreichende Versorgung in zumutbarer Entfernung sicherzustellen. Als Leitbild dient - abgeleitet vom zentralörtlichen Modell - die multi- oder polyzentrische Stadtstruktur mit dem Grundsatz der dezentralisierten Konzentration.[185]

Der Ausbau der einzelnen Stadtzentren steht aus den nachfolgenden Gründen mit der Energieversorgungsplanung in Verbindung. Erstens bieten die ablaufenden funktionellen Veränderungsprozesse (Umbau und Nutzungsänderung) eine günstige Gelegenheit für einen Anschluß an die leitungsgebundenen Energieträger. Zweitens stimmt die Zielsetzung beider Bereiche weitgehend überein, weil die von der leitungsgebundenen Energieversorgung - insbesondere von Fernwärme und Erdgas - ausgehenden Verdichtungsimpulse den Ausbau zentraler Einrichtungen unterstützt.

Gesundheit, Soziales, Bildung, Sport

In der Regel strebt man an, die planungsrechtlichen Maßnahmen zur Förderung privater Dienstleistungen durch räumlich gezielte, investive Maßnahmen der öffentlichen Hand zu ergänzen. Als Ziele werden die Verbesserung der Bildungs- und Ausbildungsmöglichkeiten in qualitativer und quantitativer Hinsicht, die Erweiterung eines differenzierten Angebotes von Freizeit- und Sporteinrichtungen, der verstärkte Auf- und Ausbau von Sozialeinrichtungen, eine ausreichende medizinische Versorgung im Krankenhausbereich sowie die Unterstützung und das Angebot kultureller Einrichtungen genannt.[186] Es geht in diesem Abschnitt um die Bereitstellung sozialer Infrastruktureinrichtungen aus verschiedenen Bereichen der kommunalen Entwicklungsplanung.

Die zur Aufgabenerfüllung benötigten Infrastruktureinrichtungen wie Schulen, Krankenhäuser, Schwimm- und Turnhallen, Jugendheime, Museen usw. zeichnen sich - wie oben bereits erwähnt -[187] durch einen großen Energieverbrauch bzw. Anschlußwert aus. Die folgenden Zahlen verdeutlichen dies.

Tabelle 6: Jährlicher Energieverbrauch und Wärmeanschlußwert verschiedener Gebäudetypen[188]

Gebäudetyp	Baujahr	Geschoßfl. (m²)	Leistung (kW)	Verbrauch (SKE/a)
Krankenhaus	1949-70	6958	955	253.733
Krankenhaus	bis 1918	14064	740	196.186
Heim	1949-70	1728	105	22.548
Schule	bis 1948	7300	310	64.631
Schule	1949-70	2484	220	46.320
Schwimmhalle	Bestand 1970	1960	640	378.987
Turnhalle	bis 1948	544	110	23.785
Sporthalle	1949-70	2765		116.606
Bürogebäude	1949-70	2100	235	60.329
Kaufhaus	1949-70	21060	1270	401.685
Theater	Bestand 1970	5774	740	262.747

Tabelle 6 (Fortsetzung):

Gebäudetyp	Baujahr	Geschoßfl. (m²)	Leistung (kW)	Verbrauch (SKE/a)
Kirche	Bestand 1970	1379		32.829
Einfamilienhaus	1949-70	163	22	4.929
Mehrfamilienhaus (6 Wohnungen)	1949-70	720	65	17.772

Diese Einrichtungen sollten daher bei ihrer künftigen Planung für eine Versorgung durch einen leitungsgebundenen Energieträger vorgesehen sein, um als Ausgangspunkt für eine entsprechende Versorgung des gesamten Stadtbezirks dienen zu können. Dies gilt insbesondere für die räumliche Konzentration der Einrichtungen beispielsweise in Schul- und Sportzentren. Schließlich ist in diesem Zusammenhang an die Vorbildfunktion der öffentlichen Hände bei der Verwendung rationeller Energieträger zu erinnern.[189]

Arbeit und Wirtschaft

Die Stadtentwicklungsplanung strebt die Sicherung bzw. Schaffung eines differenzierten, attraktiven Arbeitsplatzangebotes an. Diesem Oberziel dienen eine ganze Reihe von Unterzielen wie die Vermeidung eines monostrukturierten Industriebesatzes, der Abbau einer stark konjunkturabhängigen Arbeitsmarktsituation durch Diversifizierung.[190]

Als räumliche Komponente ist der allgemeinen Zielsetzung die Erschließung von Gebieten zuzuordnen, in denen tertiäre Dienstleistungsarbeitsplätze geschaffen werden sollen. Speziell in den Großstädten konnte die schon seit Jahren anhaltende Schrumpfung industrieller Arbeitsplätze durch den Zuwachs im Dienstleistungsbereich kompensiert werden.

Es gibt jedoch deutliche Hinweise darauf, daß neue Technologien eine verstärkte Freisetzung von Arbeitskräften auslösen. In Zukunft können Städte und Gemeinden deshalb aus kommunalen beschäftigungspolitischen Gründen nicht darauf verzichten, neben anderen Maßnahmen vermehrt auch industrielle und gewerbliche Reserveflächen auszuweisen.

Relativ viele und begrenzte Gewerbegebiete besitzen dabei den Vorteil einer günstigen Wohn- und Arbeitsplatzbeziehung,[191] große Industrieparks den Vorzug der Entmischung von störenden und störempfindlichen Funktionen und die Nutzungsmöglichkeit gemeinsamer Einrichtungen.[192]

Die Versorgung mit leitungsgebundener Energie von Flächen, die als Industrie- oder Verwaltungsstandort vorgesehen sind, ist für beide Ressorts von Vorteil. Der Energieversorgungsplanung bietet sich - ausreichende Größe der Planungsgebiete vorausgesetzt - der Vorzug der hohen Abnahmedichte. Die Wirtschaftsförderung kann die Standortgunst der Gebiete durch Vorleistungen der technischen Infrastruktur verbessern. Ein Vorteil der leitungsgebundenen Energieträger besteht beispielsweise darin, daß sie durch ihren höheren Anteil fester Kosten an den Gesamtkosten in der Preisentwicklung kalkulierbarer sind.

Umweltschutz

Die für die Existenz der Menschen erforderliche Qualität der natürlichen Umweltbedingungen ist gerade in Großstädten durch Lärm und Abgase beeinträchtigt. Der Umweltschutz muß daher als eine vordringliche Aufgabe kommunaler Entwicklungsplanung bezeichnet werden. Als Abwanderungsmotiv aus Innenstadtbereichen spielt die Beeinträchtigung durch Immissionen heute bereits bei den oberen Einkommensgruppen eine große Rolle.[193] Der steigende Grad der Sensibilisierung gegen diese Belastungen läßt die Bedeutung des Faktors 'Wohnumfeld' weiter zunehmen. "Angesichts der Tendenzen, die sich in den analysierten Daten abzeichnen, kann eine Beeinflussung dieser Wanderungsströme also nicht nur am Wohnungsmarkt ansetzen, sondern muß auf eine Verbesserung der innerstädtischen Wohnumfeldqualität abzielen."[194]

Insbesondere auf dem Gebiet der Luftreinhaltung bestehen Berührungspunkte zwischen kommunaler Entwicklungsplanung und Energieversorgungsplanung. Die Verursachergruppe 'Hausbrand und Kleingewerbe' trägt durch ihre Emissionsbedingungen in Großstädten besonders zur Luftverschmutzung bei. Die relativ niedrigen Quellhöhen und die Dichte der Quellen führen vor allem bei Bodeninversionen im Vergleich zur industriellen Verbrauchergruppe zu einer größeren Effektivbelastung. Die Gesamtemissionen des Hausbrandbereichs konzentrieren sich hauptsächlich auf das Winterhalbjahr. Umgerechnet auf die Anzahl der Heiztage rufen vergleichbare jährliche Gesamtemissionen dieser Verbrauchergruppe überdurchschnittliche lokale Immissionskonzentrationen hervor.[195] Aus diesen Gründen kann die Energieversorgungsplanung durch den Ausbau umweltfreundlicherer Energiesysteme einen maßgeblichen Beitrag zum Umweltschutz leisten. Es gilt, stark umweltbelastende Energieträger durch weniger belastende Energiearten zu ersetzen.

Die nachfolgenden Ausführungen zeigen, daß die leitungsgebundenen Energieträger auch den Anforderungen des Umweltschutzes am besten entsprechen.

Tabelle 7: Emissionsfaktoren für Feuerungsanlagen[196] (Hausbrand und Kleingewerbe)

Emittierte Luftverunreinigungen in kg je Terajoule eingesetzte Brennstoffwärmemenge

Emittierte Luftverunreinigung	Brennstoffart					
	Steinkohle[1]	Steinkohlebrikett	Koks	Braunkohlebrikett	Heizöl EL	Gas
Schwefeldioxid	500	500	500	130	140[2]	0,2
Stickoxide (als NO_2)	50	50	70	12	50	35
Kohlenmonoxid	5.400	5.400	6.700	4.700	120	95
Gas- und dampfförmige organische Verbindungen	200	450	10	300	15	12
Fluor und gasförmige anorganische Verbindungen (als F)	1,5	1,5	1,5	0,7	0	0
Staub	150[3]	250[3]	50	80	5	0,2

[1]) z. B. Anthrazit, Magerkohle, Esskohle, Fettkohle

[2]) Massengehalt an Schwefel 0,3%

[3]) einschließlich Schwermetalle ca. 1kg Pb/TJ; 1,5kg Zn/TJ; 0,07kg Cd/TJ

Deutlich erkennbar sind die im allgemeinen erheblich niedrigeren Werte der Erdgasheizung gegenüber den übrigen Brennstoffarten. Bei der Beurteilung der Verwendung von Strom unter dem Aspekt des Umweltschutzes muß erwähnt werden, daß große Schadstoffmengen während der Produktion des Stromes in Kraftwerken anfallen. Der Einsatz von Elektrizität auf dem Wärmemarkt in Form von Elektrospeicheröfen oder elektrischen Wärmepumpen besitzt jedoch den Vorteil, keinen Beitrag zur Schadstoffbelastung am Ort der Verwendung zu liefern. BOHN räumt den genannten Heizsystemen auf Strombasis einen sehr hohen Rang ein, wenn es um das Kriterium der Umweltbewertung am Verwendungsort geht.[197]

Ebenfalls günstig ist die Einstufung der Fernwärme. Eine Studie des Technischen Überwachungsvereins Rheinland über die Substitution von Hausbrand durch zentrale Wärme- und Stromerzeugung im Kölner Innenstadtgebiet kommt zu dem Ergebnis, daß bedingt durch eine zusätzliche Versorgung von Neubauten und der gleichzeitigen Erzeugung von Fernwärme und Elektrizität bei einigen Schadstoffen lokal betrachtet[198] zwar höhere Emissionen festzustellen sind. Auf der anderen Seite werden die zum Teil höheren Emissionsraten "durch die besseren Ableitungsbedingungen (höhere Schornsteine, große Austrittsgeschwindigkeit) der Heiz- und Heizkraftwerke mehr als kompensiert, so daß sich im betrachteten Gebiet Reduzierungen der Immissionen errechnen."[199]

Die Substitution von Heizöl und festen Brennstoffen vor allem bei Einzelofenheizungen und kleinen Sammelheizungen sollte vorrangig in Gebieten mit hoher Luftbelastung betrieben werden, wobei nach Ansicht des Rates der Sachverständigen für Umweltfragen der Begriff der Belastungsgebiete weiter als im Immissionsschutzrecht zu fassen ist.[200]

5. DIE METHODE DER NUTZWERTANALYSE

Der vielfältige Zielkatalog allein, den Kapitel 5 beinhaltet, reicht für die Praxis, d. h. für die Ausbauplanung leitungsgebundener Energieträger im Rahmen von örtlichen Versorgungskonzepten noch nicht aus. Dazu bedarf es darüber hinaus eines Verfahrens, in dessen Verlauf die allgemein gehaltenen Ziele operationalisiert und in Beziehung zueinander gesetzt werden. Mit seiner Hilfe muß sich die Möglichkeit eröffnen, ausgehend von den Zielvorstellungen zu konkreten Ausbauvorschlägen zu gelangen.

Das nun folgende Kapitel 5 stellt mit der Nutzwertanalyse eine Arbeitsmethode vor, welche die genannten Bedingungen erfüllt.

5.1 Prinzipielle Aussagen zum Verfahren der Nutzwertanalyse

Die Nutzwertanalyse wurzelt in der entscheidungslogischen Grundkonzeption der allgemeinen Entscheidungstheorie und in den Grundlagen der Systemtheorie. Das Verfahren der Nutzwertanalyse läßt sich in die folgenden Schritte zerlegen:

- Die Bestimmung von Zielen;
- die Ermittlung von Zielkriterien (Indikatoren) als letzte Stufe der Zielhierarchie;
- die Formulierung von Handlungsalternativen;
- die Beschreibung der Handlungsalternativen mit Hilfe der Zielkriterien (Indikatoren);
- die Transformation der Indikatorenwerte auf eine einheitliche Skala durch verschiedene Transformationsfunktionen;
- die Bestimmung der relativen Bedeutung der Ziele, d. h. die Festlegung von Zielgewichten;
- die Ermittlung der Teilnutzen der Alternativen durch Multiplikation der transformierten Indikatorenwerte mit den Zielgewichten;
- die Ermittlung der Gesamtnutzwerte der einzelnen Alternativen als Summe der Teilnutzwerte.

Nach der Definition von ZANGEMEISTER ist die Nutzwertanalyse "die Analyse einer Menge komplexer Handlungsalternativen mit dem Zweck, die Elemente dieser Menge entsprechend den Präferenzen des Entscheidungsträgers bezüglich eines multidimensionalen Zielsystems zu ordnen. Die Abbildung dieser Ordnung erfolgt durch die Angabe der Nutzwerte (Gesamtwerte) der Alternativen."[201]

Ein Vorteil der Nutzwertanalyse liegt in der Möglichkeit der Bewertung hinsichtlich mehrerer Bewertungsmaßstäbe und damit der Erfassung aller für die Entscheidung wichtigen Faktoren.[202] Außerdem werden Entscheidungsschwierigkeiten abgebaut, indem sich komplexe Entscheidungssituationen in überschaubare Teilschritte zerlegen lassen und das Erkennen von Teilaspekten erleichtert wird. Der Prozeß der Entscheidung läßt sich nachvollziehen, weil - im Gegensatz zu impliziten Wertungen bei anderen Verfahren - der Planer die Gewichtung der Ziele und mithin subjektive Präferenzen und Zielprioritäten offenlegt. Daher führen Nutzwertanalysen auch "nicht zu Optimallösungen in mathematischem Sinne, sondern liefern Ergebnisse, die nur dem Anspruch subjektiver Formalrationalität genügen."[203] Das Grundprinzip des Verfahrens der Nutzwertanalyse besteht in der Verknüpfung von Zielvorstellungen und Handlungsalternativen in Form einer logischen Struktur der Bewertung bzw. einer rationalen Durchdringung der Entscheidungsproblematik. Die Nutzwertanalyse gewinnt in dem Maße an Bedeutung, in dem über rein wirtschaftliche Kriterien hinaus auch andere Wertdimensionen wie z. B. der Umweltschutz eine Rolle spielen.[204]

5.2 Die Arbeitsschritte der Nutzwertanalyse und ihre Verbindung zu örtlichen Energieversorgungskonzepten

Die Bestimmung von Zielen und die Ermittlung von Indikatoren

Die Nutzwertanalyse besitzt ihren Ausgangspunkt in der Ermittlung handlungsrelevanter Ziele.[205] Die zunächst noch mehr oder weniger konkreten Zielvorstellungen entstammen dem Politikbereich und gehen als Prämissen in das Entscheidungsmodell ein. "Ziele sind notwendige Prämissen eines Entscheidungsmodells in Form von Aussagen imperativischen Charakters ..."[206]

Das nutzwertanalytische Verfahren erfordert aber die Formulierung klarer und konkreter Zielkriterien/Indikatoren. Daher muß der Zielkatalog geordnet und eine Zielhierarchie aufgestellt werden, die die Ziel-Mittel-Beziehungen über mehrere Ebenen hinweg aufzeigt. Nur so ist es möglich, zunächst grob formulierte Oberziele durch Zerlegung in Mittel- und Unterziele bis zu den operationalen Zielkriterien/Indikatoren zu spezifizieren und zu konkretisieren. Die Indikatoren stellen die Endpunkte der Zielketten dar und haben somit ihre Wurzeln in den Oberzielen.

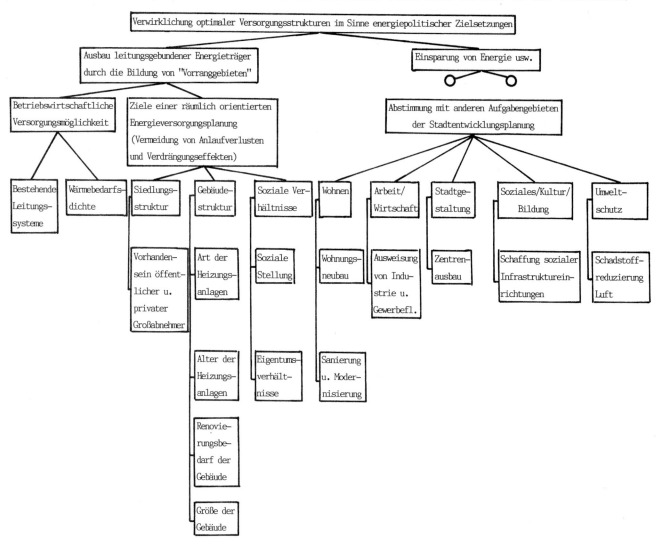

Abbildung 2: Zielbaum der Energieversorgungskonzepte

Nach den Ausführungen in den vorhergehenden Kapiteln ergibt sich für den im Blickpunkt der Arbeit stehenden Themenbereich der Energieversorgungskonzepte der vorstehende Zielbaum. Es ist zweckmäßig, den letzten Schritt - die Ableitung der Indikatoren aus den Unterzielen - erst bei der Behandlung des Anwendungsbeispieles vorzunehmen, da sie immer auch von der konkreten Datenlage im Untersuchungsraum abhängig ist.

Formulierung von Handlungsalternativen

Es existieren zwei Ausgangspositionen für die Bildung von Handlungsalternativen. Im ersten Fall ist im Rahmen des Verfahrens der Nutzwertanalyse die Auswahl und Aufstellung von Alternativen durchzuführen. Zweitens besteht die Möglichkeit, daß Handlungsalternativen durch politische Entscheidungen vorbestimmt werden.

Bei den Energieversorgungskonzepten liegt in der Regel der letztere Fall vor. Nach der Unterteilung des jeweiligen Stadtgebietes in einzelne Untersuchungsräume prüft man ihre Eignung für den Ausbau mit leitungsgebundenen Energieträgern. Die Abgrenzung der Untersuchungsräume darf nicht zu großzügig vorgenommen werden. Sie sollte einen Kompromiß zwischen Datenschutz auf der einen und Homogenität der Gebiete auf der anderen Seite darstellen.

'Beschreibung' der Alternativen mit Hilfe von Indikatoren

Die Alternativen stecken den Rahmen der Handlungs- bzw. Lösungsmöglichkeiten ab. Bei der Nutzwertanalyse geht es ja darum, diejenigen Handlungsalternativen auszuwählen, die den Zielvorstellungen am besten entsprechen. Dazu ist es notwendig, eine Beschreibung, d. h. eine Analyse der Alternativen durch die Zielkriterien (Indikatoren) vorzunehmen, um ein möglichst umfassendes Bild der Entscheidungssituation zu erlangen. "Die Beschreibung der Alternativen geschieht durch die Charakterisierung der Konsequenzen dieser Alternativen anhand der Kriterien. Dadurch verknüpft man im Rahmen der Nutzwertanalyse die Zielvorstellungen des Entscheidungsträgers mit den Lösungsmöglichkeiten des Problems."[207]

Transformation der Indikatorenwerte auf eine einheitliche Skala

In einem weiteren Schritt müssen die Indikatorenwerte, die in unterschiedlichen Maßeinheiten vorliegen, auf eine einheitliche Skala gebracht werden. Erst dieser Verfahrensschritt ermöglicht eine spätere Aggregation.

Die sinnvollste Transformationsmethode besteht darin, die Indikatorenwerte auf Sollwerte - wie sie beispielsweise der Beirat für Raumordnung formulierte -[208] oder - falls dies nicht möglich ist - ersatzweise auf Mittelwerte zu beziehen. Die jeweiligen Zielerreichungsgrade lassen sich dann in Prozentwerten des gewünschten Zielniveaus ausdrücken.

Hierbei herrscht keine Notwendigkeit, lediglich lineare Übertragungen vorzunehmen. Es sind vielmehr eine Reihe von Transformationsfunktionen denkbar.

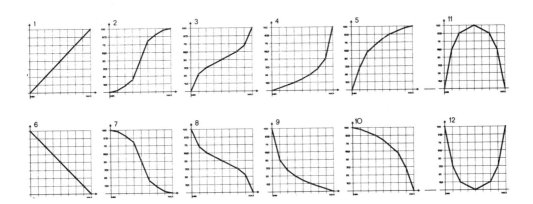

Abbildung 3: Transformations- bzw. Nutzenfunktionen[209]

Sie spiegeln die individuelle Einschätzung der Beziehungen zwischen Indikatorenwerten und Nutzeneinschätzungen wider. "Der jeweilige Funktionstyp, d. h. der Verlauf der Nutzenfunktion, hängt von den subjektiven Präferenzen des Entscheidungsträgers gegenüber den relevanten Zielkriterien ab."[210] Der Vorgang der Umskalierung stellt demnach kein rein technisches Problem dar, sondern beinhaltet bereits eine Bewertung.

Festlegung von Zielgewichten

Während die Transformationsfunktionen die Zumessung der Zielerträge innerhalb des Wertebereichs eines Indikators darstellen, zeigt sich in einem zweiten, dem Hauptgewichtungsschritt, die unterschiedliche Nutzeneinschätzung zwischen den Indikatoren bzw. den dahinterstehenden Zielen.[211]

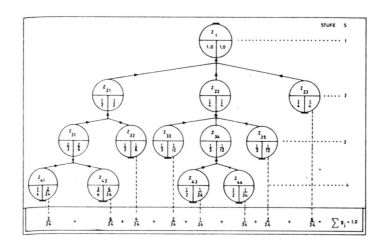

Abbildung 4: Beispiel zur stufenweisen Bestimmung der relativen Gewichte von Zielen bzw. Zielkriterien einer Zielhierarchie[212]

Bei der Bewertung erleichtert die Methode der 'sukzessiven Vergleiche' den Arbeitsablauf. Sie besagt, daß in dem hierarchisch aufgebauten System von Zielen 'von oben nach unten' gewichtet wird und somit nur vergleichbare Größen auf gleichen Zielebenen gegenübergestellt werden. "Anstatt gleichzeitig sämtliche Gewichte g_j der für die Bewertung relevanten Ziele bzw. Zielkriterien k_j direkt zu schätzen, können diese indirekt über die relevanten Gewichte der zugehörigen Oberziele (Knotenziele) schrittweise bestimmt werden."[213]

Ermittlung der Teil- und der Gesamtnutzen der einzelnen Alternativen

Durch die Multiplikation der Zielgewichte mit den Zielerreichungsgraden ergibt sich der Teilnutzwert. Sind alle Teilnutzen einer Alternative ermittelt, erfolgt als letzter Schritt der Nutzwertanalyse deren Addition. Die Summe der Teilnutzen ergibt den Gesamtnutzen der betreffenden Alternative.

Voraussetzung für ein solches Vorgehen ist die Nutzenunabhängigkeit der Zielkriterien.[214] Nutzenunabhängigkeit liegt dann vor, wenn die Zuordnung eines bestimmten Teilnutzwertes lediglich von der Höhe des entsprechenden Zielerreichungsgrades und nicht von den übrigen Zielerträgen dieser Alternative abhängt.[215] Jeder Zielerreichungsgrad liefert somit einen isolierbaren Beitrag zum Gesamtnutzwert der Handlungsalternative. Da in konkreten Auswahlsituationen die Annahme vollkommener Nutzenunabhängigkeit eine "irrationale Hypothese" darstellt, genügt nach ZANGEMEISTER für die praktische Nutzwertanalyse lediglich eine bedingte Nutzenunabhängigkeit.[216]

Die ermittelten Gesamtnutzwerte der Alternativen als das Ergebnis einer ganzheitlichen Bewertung sämtlicher Zielerträge sind dimensionslose Indizes und nur im Hinblick auf das zugrundegelegte Zielsystem und die zugehörigen Präferenzen zu verstehen. Sie ermöglichen es aber, die in die Untersuchung einbezogenen Handlungsalternativen unter den getroffenen subjektiven Annahmen in eine Rangordnung zu bringen. "Die Rangfolge gibt an, welche Alternative anderen Alternativen vorzuziehen ist und wird damit zu einer Aussage über die relative Vorzüglichkeit einzelner Alternativen."[217]

Ein Wechsel der relativen Bedeutung der Ziele mit einer anderen Verteilung der Gewichtungsfaktoren kann eine Änderung der Gesamtnutzen und damit der Rangfolge von Handlungsalternativen bewirken. In einzelnen Varianten der Nutzwertanalyse ist es möglich, die Konsequenzen der Gewichtungsverlagerungen deutlich zu machen.

6. DAS BEISPIEL DES ENERGIEVERSORGUNGSKONZEPTES BONN

Die nun folgenden Ausführungen behandeln einen konkreten Untersuchungsraum, wobei die theoretischen Aussagen der vorhergehenden Kapitel sowohl eine Verdeutlichung und Anwendung, als auch eine Weiterentwicklung finden.

Nach der Auswahl der möglichen Handlungsalternativen für den Ausbau leitungsgebundener Energieträger (Kapitel 7.2) soll an dem angeführten Beispiel das Problem der Formulierung konkreter Indikatoren aus den allgemeinen Zielvorstellungen und die Festlegung von Soll- bzw. Bezugswerten behandelt werden (Kapitel 7.3). Des weiteren geht es dem in Kapitel 5 geschilderten Arbeitsprogramm entsprechend um die Transformation der ausgewählten Indikatoren auf eine einheitliche Skala (Kapitel 8.1). Bei der Gewichtung der Indikatoren bzw. Ziele ergibt sich die Möglichkeit, anhand des Beispielraumes zu untersuchen, ob und inwieweit die unterschiedliche Betonung der Zielsetzung von Konzepten für den Ausbau leitungsgebundener Energieträger zu voneinander abweichenden Ergebnissen führt (Kapitel 8.2). Darüber hinaus soll ausgehend von den Resultaten einer Zielsetzungsalternative die Ableitung konkreter Ausbauvorschläge vor Augen geführt werden (Kapitel 9.1 und 9.2).

Das Stadtgebiet von Bonn wurde deshalb als der Raum ausgewählt, für den anschauliche Untersuchungen angestellt werden sollen, weil sich hier in vielfältiger Hinsicht für größere Städte der Bundesrepublik typische Strukturen und Probleme zeigen. Beispielhaft können die Notwendigkeit der Verbesserung des Wohnumfeldes als zentrale städtische Aufgabe,[218] die Umweltbelastung, die Bevölkerungsverluste der Innenstadtbezirke,[219] aber auch im Bereich der Energieversorgung der Kontrast von konkurrierenden Leitungssystemen im Stadtzentrum und zentrumsnahen Bezirken auf der einen Seite und andererseits insgesamt hohem Anteil des Heizöls an der Wärmeversorgung (vgl. Kapitel 6.1) genannt werden.

Die Stadt Bonn stellt desgleichen von den Datengrundlagen her keine Ausnahme im positiven Sinne dar. Die Datenlage muß eher als ungünstig bezeichnet werden (vgl. Kapitel 7.1). Die Auswahl der Stadt Bonn als Untersuchungsgebiet dient daher dem Nachweis, daß die Einbeziehung räumlicher Parameter in die Energieversorgungsplanung nicht nur unter optimalen Bedingungen durchführbar ist.

Für das Bonner Stadtgebiet wurde als Planstudie des Arbeitsprogramms 'örtliche und regionale Energieversorgungskonzepte' ein Wärmeversorgungskonzept erstellt (Kapitel 6.2). In ihm dienen lediglich Betriebskostenberechnungen als Ausbaukriterium (Kapitel 6.3). Dieses Vorgehen ist insofern charakteristisch, als gleichfalls bei anderen im Zusammenhang mit dem Arbeitsprogramm genannten Studien die anlegbaren spezifischen Wärmebeschaffungskosten frei Einspeisepunkt der Gebietszelle[220] letztendlich doch die alleinige Grundlage der Vorschläge bildet.[221] Abschließend soll ein Vergleich der Ergebnisse der vorliegenden Arbeit mit denen der in diesem Sinne beispielhaft ausgewählten 'Planstudie Bonn' vonstatten gehen (Kapitel 9.3).

6.1 Die gegenwärtige Versorgungsstruktur der Stadt Bonn

Die kommunale Gebietsreform des Jahres 1969 stellt für die heutige Versorgungsstruktur der Stadt Bonn ein wichtiges Faktum dar. Nur durch sie ist die Versorgungsvielfalt in der Stadt zu erklären. Während die Stadtwerke Bonn den Bereich 'Alt-Bonn' mit Fernwärme, Erdgas und Strom beliefern, übernimmt im restlichen Stadtgebiet das Rheinisch-Westfälische-Elektrizitätswerk (RWE) die Stromverteilung. Die Rheinische Energie Aktiengesellschaft (Rhenag) und die Gasversorgung Euskirchen (GVE) versorgen die Stadtteile Bad Godesberg und Beuel bzw. den Stadtteil Hardtberg mit Lessenich mit Gas. In der amerikanischen Siedlung in Plittersdorf, in der Bad Godesberger Siedlung Heiderhof und auf dem Gelände der Universitätskliniken auf dem Venusberg bestehen separate, durch Heizwerke gespeiste Fernwärmenetze. Außerdem betreibt die Steinkohlen-Elektrizitäts-Aktiengesellschaft (STEAG) in einem Teil Duisdorfs eine Fernwärmeversorgung.

Noch vor der kommunalen Neugliederung schlossen die eingemeindeten Stadtteile zum Teil langfristige Gas- und Stromkonzessionsverträge ab. Diese Verträge mußten von der Stadt Bonn übernommen werden. Die Stadtwerke Bonn (SWB) planen, ihr Versorgungsgebiet mit dem Ablauf der bestehenden Konzessionsverträge sukzessive auszubauen.[222] Die Angliederungspläne erscheinen aber angesichts der ablehnenden Haltung der CDU-Ratsfraktion fraglich.[223] Auf jeden Fall bleiben noch auf lange Sicht fünf verschiedene Energieversorgungsunternehmen in Bonn tätig.

Fernwärmeversorgung

Seit über 30 Jahren betreiben die Stadtwerke Bonn ein Fernwärmenetz. Das Kraftwerk Karlstraße wurde 1953 zu einem Heizkraftwerk umgebaut. Das Heizkraftwerk Süd nahm 1969 den Betrieb auf. Die Anschlußleistung betrug im Jahre 1983 362,8 MW.[224] Beide Heizkraftwerke speisen in dasselbe Versorgungsnetz ein, wobei das HKW Karlstraße im wesentlichen die Grundlastversorgung übernimmt und der Mittellastbereich durch das HKW Süd abgedeckt wird. Das HKW Karlstraße wird mit Rohbraunkohle und teilweise mit Schweröl betrieben. Beim HKW Süd erfolgte 1984 die Umstellung von schwerem Heizöl auf Erdgas.

Ende 1983 belief sich die Länge der Hauptleitungen des Fernwärmenetzes auf 65,4km. Die Rohrleitungstrassen wurden so gewählt, daß die großen Gebäude im 'Alt-Bonner' Stadtgebiet, wie Universitätsgebäude, Banken, Kaufhäuser, Stadthaus usw.,[225] angeschlossen werden konnten. Dementsprechend dominieren bei der Aufteilung des Raumwärmeverbrauchs auf die Anwendungssektoren die öffentlichen Einrichtungen.

Tabelle 8: Nutzbare Fernwärmeabgabe (Raumwärme) der Stadtwerke Bonn in Millionen Kilowattstunden[226]

Haushalte	42,0	10,9%
Stadtverwaltung	43,5	11,3%
Sonstige öffentl. Einrichtungen	294,1	76,3%
Betriebsverbrauch	5,6	1,5%
insgesamt	385,2 ≙	100,0%

(Stadtverwaltung + Sonstige öffentl. Einrichtungen = 87,7%)

Ökologisch wirkt sich die Fernwärmeversorgung durch den Wegfall vieler kleinerer Heizungsanlagen positiv aus. Rein rechnerisch werden derzeit 45.000 Wohnungseinheiten durch Fernwärme versorgt. Dies hat einen - fiktiven - Wegfall von rd. 7.500 Einzelschornsteinen mit niedrigen Quellhöhen zur Folge.[227]

Der Fernwärmepreis liegt mit DM 63,75 (durchschnittlicher Grund- und Arbeitspreis) pro MWh sowohl weit unter den sonst in der Bundesrepublik üblichen Fernwärmepreisen,[228] als auch unter den Bonner Preisen für Heizenergie bei Erdgas (z. Z. 67-69 DM/MWh) und Erdöl.

Trotzdem ergibt die Auswertung einer im Rahmen des Wärmeversorgungskonzeptes angestellten Erhebung der Energieversorgung der Wohngebäude auf der Ebene der 'Statistischen Bezirke',[229] daß lediglich in sechs von 62 Fällen über zehn Prozent der Wohngebäude mit Fernwärme beliefert werden. Alle anderen Statistischen Bezirke sind entweder gar nicht oder im Wohnbereich nur geringfügig an die Fernwärmeversorgung angeschlossen.

Aufgrund der Energieeinsparungstendenzen hielt der Fernwärmeabsatz mit der Anschlußentwicklung nicht Schritt und bewegte sich ab 1979 sogar gegenläufig. Dies deutet darauf hin, daß die angemeldete Anschlußleistung der Endverbraucher das notwendige Maß überschreitet und Überkapazitäten entstanden.

Tabelle 9: Entwicklung der Fernwärmeversorgung der Stadtwerke Bonn

Jahr	1	2	3	4	5
1972	325	237	100	100	1
1973	344	255	106	108	1
1974	336	268	103	113	-9
1975	363	286	112	121	-9
1976	380	296	117	125	-9

Tabelle 9 (Fortsetzung):

Jahr	1	2	3	4	5
1977	394	306	121	129	-9
1978	445	312	137	132	1
1979	430	326	132	138	1
1980	417	334	128	141	-9
1981	402	346	124	146	-8
1982	390	357	120	151	-8
1983	394	363	121	153	-8

1 Fernwärmeabgabe in Mio. kWh
2 Anschlußleistung in MW
3 Fernwärmeabgabe 1972 = 100
4 Anschlußleistung 1972 = 100
5 Verhältnis Fernwärmeabgabe zu Anschlußleistung

(Zur Fernwärmeversorgung im Bonner Stadtgebiet siehe auch Karte 1)

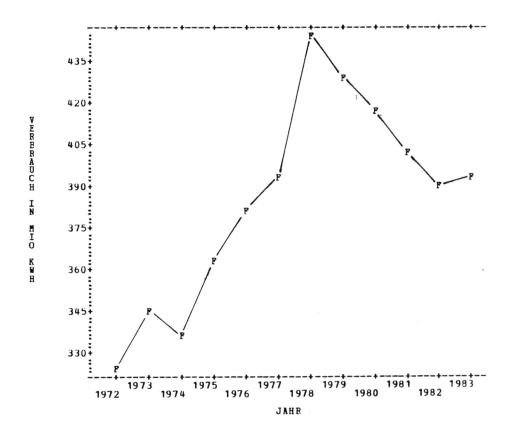

Abbildung 5: Leitungsgebundene Energieträger in der Stadt Bonn, Fernwärmeversorgung

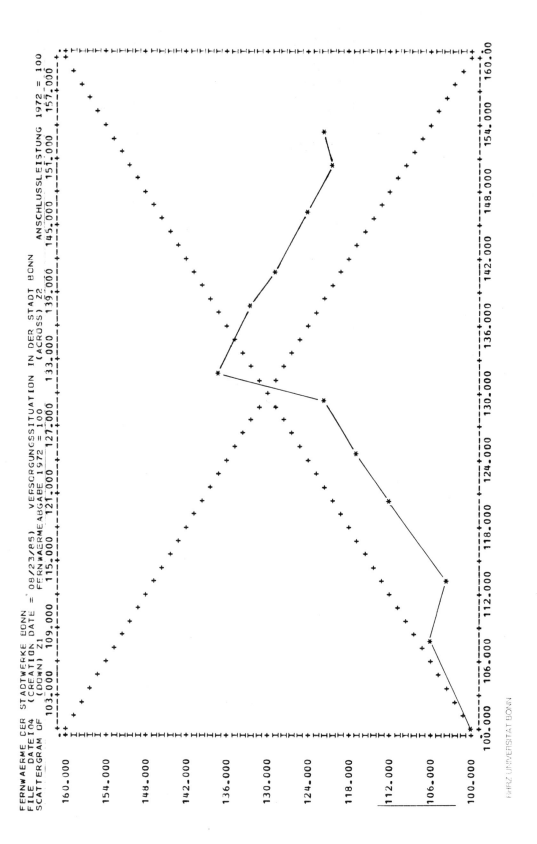

Abbildung 6: Versorgungssituation in der Stadt Bonn, Entwicklung des Verhältnisses von Fernwärmeabgabe und Anschlußleistung

Gasversorgung

Bereits 1852 betrieb eine private Gesellschaft die Versorgung der öffentlichen Straßenbeleuchtung mit Gas. 1879 übernahm die Stadt die Versorgung in eigener Regie. Das sog. Stadtgas wurde aus Steinkohle erzeugt. 1940 erfolgte der erste Ferngasanschluß. Das in Bonn verkaufte Stadtgas bestand nunmehr zur Hälfte aus Ferngas (Kokereigas aus dem Ruhrgebiet) und zur anderen Hälfte aus eigenerzeugtem Gas. Die Gaseigenerzeugung wurde 1963 eingestellt. In den Jahren 1971/72 ging die Umstellung von Kokerei- auf Erdgas vonstatten.

Der Vorlieferant aller in Bonn tätigen Gasversorgungsunternehmen ist die Ruhrgas AG in Essen. Die Gesamtlänge der Mittel- und Niederdruckleitungsnetze in Bonn von ca. 563km gibt einen Hinweis darauf, wie weit der Gasleitungsbau bereits fortgeschritten ist.[230]

Die Absatzstruktur des Erdgases zeigt gegenüber der Fernwärme deutliche Unterschiede. Es dominiert bei allen Unternehmen die Versorgung der Haushalte. Gewerbe und Industrie bzw. öffentliche Einrichtungen treten indessen in den Hintergrund.

Tabelle 10: Nutzbare Abgabe von Erdgas 1983 in Bonn nach Verbrauchssektoren (ohne Betriebsverbrauch)[231]

	SWB Mio. kWh	%	GVE Mio. kWh	%	Rhenag Mio. kWh	%
Haushalte	503,3	90,3	119,0	42,2	449,3	68,1
Gewerbe/Industrie	18,0	3,2	11,8	4,2	75,3	11,4
Öffentliche Einrichtungen	34,0	6,1	28,0	9,9	134,9	20,5
Beleuchtung	1,9	0,4	-	-	-	-
Heizwerke	-	-	123,1	43,7	-	-
Summe	557,2	100,0	281,9	100,0	659,5	100,0

In der Mehrzahl der Statistischen Bezirke sind 26 bis 50 Prozent der Wohngebäude an das Gasnetz angeschlossen. In einigen Fällen liegt der Anschlußgrad noch höher. Diese Verbrauchsschwerpunkte befinden sich vor allem im Stadtteil Duisdorf.

Bei der Betrachtung der Erdgasabsatzzahlen und der Anschlußentwicklung sind drei wesentliche Punkte hervorzuheben. Erstens erhöhte sich im Zeitraum von 1972 bis 1983 der Gasabsatz in Bonn um mehr als das Doppelte. Diese Absatzentwicklung konnte zweitens nur durch eine starke Zunahme der Anschlußleistung erreicht werden, wobei die Heizgas- und Vollversorgung der Haushalte einen ständig wachsenden Anteil an der gesamten Erdgasabgabe verzeichnete.[232]

Drittens verzeichnete das Erdgas bezeichnenderweise die höchsten Steigerungsraten der Anschlußwerte nach der zweiten Ölkrise im Jahre 1979. Bei der Entscheidung der Verbraucher spielte offensichtlich die größere Versorgungssicherheit des Erdgases eine wichtige Rolle, zumal sich Erdgas- und Heizölversorgung von den Kosten her gesehen in der gleichen Größenordnung bewegen.

Tabelle 11: Gasabsatz in Mio. kWh in den Jahren 1972 bis 1983[233]

Jahr	1	2	3	4	5	6	7	8	9
1972	241	179	267	687	100	100	100	100	1
1973	284	200	300	784	118	112	112	114	1
1974	302	225	325	852	125	126	122	124	-,9
1975	318	250	375	943	132	140	140	137	-,8
1976	345	267	430	1042	143	149	161	152	-,8
1977	369	283	450	1102	153	158	169	160	-,8
1978	435	308	516	1259	180	172	193	183	-,9
1979	474	317	550	1341	197	177	206	195	-,8
1980	510	292	591	1393	212	163	221	203	-,7

Tabelle 11 (Fortsetzung):

Jahr	1	2	3	4	5	6	7	8	9
1981	553	280	621	1454	229	156	233	212	-,8
1982	541	267	629	1437	224	149	236	209	-,7
1983	561	282	660	1503	233	158	247	219	-,7

1 Gasabsatz SWB   5 Gasabsatz 1972 = 100 SWB
2 Gasabsatz GVE   6 Gasabsatz 1972 = 100 GVE
3 Gasabsatz Rhenag   7 Gasabsatz 1972 = 100 Rhenag
4 Gasabsatz insgesamt   8 Gasabsatz 1972 = 100 insgesamt
                         9 Verhältnis von Gasabsatz zu Anschlußleistung der SWB

(Zur Gasversorgung im Bonner Stadtgebiet siehe auch Karte 2)

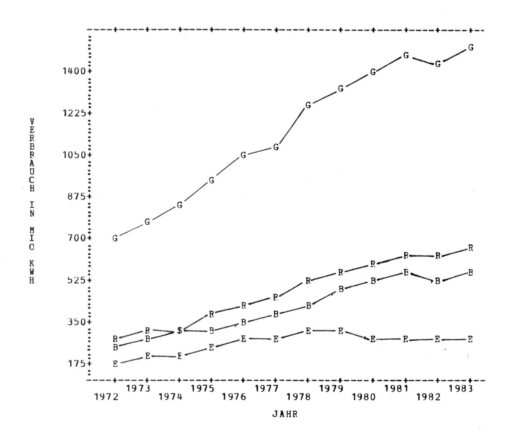

B   Bonner Stadtwerke (SWB)
E   Gasversorgung Euskirchen (GVE)
R   Rheinische Energie Aktiengesellschaft (Rhenag)
G   Gasabsatz insgesamt

Abbildung 7: Leitungsgebundene Energieträger in der Stadt Bonn, Gasversorgung

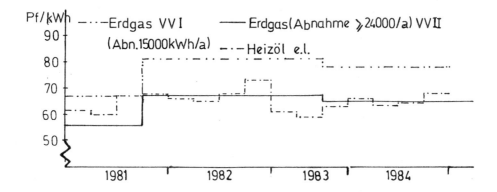

Abbildung 8: Preisniveau von Erdgas und Heizöl in Bonn 1981-1984

Stromversorgung

Das stromseitige Versorgungsgebiet der Stadtwerke Bonn ist auf den Bereich 'Alt-Bonn' beschränkt. Das RWE übernimmt im übrigen Stadtgebiet auf der Basis langfristiger Konzessionsverträge die Stromversorgung. Außerdem erzeugten die Stadtwerke 1983 lediglich 21,6 Prozent ihrer Netzeinspeisung in den beiden Heizkraftwerken selbst. Den überwiegenden Teil bezogen sie aus dem Verbundnetz des RWE.

In diesem Punkt besteht für die Stadtwerke die Möglichkeit, die in den letzten Jahren ständig sinkende Eigenerzeugung wieder auszubauen.[234] Der steigende Stromverbrauch infolge reger Bautätigkeit gerade im Absatzgebiet der Stadtwerke dürfte dieses Bestreben erleichtern.

Tabelle 12: Stromabsatz der in Bonn tätigen Versorgungsunternehmen in Mio. kWh 1972-1983[235]

Jahr	1	2	3	4	5	6
1972	379	651	1030	100	100	100
1973	405	684	1089	107	105	106
1974	410	684	1094	108	105	106
1975	429	686	1115	113	105	108
1976	453	708	1161	120	109	113
1977	467	712	1179	123	109	114
1978	496	713	1209	131	110	117
1979	515	723	1238	136	111	120
1980	529	702	1231	140	108	120
1981	530	689	1219	140	106	118
1982	525	694	1219	139	107	118
1983	528	710	1238	139	109	120

1 Stromabsatz SWB   4 Stromabsatz 1972 = 100 SWB
2 Stromabsatz RWE   5 Stromabsatz 1972 = 100 RWE
3 Stromabsatz insgesamt   6 Stromabsatz 1972 = 100 insgesamt

Als größter Verbrauchssektor im Strombereich ist die Industrie zu nennen.

Wärmespeicherheizungen spielen nur eine geringe Rolle. Von seiten des RWE werden in Bonn keine neuen Genehmigungen für Wärmespeicherheizungen erteilt. Die Stadtwerke lassen sie nur dann noch zu, wenn das bestehende Stromnetz nicht ausgebaut werden muß und keine zusätzlichen Kosten entstehen. Zur Substitution von Kohle und Heizöl auf dem Bonner Wärmemarkt kommt Strom somit lediglich in Form von Elektrowärmepumpen in Frage.

Tabelle 13: Stromabgabe nach Verbrauchssektoren in Bonn 1983

	SWB Mio. kWh	%	RWE %
Haushalte	139,6	28,1	28,7
Wärmespeicherheizungen	17,5	3,5	7,4
Gewerbe/Handel/Landwirtschaft	66,7	13,4	14,3
Industrie	240,5	48,4	40,1
öffentl. Einrichtungen/Beleuchtung	33,1	6,6	9,5
insgesamt	497,4	100,0	100,0

(Die Zahlenangaben für das RWE beziehen sich auf das gesamte Versorgungsgebiet der RWE-Betriebsverwaltung Berggeist in Brühl.)

Jahresverbrauch pro Einwohner 1982: Bonn 4.135 kWh
Bundesgebiet 5.424 kWh

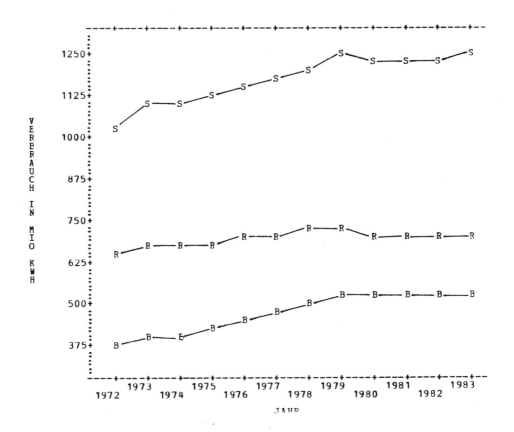

B   Stromabsatz der Bonner Stadtwerke
R   Stromabsatz des RWE
S   Stromabsatz insgesamt

Abbildung 9: Leitungsgebundene Energieträger in der Stadt Bonn, Stromversorgung

Kohle- und Heizölversorgung

Über die Versorgung Bonns mit festen und flüssigen Brennstoffen liegen nur wenige Zahlenangaben vor. Eine Befragung der Bezirksschornsteinfeger im Rahmen der Arbeiten am Wärmeversorgungskonzept Bonn ergab, daß die Wärmeversorgung der Wohngebäude in 35 Statistischen Bezirken[236] noch immer zwischen elf und 25 Prozent auf Kohle basiert. Bei neun Bezirken beträgt der Anteil kohleversorgter Wohngebäude über 25 Prozent.

Die wichtigste Säule der Wärmeversorgung der Wohngebäude in Bonn bildet das Heizöl. Sein Versorgungsgrad liegt in 25 Bezirken (= 40,3%) über der Hälfte, in weiteren 31 (= 50%) über einem Viertel der Wohngebäude. Besonders hohe Anteile weisen der Stadtteil Bad Godesberg, die Außenbezirke der übrigen Stadtteile, aber auch das Regierungsviertel und die Bezirke in der Bonner Südstadt auf.

(Zur Stromversorgung im Bonner Stadtgebiet siehe auch Karte 3)

Die nachfolgende Tabelle und Abbildung vermitteln einen Überblick über die Energieversorgung der Wohngebäude in den einzelnen Bezirken (siehe Kapitel 7.2) der Stadt Bonn.

Tabelle 14: Prozentualer Anteil der Energieträger bei Wohngebäuden

NR.	STATISTISCHER BEZIRK	ERD-GAS	KOHLE	HEIZ-OEL	FERN-WAERME	KEINE ANGABE
110	ZENTRUM-RHEINVIERTEL	38	17	27	15	3
111	ZENTR-MUENSTERVIERTE	19	31	38	9	3
112	WICHELSHOF	38	21	29	12	0
113	VOR DEM STERNTOR	32	24	34	9	1
114	RHEINDORFER-VORSTADT	29	36	33	1	1
115	ELLERVIERTEL	49	21	27	2	1
116	GUETERBAHNHOF	99	0	0	0	1
117	BAUMSCHULVIERTEL	44	15	39	2	0
118	BONNER-TALVIERTEL	40	4	56	0	0
119	V DEM KOBLENZER TOR	35	7	58	0	0
120	NEU-ENDENICH	27	15	56	0	2
121	ALT-ENDENICH	31	29	39	0	1
122	POPPELSDORF	43	17	38	0	2
123	KESSENICH	45	17	38	0	0
124	DOTTENDORF	23	23	52	0	2
125	VENUSBERG	60	7	31	0	2
126	IPPENDORF	16	12	72	0	0
127	ROETTGEN	0	15	85	0	0
128	UECKESDORF	0	0	100	0	0
131	ALT-TANNENBUSCH	14	32	32	20	2
132	NEU-TANNENBUSCH	28	13	13	42	4
133	BUSCHDORF	38	20	40	0	2
134	AUERBERG	49	24	27	0	0
135	GRAU-RHEINDORF	29	23	45	0	3
136	DRANSDORF	19	34	45	0	2
137	LESSENICH-MESSDORF	45	23	31	0	1
141	GRONAU-REGIERUNGSV.	20	3	74	0	3
242	HOCHKREUZ-REGIERUNGS	19	5	75	0	1
251	BAD GODESBERG-ZENTRU	38	6	56	0	0
252	GODESBERG-KURVIERTEL	16	21	62	0	1
253	SCHWEINHEIM	31	8	60	0	1
254	BAD GODESBERG-NORD	28	22	50	0	0
255	VILLENVIERTEL	39	15	46	0	0
260	FRIESDORF	40	18	41	0	1
261	NEU-PLITTERSDORF	30	24	40	5	1
262	ALT-PLITTERSDORF	30	27	42	0	1
263	RUENGSDORF	41	7	52	0	0
264	MUFFENDORF	10	30	60	0	0
265	PENNENFELD	16	53	31	0	0
266	LANNESDORF	15	19	65	0	1
267	MEHLEM-RHEINAUE	16	8	75	0	1
268	OBERMEHLEM	21	9	69	0	1
269	HEIDERHOF	0	0	0	99	1
371	BEUEL-ZENTRUM	40	16	44	0	0
372	VILICH-RHEINDORF	43	15	41	0	1
373	BEUEL-OST	29	16	54	0	1
374	BEUEL-SUED	39	16	45	0	0
381	GEISLAR	51	17	31	0	1
382	VILICH-MUELDORF	43	23	34	0	0
383	PUETZCHEN-BECHLINGH	24	14	60	0	2
384	LI KUE RA	30	14	55	0	1
385	OBERKASSEL	40	28	31	0	1
386	HOLZLAR	21	12	66	0	1
387	HOHOLZ	8	19	72	0	1
388	HOLTDORF	2	17	81	0	0
491	DUISDORF-ZENTRUM	25	7	67	0	1
492	FINKENHOF	0	0	0	100	0
493	MEDINGHOFEN	77	9	14	0	0
494	BRUESER BERG	49	0	49	0	2
495	LENGSDORF	67	0	32	0	1
496	DUISDORF-NORD	62	17	21	0	0
497	NEU-DUISDORF	43	12	44	0	1
MITTELWERT		32	16	46	5	1
MINIMUM		0	0	0	0	0
MAXIMUM		99	53	100	100	4

Fernwärmeversorgung

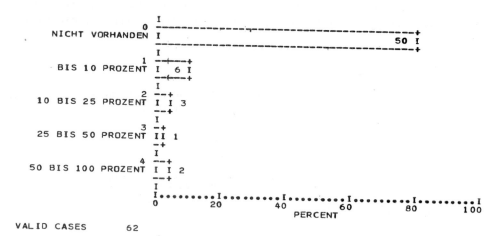

Gasversorgung

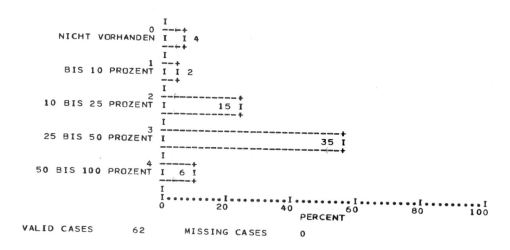

Kohleversorgung

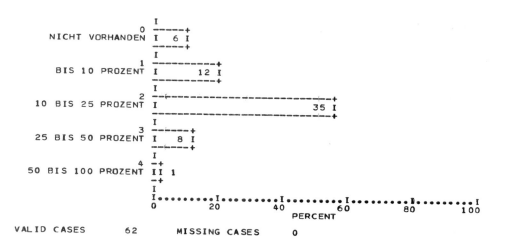

Abbildung 10: Klassifikation der Bonner Stat. Bezirke nach dem Versorgungsanteil verschiedener Energieträger bei Wohngebäuden

Heizölversorgung

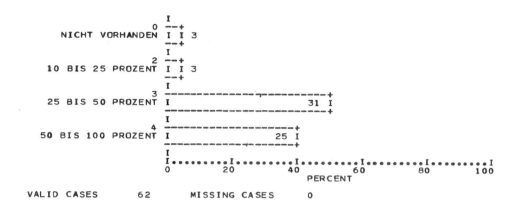

Abbildung 10 (Fortsetzung)

6.2 Die Vorläufer und die Entstehungsgeschichte des Wärmeversorgungskonzeptes Bonn

6.2.1 Die Planstudie Köln/Bonn/Koblenz

Im Zusammenhang mit der breit angelegten "Gesamtstudie über die Möglichkeiten der Fernwärmeversorgung aus Heizkraftwerken in der Bundesrepublik Deutschland" des Bundesministers für Forschung und Technologie ist neben drei weiteren Ballungsgebieten der Raum Koblenz, Bonn und Köln hinsichtlich des damaligen und künftigen Wärmemarktes eingehend untersucht worden. Zielsetzung der Planstudie war es, "die Möglichkeiten und den Umfang einer Fernwärmeversorgung aus dem nordwestlich von Koblenz gelegenen Kernkraftwerk Mülheim-Kärlich und ggf. anderer standortgünstiger geplanten, beabsichtigten oder fiktiven nuklearen Heizkraftwerken über einen Zeitraum bis etwa 1990"[237] zu ermitteln.

Zu diesem Zweck wurde der Wärmemarkt im Jahre 1975 in den Städten Köln und Bonn durch eine Einzelaufnahme jedes Gebäudes erfaßt, wobei der Wärmebedarf sowie die Heizungs-, Brennstoff- und Energieart aufgenommen wurde. Unter Berücksichtigung der zu erwartenden städtebaulichen Veränderungen schätzte man die Wärmeanschlußentwicklung ab und stellte für das Jahr 1990 in Bonn eine für Fernwärme geeignete Anschlußleistung von rd. 1.400 MW (1.200 Gcal) fest.[238] In weiteren Schritten wurden für Köln und Bonn umfassende Berechnungen bis zum Ausweis der Gesamtkosten der Fernwärme frei Abnehmer in den einzelnen Versorgungsgebieten angestellt.

Sie führten zu dem Ergebnis, daß ohne einen forcierten Fernwärmeausbau mit Hilfe flankierender Maßnahmen (u. a. ein Anschluß- und Benutzungszwang) "eine Wärmelieferung aus einem (mindestens 20km entfernten) Kernkraftwerk - wegen der insgesamt zu geringen Wärmeanschlußleistung - von vornherein"[239] ausscheidet. Die Verfasser der Studie hielten jedoch wegen der Energieeinsparung und aufgrund der hohen Schadstoffbelastung durch die Emissionen der Einzelfeuerstätten für 89 Prozent der Gebietsflächen der Stadtkerne Kölns und Bonns Fördermaßnahmen der öffentlichen Hand zugunsten leitungsgebundener Energieträger, vor allem der Fernwärme, für gerechtfertigt.[240]

6.2.2 Die Planung eines neuen Müllheizkraftwerkes

Der Rat der Stadt Bonn faßte am 22. 5. 1980 den Beschluß, die Müllverbrennungsanlage im Stadtteil Mehlem stufenweise zu sanieren und zu erweitern.[241] Nachdem der Regierungspräsident in Köln als Genehmigungsbehörde signalisierte, daß wenig Aussichten für eine Genehmigung der Anlagenerweiterung bestünden, setzte der Rat mit Beschluß vom 7. 5. 1981 das Vorhaben aus.[242] Stattdessen sollte als weitere Möglichkeit untersucht werden, bis zum Jahre 1987 - dem Zeitpunkt der Auffüllung der jetzt genutzten Herseler Mülldeponie - neben dem bestehenden Heizkraftwerk an der Immenburgstraße ein neues Müllheizkraftwerk zu bauen, dessen Abwärme in das Fernwärmenetz und dessen erzeugter Strom ebenfalls in das Netz der Stadtwerke eingespeist werden könnten.

Das Hamburger Ingenieurbüro GOEPFERT & REIMER stellte in einer Untersuchung die folgenden Alternativen der Müllverbrennung mit Energienutzung gegenüber:

- Sanierung/Erweiterung der Müllverbrennungsanlage in Mehlem,
- Bau eines neuen Müllheizkraftwerkes an der Immenburgstraße in Bonn,
- Kombination der Lösungen: Müllerverbrennungsanlage Mehlem und Müllheizkraftwerk Bonn in kleinerer Ausführung.[243]

Nach einer Bewertung der Möglichkeiten hinsichtlich umweltrechtlicher, energiewirtschaftlicher, genehmigungsrechtlicher Aspekte kam die Untersuchung zu dem Resultat, "daß der Neubau der großen Lösung in der Immenburgstraße am vorteilhaftesten ist".[244]

Auch eine Sachverständigenkommission aus Vertretern des Regierungspräsidenten und der Stadt Bonn sah den Neubau des Müllheizkraftwerkes mit einer jährlichen Durchsatzkapazität von zunächst 197.000t Müll gegenüber einer Deponierung in Mechernich/Eifel als wesentlich kostengünstiger an.[245]

Mit dem Ratsbeschluß vom 8. 7. 1982 wurde das Planfeststellungsverfahren eingeleitet.[246] Der endgültige Errichtungsbeschluß des Rates erfolgt nach Abschluß einer positiven Planfeststellung. Trotz kritischer Äußerungen des Regierungspräsidenten zum Bonner Müllentsorgungskonzept und der Bildung einer Bürgerinitiative gegen das geplante Müllheizkraftwerk hält die Mehrheit des Stadtrates nach wie vor an der Müllverbrennung fest.[247]

6.2.3 Die Entstehung und die Zielsetzung des Wärmeversorgungskonzeptes Bonn

Wegen seines hohen Papieranteiles entsprechen fünf Kilogramm des Bonner Mülls dem Heizwert eines Liters leichten Heizöls. Bei einem jährlichen Müllanfall von derzeit 145.000t könnten ca. 29 Mio. Liter leichten Heizöls substituiert werden.

Im Rahmen der Diskussion um die Nutzung der Wärme aus der Müllverbrennung kam vom Rat der Stadt Bonn der Anstoß zum Wärmeversorgungskonzept. Dementsprechend war die Integration der thermischen Müllverwertung und der Ausbau der Fernwärmeversorgung vor allem auf Kosten der festen und flüssigen Energieträger ein Hauptanliegen des Konzeptes. Darüber hinaus sollten die Chancen aufgezeigt werden, durch Blockheizkraftwerke nicht an das zentrale Fernwärmenetz angeschlossene Stadtteile zu versorgen sowie auf andere Abwärmequellen wie Wärmepumpenanlagen, Industriebetriebe oder die Klärschlammverbrennung zurückzugreifen.[248] Es wurde die Forderung erhoben, daß die zu erarbeitenden Vorschläge die Gesichtspunkte "des Umweltschutzes, der Wirtschaftlichkeit und der Versorgungssicherheit" berücksichtigen müssen.[249] Die zukünftige Stadtentwicklung und die Bebauungsstruktur sollten ebenfalls Beachtung finden.[250]

Weil in Bonn mehrere Unternehmen die Energieversorgung tragen, lag die Federführung des Konzeptes in den Händen der Stadtverwaltung. Sie beauftragte 1981 das Hamburger Ingenieurbüro GOEPFERT & REIMER und Partner mit der Erstellung des Vorhabens. Als Unterauftragnehmer wurde das in Bonn ansässige Planungsbüro HEIDE und EBERHARD in die Bearbeitung des Konzeptes eingebunden.

Die Kosten des Projektes beliefen sich auf rd. 1,15 Mio. DM, die zu 60 Prozent aus Mitteln des Bundesministeriums für Forschung und Technologie getragen wurden. Die restlichen 40 Prozent übernahm die Stadt Bonn.[251]

In einem Arbeitsprogramm legte die Stadtverwaltung eine Beschreibung des Vorhabens fest, dem der Stadtwerkeausschuß, der Ausschuß für Umwelt und Gesundheitswesen sowie der Hauptausschuß des Rates im Juni bzw. Juli 1981 zustimmten.[252] Das in zehn Arbeitsschritte aufgeteilte Arbeitsprogramm umfaßte folgende aufeinander aufbauende Teilleistungen:

- Ermittlung des Wärmebedarfes durch Auswertung der Unterlagen für leitungsgebundene Energien von den Versorgungsunternehmen und durch örtliche Erhebungen,

- Abschätzung der künftigen Entwicklung des Wärmebedarfs,
- Aufteilung der Stadt in einzelne sinnvolle Versorgungsgebiete,
- Ermittlung wirtschaftlicher Versorgungssysteme unter Berücksichtigung der Investitionsaufwendungen sowie der Mengen und Verbräuche,
- Zusammenfassung der Versorgungskonzepte zu einem Gesamtoptimum,
- Ausarbeitung eines Vorschlages über die zeitliche Abstufung der vorgeschlagenen Maßnahmen.[253]

Unterschiedliche Auffassungen über die Zielsetzung traten bei der Vorstellung des Entwurfs des Wärmeversorgungskonzeptes zutage. Nach Ansicht der in Bonn tätigen Energieversorgungsunternehmen müssen bei der Erarbeitung des Konzeptes Aspekte der Wirtschaftlichkeit im Vordergrund stehen. Demgegenüber betonten die Bearbeiter sowie die Vertreter der Behörden und des Rates unter Hinweis auf das Arbeitsprogramm, daß das Wärmeversorgungskonzept nicht allein von wirtschaftlichen Überlegungen ausgehen dürfe, sondern auch andere Gesichtspunkte wie die des Umweltschutzes einbezogen werden müßten.[254]

Welche Kriterien mit welchem Gewicht zum Zuge kamen, zeigt der nachfolgende kurze Abriß der Ergebnisse des Anfang 1985 fertiggestellten Wärmeversorgungskonzeptes auf.

6.3 <u>Eine kurze Zusammenfassung der Ergebnisse des Wärmeversorgungskonzeptes Bonn</u>

Der Betrachtungszeitraum des Projektes umfaßt - beginnend mit dem Jahr 1986 - 20 Jahre.[255] Es erfolgte zunächst die Erhebung des Wärmebedarfs und seiner flächenmäßigen Verteilung sowie die Ermittlung der Wärmedichte im Bonner Stadtgebiet.[256] Zur Wärmebedarfserhebung teilte man den Gebäudebestand in eine Vielzahl von Typen ein (40 Varianten für Einzelgebäude und 37 Varianten für den Geschoßwohnungsbau). Als Unterscheidungsmerkmal der Typen dienten das Gebäudealter, die Geschoßzahl, die Geschoßhöhe, die Ausrüstung mit Doppelfenstern, der Fensteranteil an der Fassade und die Nutzung des Gebäudes.[257] Sie waren mit hinreichender Genauigkeit durch eine Begehung vor Ort für jedes Gebäude von außen erfaßbar. Durch ein rechnergestütztes Verfahren ließ sich aus diesen Angaben der Gebäudewärmebedarf ermitteln.

Den Wärmebedarf sowie die Energieart der Großverbraucher mit einem Anschlußwert über 100 kW stellte man mit Hilfe einer Fragebogenaktion fest.

Der Wärmebedarf erreichte im Bezugsjahr 1982 fast 2.300 MW. Die Erfassung der Wärmebedarfswerte in einer Baublocksystematik ermöglichte die Feststellung der flächenmäßigen Verteilung des Wärmebedarfs und der Wärmedichte.[258]

Die Lösung des Problems der flächendeckenden Abschätzung der Energie- und Heizungsart im Sektor 'Wohnen' erfolgte im wesentlichen durch eine Befragung der Schornsteinfegermeister in Bonn und der Betriebsleiter der Energieversorgungsunternehmen. Für die quantitative Durchrechnung der Angaben diente eine Baublockdatei der Stadt Bonn, die die Anzahl der bewohnten Adressen (= Zahl der Wohngebäude) enthielt.[259] Ein wichtiger Faktor bei der Schätzung der Wärmebedarfsentwicklung war der Bedarfszuwachs aus der Neubautätigkeit. Er ließ sich aus den Planungen der Stadt Bonn bis zum Jahre 2010 und Annahmen über den durchschnittlichen Wärmebedarf je Wohnhaus und qm Gewerbefläche ableiten.[260] Dem Wärmebedarfszuwachs stehen die künftigen Energieeinsparungen gegenüber, die bei den Großverbrauchern generell mit 15 Prozent beziffert wurden.[261] Das Sparpotential im Wohnungsbereich setzte man mit durchschnittlich 18 Prozent - je nach Heizungsstruktur, Gebäudegröße und Energieträgereinsatz differenziert - an.[262]

Insgesamt 22 Gebiete der Stadt Bonn wurden ausgewählt (siehe Karte 4), deren Eignung für eine zentrale Versorgung im Rahmen des Wärmeversorgungskonzeptes näher untersucht werden sollte.[263] Als wichtigstes Auswahlkriterium diente die Wärmedichte. Sie mußte ohne Berücksichtigung der einzelofenbeheizten sowie gasversorgten Wohnungen am Ende des Betrachtungszeitraumes eine Höhe aufweisen, die mit 30 MW/qkm eine wirtschaftliche Verteilung von Nah- bzw. Fernwärme erwarten ließ. In die nähere Betrachtung nahm man außerdem Gebiete auf, die sich durch die Nähe zu Wärmequellen auszeichnen.

Ein weiterer Arbeitsschritt galt den Betriebskostenuntersuchungen.[264] Für alle 22 Gebiete berechnete man die Betriebskosten (DM/MWh) bei einer Versorgung durch Blockheizkraftwerke und die Kosten der reinen Wärmeverteilung. Für einzelne Gebiete wurden darüber hinaus die Betriebskosten bei einem Anschluß an das Fernwärmenetz der Stadtwerke Bonn bzw. bei einem Einsatz von Wärmepumpenanlagen ermittelt. Untersuchungsgegenstand war außerdem die Umrüstung der Heizwerke in Duisdorf und Heiderhof zu Blockheizkraftwerken. Die Ergebnisse verdeutlicht die folgende Graphik. Als Vergleichsmaßstäbe dienten die Kosten konventioneller Wärmeerzeugungsanlagen und der Fernwärmepreis der Stadtwerke Bonn.

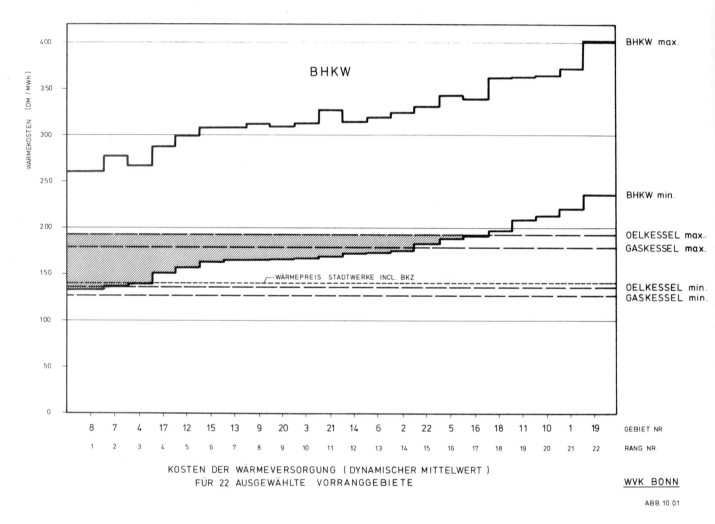

Abbildung 11: Kosten der Wärmeversorgung (dynamischer Mittelwert) für 22 ausgewählte Vorranggebiete des 'Wärmeversorgungskonzeptes Bonn'

Am Ende der Kostenuntersuchungen standen als Konzeptvorschläge Aussagen, in welchen Gebieten und in welcher Reihenfolge die Ausweitung von Nah- und Fernwärmeversorgung in Bonn möglich und sinnvoll sei. Es wurden die folgenden Einzelmaßnahmen vorgeschlagen[265] (siehe Karte 5):

A) Verdichtung der Fernwärmeanschlüsse im Fernwärmebereich der Stadtwerke,

B) Anschluß an das Fernwärmenetz der Stadtwerke Bonn,

C) Anschluß des Gebietes 22 an das Fernwärmenetz der Stadtwerke Bonn und im weiteren Verlauf des Betrachtungszeitraumes Verbindung der Stadtwerksfernwärme, des Gebietes 22 und der bestehenden Wärmeversorgung Venusberg,

D) Anschluß des Gebietes 2 an die Fernwärmeversorgung der SWB, später Verbindung des Stadtwerkenetzes über Gebiet 2 zur Fernwärmeversorgung der STEAG,

E) Nachrüstung der bestehenden zentralen Wärmeerzeugungsanlage Heiderhof mit einem Blockheizkraftwerk,

F) Desgleichen bei der STEAG-Fernwärme,
G) Errichtung und Betrieb eines Blockheizkraftwerkes in Gebiet 4,
H) Errichtung und Betrieb einer zentralen Wärmepumpenanlage in Gebiet 6,
I) Errichtung und Betrieb einer zentralen Wärmeerzeugung mittels Wärmepumpenanlage und Blockheizkraftwerk in Gebiet 17,
K) Errichtung und Betrieb eines Blockheizkraftwerkes in Gebiet 9,
L) Desgleichen in Gebiet 15.

In einem letzten Arbeitsschritt wurde die Reduzierung der Schadstoffemission bei voller Umsetzung der Konzeptvorschläge mit einer erwarteten Entwicklung ohne planerisches Eingreifen verglichen.[266] Die vermuteten Schadstoffminderungen errechneten sich für Schwefeldioxid auf 11,6 Prozent, für Kohlenmonoxid auf 4,8 und Staub auf 3,8 Prozent.

Zusammenfassend kann festgestellt werden, daß das Wärmeversorgungskonzept Bonn lediglich die Ausbauplanung eines leitungsgebundenen Energieträgers, der Fernwärme, zum Gegenstand hat. Außerdem finden im wesentlichen nur wirtschaftliche Gesichtspunkte bei der Erarbeitung der Konzeptvorschläge Anwendung. Es bleibt die Frage, ob und in welcher Weise sich die Ergebnisse ändern, wenn man alle leitungsgebundenen Energieträger und den gesamten in Kapitel 4 aufgeführten Zielkatalog zu berücksichtigen versucht.

7. DIE ABLEITUNG VON INDIKATOREN AUS DEN ZIELEN UND IHRE AUSPRÄGUNGEN IN DEN RÄUMLICHEN HANDLUNGSALTERNATIVEN

7.1 Die Datensituation

Die Datensituation im Energiebereich muß allgemein als ausgesprochen schlecht bezeichnet werden. So gibt es derzeit keine offiziellen, jährlich fortgeführten Statistiken über die Entwicklung des Bedarfs an Wärme, mechanischer Arbeit und Licht. Die Einteilung in Verbrauchssektoren ist unbefriedigend. Beispielsweise umfaßt der Verbrauchssektor 'Haushalte und Kleinverbraucher' neben den privaten Haushalten und kleinen Handwerksbetrieben auch noch so unterschiedliche Bereiche wie die Landwirtschaft und die öffentlichen Einrichtungen. Weiterhin existiert eine ausreichende räumliche Differenzierung nicht. Zu Recht bemerkt JOCHIMSEN zur Datenlage im Energiesektor, "daß es in ganz zentralen Fragen peinlich simple Faktendefizite gibt, die auf sehr pragmatische Weise raschestmöglich aufgearbeitet werden müssen".[267]

Erschwerend kommt speziell in Bonn hinzu, daß amtlicherseits als Datengrundlagen lediglich die Ergebnisseder Volkszählung 1970 und ihre Fortschreibung mit Hilfe der Einwohnerdatei, der Arbeitsstättenzählung 1970 und der Gebäude- und Wohnungszählung 1968 zur Verfügung stehen.

Außerdem entfallen zwei wichtige Informationsquellen. Die gebäudescharfe Bestandsaufnahme der Heizungsanlagen aus dem Jahre 1974 im Rahmen der Planstudie Köln/Bonn/Koblenz[268] ist nur bedingt durch Definitionsunschärfen in der Erhebungssystematik und mißverständliche Eintragungen in den Erhebungsbögen verwendbar. Die Gebäudevorerhebung für die geplante Volkszählung 1983 beinhaltete neben Fragen zu den Besitzverhältnissen und dem Alter der Gebäude durch eine kommunale Zusatzbefragung auch Fragen nach der Art der Energieversorgung und der Heizungsanlagen. Auf dieses Material darf aus datenschutzrechtlichen Gründen nicht zurückgegriffen werden.

Eine detaillierte Untersuchung im Bonner Stadtgebiet mußte angesichts dieser Datensituation auf Sondererhebungen, eingehenden analytischen Berechnungen und begründeten Hochrechnungen aus Stichproben beruhen.

7.2 Die Statistischen Bezirke Bonns als räumliche Bezugsbasis

Im Zusammenhang mit der Datenerhebung steht die Wahl der räumlichen Bezugsbasis. Im vorliegenden Fall werden als Untersuchungsräume die 1982 neu abgegrenzten "Statistischen Bezirke" der Stadt Bonn gewählt. Sie stellen gleichzeitig die Handlungsalternativen dar. Es wird dementsprechend geprüft, welcher der drei leitungsgebundenen Energieträger für den Ausbau im jeweiligen

Statistischen Bezirk in Betracht kommt. Die folgende Aufstellung enthält die Namen der insgesamt 62 Bezirke mit den dazugehörigen Kennziffern (siehe Karte 6).

110	Zentrum-Rheinviertel	1	254	Bad Godesberg-Nord	32
111	Zentrum-Münsterviertel	2	255	Bad-Godesberg-Villenviertel	33
112	Wichelshof	3	260	Friesdorf	34
113	Vor dem Sterntor	4	261	Neu-Plittersdorf	35
114	Rheindorfer Vorstadt	5	262	Alt-Plittersdorf	36
115	Ellerviertel	6	263	Rüngsdorf	37
116	Güterbahnhof	7	264	Muffendorf	38
117	Baumschulviertel	8	265	Pennenfeld	39
118	Bonner Talviertel	9	266	Lannesdorf	40
119	Vor dem Koblenzer Tor	10	267	Mehlem-Rheinaue	41
120	Neu-Endenich	11	268	Obermehlem	42
121	Alt-Endenich	12	269	Heiderhof	43
122	Poppelsdorf	13	371	Beuel-Zentrum	44
123	Kessenich	14	372	Vilich/Rheindorf	45
124	Dottendorf	15	373	Beuel-Ost	46
125	Venusberg	16	374	Beuel-Süd	47
126	Ippendorf	17	381	Geislar	48
127	Röttgen	18	382	Vilich-Müldorf	49
128	Ückesdorf	19	383	Pützchen/Bechlinghoven	50
131	Alt-Tannenbusch	20	384	Li-Kü-Ra (Limperich-Küdinghoven-Ramersdorf)	51
132	Neu-Tannenbusch	21	385	Oberkassel	52
133	Buschdorf	22	386	Holzlar	53
134	Auerberg	23	387	Hoholz	54
135	Grau-Rheindorf	24	388	Holtdorf	55
136	Dransdorf	25	491	Duisdorf-Zentrum	56
137	Lessenich/Meßdorf	26	492	Finkenhof	57
141	Gronau-Regierungsviertel	27	493	Medinghoven	58
242	Hochkreuz-Regierungsviertel	28	494	Brüser Berg	59
251	Bad Godesberg-Zentrum	29	495	Lengsdorf	60
252	Bad Godesberg-Kurviertel	30	496	Duisdorf-Nord	61
253	Schweinheim	31	497	Neu-Duisdorf	62

7.3 Die Indikatoren im einzelnen

1. Übergeordnetes Ziel: Berücksichtigung der betriebswirtschaftlichen Versorgungsmöglichkeit
Unterziel: Beachtung vorhandener Leitungssysteme
Indikator: Ausbaustand der leitungsgebundenen Energieträger Fernwärme und Erdgas (Tabelle A 4)

Die Karte mit den prozentualen Anteilen der mit Erdgasrohren versehenen Anliegerstraßen weist auf einen fortgeschrittenen Ausbaustand des Bonner Erdgasnetzes hin. Besonders dicht ist das Netz in den zentral gelegenen Bezirken. Auf sie konzentriert sich desgleichen die Fernwärmeversorgung.

Wie die Beispiele der Statistischen Bezirke 121 Alt-Endenich und 124 Dottendorf zeigen, verbindet sich mit einem hohen Ausbaustand des Erdgasnetzes auch ohne die Konkurrenz der Fernwärme nicht immer ein entsprechender Anschlußgrad der Wohngebäude.

Zu diesem Zeitpunkt der Analyse ist es unmöglich, dem Indikator 'Ausbaustand der leitungsgebundenen Energieträger Fernwärme und Erdgas' eine positive oder negative Einstufung zu geben. Daher geht er nicht in die Berechnungen der Nutzwertanalyse ein, sondern spielt erst bei der Formulierung der Ausbauvorschläge eine größere Rolle.[269]

Unterziel: Beachtung einer ausreichenden Wärmedichte
Indikator I 1: Wärmeanschlußdichte in MW/qkm (Karte 7 und Tabelle A 5)

Es besteht ein enger Zusammenhang zwischen dem für die Wirtschaftlichkeit der Energieversorgung wichtigen Indikator der Wärmeanschlußdichte und dem funktionalen Gefüge der Stadt. Die Abhängigkeit der Wärmeanschlußdichte vom Zentralitätsgrad - hier repräsentiert durch die Einwohner-/Arbeitsplatzdichte - kann auch in Bonn nachgewiesen werden. Der Rangkorrelationskoeffizient zwischen beiden Variablen erreicht einen Wert von über 0,8.

Erwartungsgemäß sind die Bezirke mit den höchsten Wärmedichtewerten in den Innenstadtbereichen zu finden. An den Rändern der Stadt, vor allem in Beuel, wird kaum ein Wert von 30 MW/qkm erreicht.

Als Bezugspunkt bei der späteren Transformation des Indikators 'Wärmeanschlußdichte' auf die Einheitsskala wird der Wert 40 MW/qkm ($\hat{=}$ 100 Punkte) ausgewählt. Er gewährleistet auch bei einer angenommenen Einsparungsquote von ca. 18 Prozent bis zum Ende des Betrachtungszeitraumes noch eine Überschreitung der für die Fernwärmeversorgung als wirtschaftliche Untergrenze angesehenen Dichte von 30 MW/qkm.

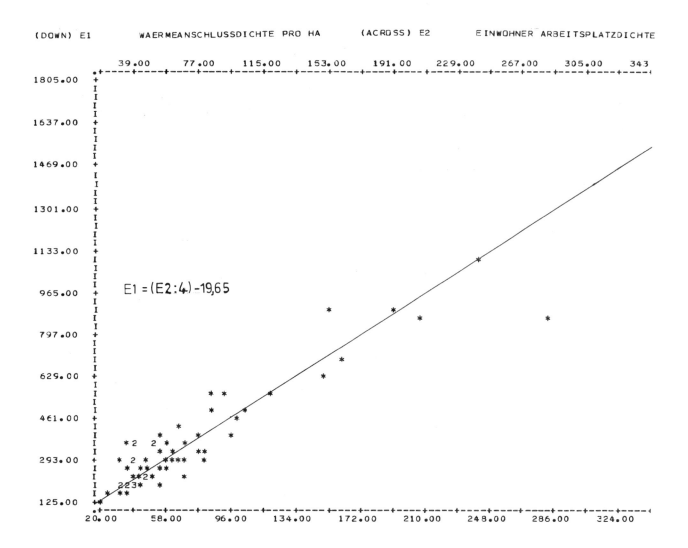

Abbildung 12: Zusammenhang zwischen Wärmeanschluß- und Einwohner-/Arbeitsplatzdichte

2. Übergeordnetes Ziel: Berücksichtigung stadtstruktureller Gegebenheiten

Unterziel: Beachtung des Vorhandenseins großer öffentlicher und privatwirtschaftlich genutzter Gebäude

Indikator I 2: Anteil großer öffentlicher Gebäude am Gesamtanschlußwert eines Bezirks

Indikator I 3: Anteil großer privatwirtschaftlicher Gebäude am Gesamtanschlußwert eines Bezirks (Tabelle A 6)

Der Grund der Trennung von öffentlichen und privatwirtschaftlichen Gebäuden mit einem Wärmeanschlußwert über 100kW liegt in der größeren Einflußmöglichkeit auf das Versorgungssystem der öffentlichen Gebäude. Deshalb erfährt der Anschlußwert der öffentlichen Gebäude später eine höhere Bewertung bzw. Gewichtung.

Als öffentliche Gebäude sind dabei alle im Besitz des Bundes, der Länder und der Kommune befindlichen Einrichtungen wie Schulen, Krankenhäuser, Verwaltungsgebäude usw. zu verstehen. Zu den privatwirtschaftlich genutzten Gebäuden zählen sowohl industrielle als auch Bürogebäude und Kaufhäuser.

Deutlich erkennbar sind in der Anhang-Tabelle die Standorte von Bundesbehörden in den Statistischen Bezirken 114, 119, 141 und 242, der kommunalen Verwaltung (113, 252) und der Universität einschließlich der Universitätskliniken (120, 122, 114, 125). Der Bezugswert liegt - wie auch bei den privatwirtschaftlichen Gebäuden - bei 33,3 Prozent. In 18 der 62 Statistischen Bezirke wird dieser Wert nahezu erreicht bzw. überschritten. 27 Bezirke bleiben mit ihrem Anschlußanteil öffentlicher Gebäude unter zehn Prozent.

Nur vier Statistische Bezirke zeichnen sich durch einen Wärmeanschlußanteil großer privatwirtschaftlicher Gebäude von 25 Prozent und mehr aus. Hervorzuheben sind das Gebiet um den Bonner Güterbahnhof und die Industriegebiete in Beuel und Bad Godesberg. Die Hälfte der Bezirke weist hier keinen Anschlußanteil auf.

3. Übergeordnetes Ziel: Berücksichtigung der Gebäudestruktur

Unterziel: Beachtung der Art der Heizungsanlagen

Indikator I 4: Anteil sammelbeheizter Wohngebäude (Karte 8 und Tabelle A 7)

Der mit 100 Punkten bewertete Bezugswert wird bei einem Prozentanteil von zwei Dritteln an Sammelheizungen festgesetzt. Der betreffende Anteil liegt in Beuel und den Randbezirken der übrigen Stadtteile mit neuerer Bebauung über dem angegebenen Wert (Stat. Bezirk 494 mit 62% Sammelheizungsanteil). Aber gerade jene Bezirke in der Bonner Innenstadt und des Bad Godesberger Zentrums, die sich durch eine hohe Wärmeanschlußdichte auszeichnen, besitzen einen größeren Prozentanteil an Etagen- bzw. Einzelofenheizungen. Man kann bei den Indikatoren Wärmeanschlußdichte und Sammelheizungsanteil bereits von einer gegenläufigen Tendenz sprechen.

Unterziele: Beachtung der Altersstruktur der Heizungsanlagen, Renovierungsbedarf der Gebäude

Indikator I 5: Anteil der Gebäude in den Altersklassen 1919-1948 und 1961-1968 (Tabelle A 8)

In der Literatur setzt man die Lebensdauer von Heizungsbrennern und Kesseln allgemein mit 15 bis 20 Jahren an.[270] Dies bedeutet, daß in den zwischen 1961 und 1968 errichteten Gebäuden eine Erneuerung der Heizungsanlagen notwendig wird.

Ein Austausch wichtiger Bauteile wie der Wasserleitungen, der Bodenbeläge oder des Decken- und Wandputzes steht nach ca. 40 bis 50 Jahren an.[271] Dies betrifft die Gebäudealtersklasse von 1919 bis 1948. Der Anteil der beiden Altersklassen, für die ein Erneuerungsbedarf besteht, an der Gesamtzahl der Wohngebäude eines Statistischen Bezirks muß zusammengenommen eine beachtliche Höhe erreichen - angesetzt sind 40 Prozent ≙ 100 Punkte -, um positive Impulse auf den Ausbau eines leitungsgebundenen Energieträgers geben zu können.

Während die Gebäude der Altersklasse 1919-1948 vorwiegend im Innenstadt-Randbereich zu finden sind, handelt es sich bei der Klasse 1961-1968 um Einfamilienhausbau des Stadtrandes.

<u>Unterziel:</u> Berücksichtigung der Gebäudegröße
<u>Indikator I 6:</u> Zahl der Haushalte pro Wohngebäude (Tabelle A 9)

Die Bonner Statistischen Bezirke weisen bei diesem Indikator eine große Spannweite auf. Sie reicht von einer ausschließlichen Bebauung mit Ein- und Zweifamilienhäusern (387 Hoholz mit 1,4 Haushalten pro Wohngebäude) bis zur Hochhausbebauung in 132 Neu-Tannenbusch (durchschnittlich 11,2 Haushalte). Neben den Gebieten mit verdichteter Neubebauung treten hohe Werte dieses Indikators bevorzugt in den Zentren der Stadtteile auf.

Weil für die Wärmebedarfsdichte (Indikator I 1) neben dem Wohnungsbau die öffentlichen Einrichtungen, Geschäfte, Verwaltungen usw. eine Rolle spielen, ist ihre Korrelation mit der Zahl der Haushalte pro Wohngebäude verhältnismäßig gering (Korrelationskoeffizient 0,55).

Als wirtschaftlich empfehlenswert für den Anschluß an ein Fernwärmenetz gilt ein Wärmebedarf von ca. sechs Wohnungen aufwärts.[272] Wenn statistisch gesehen die Hälfte der Wohngebäude eines Bezirks diesen Wert erreicht, d. h. durchschnittlich drei Haushalte pro Wohngebäude vorhanden sind, mag der Sollwert eintreten und die Vergabe von 100 Punkten erfolgen. Dies geschieht auch in Anbetracht der Tatsache, daß die Erdgasversorgung wirtschaftlich rentable Verhältnisse bereits bei einer viel niedrigeren Anzahl als sechs Wohnungen vorfindet.

4. Übergeordnetes Ziel: Berücksichtigung sozialer Verhältnisse
<u>Unterziel:</u> Beachtung der sozialen Stellung der Wohnbevölkerung
<u>Indikator I 7:</u> Prozentualer Anteil der über 60-jährigen (Tabelle A 10)

Die soziale Stellung der Bevölkerung läßt sich durch die sonst üblichen Indikatoren wie der Stellung im Beruf oder den höchsten Schulabschluß nicht beschreiben. Sie stehen in Bonn nur für das Jahr 1970 zur Verfügung. Es gilt also andere Indikatoren heranzuziehen, die ein möglichst treffendes Bild von den sozialen Verhältnissen in den Statistischen Bezirken geben.

Rückschlüsse erlaubt der Konzentrationsgrad der über 60-jährigen, weil mit dem Eintritt in das Rentenalter sich häufig die finanzielle Lage verschlechtert. Hinzu kommt, daß die Bereitschaft zur Umstellung in bezug auf Neuerung - dazu gehört auch die Einführung neuer Wärmeversorgungsformen - abnimmt.[273]

Der Bezugswert des Bevölkerungsanteils mit einem Alter über 60 Jahre liegt bei 20 Prozent. Dies entspricht ungefähr dem städtischen und dem bundesweiten Durchschnitt.

Als bevorzugte Wohnstandorte sind die Bezirke des Stadtteils Bad Godesberg und nördlich des Bonner Stadtzentrums zu nennen.

<u>Indikator I 8:</u> Prozentualer Anteil der Ausländer (Tabelle A 10)

Eine ebenfalls wirtschaftlich und sozial schwächer gestellte Gruppe stellt der ausländische Bevölkerungsanteil dar. Die angegebenen Zahlen enthalten nicht die ca. 10.000 Personen im diplomatischen Dienst.[274] Anhand der Karte ist die starke Konzentration der Ausländer in einigen Bezirken der Stadt Bonn abzulesen.

Der Beirat für Raumordnung nennt als Obergrenze des prozentualen Ausländeranteils zwölf Prozent bei kleinräumiger Betrachtungsweise,[275] um Ghettobildung und die Überlastung von Infrastruktureinrichtungen zu vermeiden. Ab dem gleichen Prozentsatz kann laut Aussage des Bonner Ausländerplans die Beantragung eines 'Ausländertops' erfolgen.[276]

Der in der vorliegenden Arbeit festgesetzte Richtwert von zehn Prozent Ausländeranteil liegt damit in der Größenordnung der zitierten Literatur.

<u>Indikator I 9:</u> Anteil wohngeldempfangender Haushalte (Karte 9 und Tabelle A 11)

Der Indikator 'Anteil der wohngeldempfangenden Haushalte' spiegelt die sozialen Verhältnisse sehr gut wider. Dies zeigt eine nach der beruflichen Stellung aufgeschlüsselte Statistik der Wohngeldempfänger Bonns.

Tabelle 15: Prozentualer Anteil von Erwerbsgruppen an den Wohngeldempfängern Bonns[277]

Selbständige	0,4%	Rentner	32,4%
Beamte	1,7%	Pensionäre	0,4%
Angestellte	6,2%	Studenten	12,3%
Arbeiter	10,8%	Sonstige	35,8%

Auf die Gruppe der Rentner, Studenten und Arbeiter entfällt die Mehrzahl der zurechenbaren Wohngeldzahlungen.[278] 91,7 Prozent der Wohngeldantragsteller sind Mieter oder Heimbewohner. Auf ihre finanzielle Belastbarkeit durch die Einführung neuer Energieversorgungssysteme läßt der Wohngeldempfang Rückschlüsse zu.

Im Jahre 1984 erhielten 19.224 Haushalte in Bonn Wohngeldzuwendungen. Die Verteilung auf die einzelnen Statistischen Bezirke läßt sich durch ein Stichprobenverfahren feststellen. Danach beziehen in den nördlichen Bezirken Bonns und mehreren Beueler Bezirken überdurchschnittlich viele Haushalte Wohngeld. Duisdorf, das Regierungsviertel, die südlichen Bezirke des Stadtteils Bonn sowie weite Teile von Bad Godesberg zeichnen sich dagegen durch niedrige Werte aus.

In Ermangelung eines Sollwertes über die Höhe der Wohngeldempfänger bietet sich die gesamtstädtische Quote von 15 Prozent als Bezugswert an.

Indikator I 10:   Anteil der Nichtwähler bei der Kommunalwahl 1979 (Tabelle A 12)
Die schichtenspezifische Wahlenthaltung ist bereits seit langem Gegenstand wissenschaftlicher Forschung.[279] Untersuchungen in unterschiedlichen Regionen der Bundesrepublik und bei verschiedenen Wahlen kommen übereinstimmend zu dem Ergebnis, daß mit höherer Schulbildung und Stellung im Beruf sowie größerem Einkommen die Wahlbeteiligung zunimmt. Auch in Bonn bestätigt sich dieses Ergebnis. "Die Untersuchung der Bonner Nichtwähler bei der Kommunalwahl des Jahres 1975 hat in weiten Bereichen zu einer Bestätigung jener Wahlanalysen geführt, die einen Zusammenhang zwischen sozialen Faktoren und Wahlbeteiligung herausgefunden haben."[280]

Ein Vergleich der Kommunalwahl 1979 mit der Bundestagswahl 1983 in Bonn zeigt bei unterschiedlicher Höhe der Wahlbeteiligung, daß die Schwerpunkte der Nichtwähleranteile sich nicht verschoben haben.[281] Dies ist anhand der Anhang-Tabelle deutlich erkennbar. Besonders fallen hierbei die Altstadtbezirke und Bezirke im Norden des Stadtteils Bonn auf.

Da die Unterschiede zwischen den Statistischen Bezirken bei der Kommunalwahl klarer hervortreten, wird sie zur Indikatorbildung herangezogen. Bezugswert ist der städtische Mittelwert des Nichtwähleranteils von 33 Prozent.[282]

Indikator I 11:   Prozentualer Anteil der Gymnasiasten (Tabelle A 12)
Hinter der Verwendung des Indikators 'Prozentualer Anteil der Gymnasiasten an der Gesamtzahl der 10-20-jährigen' in den Statistischen Bezirken steckt die Annahme, daß die Begründung der ermittelten Unterschiede mit einer Spanne von 15 bis 54,3 Prozent nicht in der Entfernung zu den Schulen liegt, sondern das soziale Niveau der erwachsenen Bevölkerung Auswirkungen auf den Gymnasialbesuch ihrer Kinder zeitigt.

Diese These wird durch einen Vergleich der Zahlenangaben des Anteils der Nichtwähler und der Gymnasiasten bestätigt. In den Gebieten mit relativ hoher Zahl an Nichtwählern ist die der Gymnasiasten gering und umgekehrt.

Der Bezugswert von 30 Prozent Gymnasiasten entspricht den Vorstellungen des Bildungsgesamtplanes.[283]

Unterziel: Beachtung der Eigentumsverhältnisse
Indikator I 12:   Anteil der selbst im Haus wohnenden Eigentümer (Tabelle A 13)
Dieser Indikator ermöglicht die Unterscheidung zwischen selbstgenutztem Wohneigentum und reinen Mietobjekten.[284]

Gesamtstädtisch gesehen wohnt in 55 von hundert Fällen der Eigentümer selber im Haus. Die regionalen Unterschiede sind jedoch sehr groß. Die beiden Extreme bilden der eigengenutzte Einfamilienhausbau, wie er in 128 Ückesdorf oder 387 Hoholz vorkommt, und der Miet- und Geschoßwohnungsbau, der vor allem in 132 Neu-Tannenbusch vertreten ist.

Als Bezugswert dient eine Quote der selbstnutzenden Hauseigentümer von 50 Prozent - eine Zahl, die auch die Bundesregierung als wohngpolitisches Ziel nennt.

Indikator I 13:   Besitzanteil der Wohnungsunternehmen sowie der Firmen, Banken und Versicherungen an den Wohngebäuden (Tabelle A 13)
Eine positive Bewertung erfahren auch die im Besitz von Wohnungsunternehmen usw. befindlichen Wohngebäude. Um den oben angesprochenen Vorteil der geringen Zahl von Besitzern (Ansprechpartner bei der Umstellung von Heizungssystemen) in einem Wohngebiet bieten zu können, sollte ihr Besitzanteil 25 Prozent übersteigen. Dies ist allerdings nur in 15 von 62 Statistischen Bezirke der Fall.

Indikator I 14:   Besitzanteil der öffentlichen Hände an den Wohngebäuden (Tabelle A 13)
Mit dem Begriff 'öffentliche Hände' sind in erster Linie die Stadt Bonn, die vor allem in den Bezirken des Stadtteils Bonn (114 Rheindorfer Vorstadt, 115 Ellerviertel, 116 Güterbahnhof) als Eigentümerin auftritt, und der 'Bund' mit seinen vornehmlich im Stadtteil Bad Godesberg gelegenen Wohnhäusern gemeint. Die Trennung vom vorhergehenden Indikator ermöglicht - entsprechend der größeren Einflußmöglichkeit - in einem späteren Arbeitsschritt eine unterschiedliche (höhere) Gewichtung.

5. Übergeordnetes Ziel: Abstimmung mit dem Bereich 'Wohnen' der Stadtentwicklungsplanung
Unterziel: Sanierung und Modernisierung
Indikator I 15:   Nahwanderungssaldo in den Jahren 1982/83 bezogen auf 100 Einwohner (Tabelle A 14)
Die Qualität des Wohnens und die damit verbundene Sanierungs- und Modernisierungsnotwendigkeit bestimmter Stadtgebiete läßt sich kaum in Zahlen ausdrücken. Man beschränkt sich im allgemeinen auf die Erfassung von Ausstattungsmerkmalen der Wohnungen. Besonders häufig wird das Vorhandensein von Sammelheizung, Bad und WC untersucht.[285] Über die Ausstattung der Bonner Wohnungen mit sanitären Einrichtungen liegen jedoch keine neueren Angaben vor, so daß andere Indikatoren herangezogen werden müssen.

Eine Untersuchung des Bonner Wanderungsgeschehens in Form einer repräsentativen Befragung kam zu dem Ergebnis, daß bei den Umzügen innerhalb der Stadt und in die Nachbargemeinden in 65 von hundert Fällen als Wanderungsmotive Unzufriedenheit mit der Wohnung bzw. dem Wohnumfeld genannt werden.[286] Ein unterdurchschnittlich negativer Saldo bei den Nahwanderungen ist folglich ein deutliches Anzeichen für Unzulänglichkeiten der Wohnsituation.

Aus diesem Grunde wurden die Wanderungsströme innerhalb von Bonn und die Fortzüge in das Umland in den Jahren 1982 und 1983 untersucht. Nur einige wenige Statistische Bezirke weisen Gewinne bei den genannten Wanderungen auf. Es ist festzustellen, daß die stärksten Verluste nicht immer in den Innenstadtbereichen zu finden sind, wie das Beispiel der Bezirke 112 Wichelshof, 121 Alt-Endenich und 122 Poppelsdorf zeigt. Auf der anderen Seite gehören Bezirke wie 125 Venusberg, 136 Dransdorf oder 493 Medinghoven in die Gruppe mit den höchsten Verlusten.

Der Bezugswert mit einem Nahwanderungsverlust von drei Personen pro 100 Einwohner entspricht dem städtischen Durchschnitt.

Indikator I 16:   Zahl der Wohnräume pro Person 1982 (Tabelle A 14)
Als Ergänzung zur Charakterisierung der Wohnsituation wird die durchschnittliche Raumzahl pro Person in den Statistischen Bezirken herangezogen. Datenquellen bilden die Gebäude- und Wohnungszählung 1968 und die Bautätigkeitsstatistiken der darauffolgenden Jahre. Als Räume einer Wohneinheit gelten alle Schlaf- und Wohnräume mit sechs und mehr qm Wohnfläche sowie alle Küchen.

Aus dem Sollwert von 30qm Wohnfläche pro Person[287] und einer durchschnittlichen Raumgröße von ca. 18qm[288] ergibt sich die gewünschte Raumzahl pro Person zu 1,67. Untersuchungen über die Versorgung mit Wohnräumen in 777 Stadtteilen von 23 Großstädten der Bundesrepublik Deutschland ergeben, daß dieser Wert fast genau dem mittleren Versorgungsgrad entspricht.[289]

23 Bezirke (= 37,2%) überschreiten das Niveau der Wohnraumversorgung von 1,67. Sie sind vornehmlich an den Stadträndern zu finden. Zu ihnen zählen aber auch das 252 Bad Godesberger Kurviertel, das 255 Villenviertel, 263 Alt-Plittersdorf und das 242 Hochkreuz-Regierungsviertel. Die Bezirke um die Zentren der vier Stadtteile erreichen in der Regel den Wert von 1,67 Räumen pro Person nicht.

Die unterschiedliche Einstufung des Bezirks 386 Holzlar bei den Indikatoren I 15 und I 16 erklärt sich dadurch, daß in diesem Bezirk erst ab 1983 in größerem Umfange die Fertigstellung von Neubauwohnungen mit günstigerem Raum-/Personenverhältnis einsetzt.

Unterziel: Wohnungsneubau

Indikator I 17: Prozentuale Zunahme des Wärmeanschlußwertes durch den Neubau von Wohnungen (Karte 10 und Tabelle A 15)

Die Angaben über die Lage, Dichte und den Umfang des Wohnungsbaus, der voraussichtlich bis zum Ende des Betrachtungszeitraumes zur Realisierung ansteht, stammen vom Stadtplanungsamt der Stadt Bonn.[290] Danach sind insgesamt 16.630 Wohneinheiten mit folgenden Bebauungsdichten vorgesehen:

- 4.080 WE in lockerer Bebauung (40-60 Einwohner pro Hektar),
- 10.390 WE mit mittlerer Bebauungsdichte (80-100 Einwohner pro Hektar),
- 2.160 WE mit dichter Bebauung (über 120 Einwohner pro Hektar).

Entwicklungsschwerpunkte bilden der 494 Brüser Berg (2.300 WE), 133 Buschdorf (900 WE), 134 Auerberg (1.000 WE) sowie 132 Neu-Tannenbusch, 242 das Hochkreuz-Regierungsviertel, 372 Vilich-Rheindorf und 373 Beuel-Ost, für die Planungen zwischen 800 und 900 Wohneinheiten bestehen.

Überschlägig kann man bei den Wohneinheiten in der niedrigsten Dichtestufe von einem Wärmeanschlußwert von zwölf kW, in der mittleren von zehn kW und in der höchsten Dichtestufe von acht kW pro Wohneinheit ausgehen.[291]

Ausschlaggebend für die weiteren Berechnungen ist die prozentuale Steigerung des Wärmeanschlusses gegenüber dem Bestand von 1982 in den einzelnen Statistischen Bezirken, wobei als Bezugswert 20 Prozent angesetzt sind.

6. Übergeordnetes Ziel: Abstimmung mit dem Aufgabenbereich 'Arbeit und Wirtschaft' der Stadtentwicklungsplanung

Unterziel: Abstimmung mit der Ausweisung von Industrie- und Gewerbeflächen

Indikator I 18: Prozentuale Zunahme des Wärmeanschlußwertes durch den Neubau von Industrie- und Gewerbegebäuden (Tabelle A 15)

Im Zuge der Berechnungen der Wärmebedarfssteigerungen durch den Neubau von Industrie- und Gewerbegebäuden finden nur unbebaute Flächen Berücksichtigung, für die ein Bebauungsplan besteht oder in absehbarer Zeit bestehen wird bzw. nach § 34 BBauG bebaubar sind.[292] Als Wärmebedarf sind 80 Watt/qkm in Ansatz gebracht.[293]

133 Buschdorf kommt in Zukunft als bedeutender Gewerbestandort hinzu.[294] Die übrigen Bezirke mit Zunahmen über 20 Prozent aus diesem Bereich besitzen bereits einen beträchtlichen Anteil an Wärmebedarf aus den Sektoren Industrie und Gewerbe.

7. Übergeordnetes Ziel: Abstimmung mit dem Aufgabenbereich 'Stadtgestaltung' der Stadtentwicklungsplanung

Unterziel: Abstimmung mit dem Ausbau von Stadtteilzentren

Indikator I 19: Prozentuale Zunahme des Wärmeanschlußwertes durch den Zentrenausbau (Tabelle A 15)

Die Kerne der Ortsteile weist der Flächennutzungsplan der Stadt Bonn als Mischbauflächen aus.[295] Mischbauflächen beinhalten nach dem Erläuterungsbericht zum Flächennutzungsplan Mischgebiete und Kerngebiete (BauNVO §§ 6 und 7).[296] Zulässig sind demnach:

- Geschäfts- und Bürogebäude,
- Einzelhandelsbetriebe, Schank- und Speisewirtschaften sowie Betriebe des Beherbergungsgewerbes,
- sonstige nicht störende Gewerbebetriebe.

Der außerdem noch zulässige Neubau von Wohnungen und von Anlagen für öffentliche Verwaltungen sowie für kirchliche, kulturelle, soziale, gesundheitliche und sportliche Zwecke findet unter anderen Zielbereichen Berücksichtigung.

Hinweise über die Größenordnung der noch zur Bebauung anstehenden Mischbauflächen liefern vor allem die Wirtschaftsstrukturanalyse und das Räumlich-Funktionale Zentrenkonzept.[297]

Besonders hervorzuheben sind die Bezirke 120 Neu-Endenich mit einer Fläche von 50.000qm für Handwerksbetriebe im sog. Gewerbe- und Technologiezentrum und 491 Duisdorf-Zentrum mit einem Kaufhausneubau. Im 242 Hochkreuz-Regierungsviertel sollen Büroflächen entlang der Bundesstraße 9 und auf dem Gelände der heute noch bestehenden Gärtner Lehr- und Versuchsanstalt in einer Größenordnung von ca. 65.000qm Nutzfläche entstehen.[298] Außerdem sehen die Planungen nördlich der jetzigen Ministerienstandorte ein Hotel mit kleinerem Konferenzbereich mit ca. 30.000qm Nutzfläche vor.

Der Wärmebedarf der Handwerks- und Gewerbebetriebe wird mit 80 W/qm, für Büro- und Geschäftsgebäude mit 110 W/qm veranschlagt.[299] Bezugswert ist wie bei den beiden vorher genannten Indikatoren eine Steigerungsrate des Wärmeanschlusses um 20 Prozentpunkte.

8. Übergeordnetes Ziel: Abstimmung mit den Aufgabenbereichen 'Kultur, Bildung, Gesundheit, Sport und Soziales' der Stadtentwicklungsplanung

Unterziel: Koordination mit dem Bau sozialer Infrastruktureinrichtungen der genannten Bereiche

Indikator I 20: Prozentuale Zunahme des Wärmeanschlußwertes durch soziale Infrastruktureinrichtungen (und Bundesbauten) (Tabelle A 16)

In absehbarer Zukunft sind nur noch einige wenige Infrastruktureinrichtungen geplant. Dazu gehören aus dem Aufgabenfeld 'Freizeit und Sport' drei Sporthallen mit den Standorten 115 Ellerviertel, 255 Bad Godesberg-Villenviertel und 371 Beuel-Zentrum.

Aus den Bereichen 'Gesundheit, Bildung und Kultur' stehen die folgenden Projekte zur Realisierung an:

- der Funktionsbau für die Chirurgie der Universitätskliniken, 125 Venusberg;
- die landwirtschaftliche Untersuchungs- und Forschungsanstalt, 386 Holzlar;
- der Umbau des alten chemischen Instituts für die Geographie, 122 Poppelsdorf;
- eine Mehrzweckhalle und eine Zweigstelle der Stadtbücherei, 371 Beuel-Zentrum;
- die Kunst- und Ausstellungshalle;
- der Neubau des städtischen Kunstmuseums;
- das Haus der Geschichte der Bundesrepublik Deutschland; die drei letzten Projekte im 141 Gronau-Regierungsviertel.

Mit ca. 10.000kW Wärmeanschlußleistung erreichen alle Vorhaben zusammengenommen nicht einmal zwei Prozent des derzeitigen Anschlußwertes der öffentlichen Gebäude.

Die nach dem mittelfristigen Hochbauprogramm der Bundesorgane und der obersten Bundesbehörden vorgesehenen Bauten erreichen etwa das Dreifache des Wärmeanschlußwertes der Infrastruktureinrichtungen. Den Hauptanteil daran haben die Neubauten des Bundesministeriums für das Post- und Fernmeldewesen und das Bundesministerium für Verkehr im 242 Hochkreuz-Regierungsviertel sowie die Erweiterung des Bundesministeriums für Verteidigung auf dem 494 Brüser Berg.

Eine Einordnung der Bundesbauten unter den Zielbereich 'Arbeit und Wirtschaft' wäre sicherlich denkbar. Die Ähnlichkeit der Arbeitsplatzstruktur mit jener in Infrastruktureinrichtungen, vor allem aber die gemeinsame Investitionsträgerschaft der öffentlichen Hände lassen jedoch die vorgenommene Einteilung sinnvoller erscheinen.

Die Steigerung des Wärmeanschlußwertes sollte in einer Größenordnung von zehn Prozentpunkten liegen.

9. Übergeordnetes Ziel: Abstimmung mit dem Aufgabengebiet 'Umweltschutz' der Stadtentwicklungsplanung

Unterziel: Reduzierung der Luftschadstoffbelastung

Indikatoren I 21 - I 23: Belastung der Luft mit den Schadstoffen Schwefeldioxid (SO_2), Stickstoffdioxid (NO_2) und Staub (Karte 11/12, Tabelle A 17)

Bedingt durch die Gebirgsumrahmung kommt es im Gebiet zwischen Bad Godesberg und Bonn zu einer durchschnittlichen Reduzierung der Windgeschwindigkeiten um zehn Prozent, bei höheren Geschwindigkeiten bis zu 30 Prozent gegenüber den Acker- und Wiesenflächen des Kottenforstes. Die Schwachwindhäufigkeit ist in 260 Friesdorf bis zu zwölf Prozent größer als in der äußeren Kölner Bucht.[300]

Orographie und Windverhältnisse stellen auch für die Inversionsbildung die ausschlaggebenden Elemente dar. Im Winter können an der Hälfte aller Tage nächtliche Bodeninversionen festgestellt werden, die in der Zeit des niedrigen Sonnenstandes länger erhalten bleiben und in 14 Prozent der Fälle am Mittag des darauffolgenden Tages noch bestehen.[301] Über den Luftaustausch meinte EMONDS, er sei "<u>der</u> kritische Punkt sowohl des Stadtklimas im allgemeinen, wie ganz besonders des Bonner Sonderfalles".[302]

Die häufig auftretenden austauscharmen Wetterlagen im Stadtgebiet führen zu einer raschen Anreicherung von Schadstoffen in der Luft und erfordern in Bonn eine besondere Berücksichtigung der Luftreinhaltung als Aufgabe der Stadtentwicklungsplanung.

Die Belastungen mit Schwefeldioxid, Stickstoffdioxid und Staubniederschlag stehen repräsentativ für die lufthygienische Situation. Ihre Messung erfolgt in den Maßeinheiten Mikrogramm pro Kubikmeter ($\mu g/m^3$) bzw. Milligramm pro Quadratmeter und Tag ($mg/m^2 d$). Aus Gründen der mangelnden Verfügbarkeit von Daten kann eine Untersuchung hinsichtlich des Schadstoffes Kohlenmonoxid für Bonn zum jetzigen Zeitpunkt nicht stattfinden. Die Immissionsbelastung durch Kohlenmonoxid ist allerdings ohnehin zum größten Teil vom Kraftfahrzeugverkehr und nicht vom Hausbrand abhängig.[303]

Die Angaben über die Schadstoffbelastung in Bonn entstammen im wesentlichen den beiden Gutachten des Technischen Überwachungsvereins Rheinland über die Messungen in der Umgebung der geplanten Müllverbrennungsanlagen in Bad Godesberg und Bonn-Nord.[304] In ihnen liegen jedoch die Meßergebnisse entsprechend den Vorschriften über die Beurteilungsfläche der TA-Luft[305] in einem Raster von 1 x 1 Kilometer aufbereitet vor. Um eine einheitliche Bezugsebene der Daten zu gewährleisten, mußte eine Umrechung der Belastungsergebnisse auf die Ebene der Statistischen Bezirke - entsprechend ihrer Flächenanteile an den jeweiligen Quadraten - erfolgen. Die Messungen des Technischen Überwachungsvereins decken nicht das gesamte Stadtgebiet Bonns ab. Die Schließung der Lücken gelang einerseits durch die Heranziehung von Meßergebnissen der Landesanstalt für Immissionsschutz,[306] andererseits durch die Übernahme von Belastungswerten anderer, nach Lage und Struktur jeweils vergleichbarer Gebiete.

Die TA-Luft sieht als Immissionskenngrößen den arithmetischen Mittelwert aller Meßwerte I 1 V und den "98-vom-Hundert-Wert der Summenhäufigkeitsverteilung aller Meßwerte, der sich ergibt, wenn alle Meßwerte der Größe ihres Zahlenwertes nach geordnet sind"[307] I 2 V vor. Die Kenngröße I 2 V für den Staubniederschlag ist abweichend davon der höchste im Meßzeitraum ermittelte Monatsmittelwert.[308] Der I 2 V-Wert wird im folgenden kurz als Spitzenbelastung bezeichnet.

Ein Immissionskataster existiert für Bonn noch nicht. Aus diesem Grunde ist es nicht möglich, den einzelnen Verursachergruppen eine genaue Beteiligung an den Schadstoffbelastungen zuzuordnen. Sicherlich können aber die relativ hohen mittleren und Spitzenbelastungen an Schwefeldioxidimmissionen in der Bonner Innenstadt und im Bonner Norden (114 Rheindorfer Vorstadt,

115 Ellerviertel) auf den großen Prozentanteil an Einzelofenheizungen zurückgeführt werden. Die Verbindung von Immissionsbelastung und Einzelofenanteil ist bei der mittleren Belastung mit Stickstoffdioxid noch deutlicher erkennbar. In den Bezirken 242 Hochkreuz-Regierungsviertel und 260 Friesdorf kumulieren bedingt durch die dort vorwiegend aus südlichen Richtungen kommenden Winde Hausbrand- und Industrieemissionen.

Ein Ergebnis der vom Wetterdienst Essen 1972 durchgeführten klimatischen Untersuchung ist die Einteilung Bonns in drei Klimazonen.[309] Die Klimazone A umfaßt die Hangregionen des nördlichen Siebengebirges und die Kottenforstterrasse, die Klimazone B die Hangzonen des Kottenforstes und des Siebengebirges bis zu einer Seehöhe von ca. 70 bis 65 Metern. In der Klimazone C sind die Nieder- und Mittelterrassen beiderseits des Rheins enthalten.

Hinsichtlich der Belastung mit Schwefeldioxid- und Stickstoffdioxidimmissionen - teilweise auch mit Staubniederschlag - lassen sich Unterschiede zwischen den Klimazonen statistisch nachweisen.[310] Die Bezirke in den Klimazonen A und B stehen den im Grenzbereich der Klimazonen B und C bzw. den in der Klimazone C liegenden Bezirken gegenüber. Die Belastungen mit Schwefeldioxid und Stickstoffdioxid liegen in den ersten beiden Gruppen deutlich niedriger als in den zuletzt genannten. Bemerkenswert ist allerdings beim Staub, daß dessen Niederschlag im Übergangsbereich zwischen Klimazone B und C bei weitem die höchsten Werte erreicht.

Die Schadstoffbelastungen im Bonner Stadtgebiet liegen unter den in der TA-Luft angegebenen zulässigen Höchstwerten. Dennoch treten in Bonn und dessen unmittelbarer Umgebung Umweltschäden auf, die die Dringlichkeit der Reduzierung der Luftverschmutzung nachdrücklich vor Augen führen. Nach einer im August 1983 durchgeführten Schadenserhebung im Naturpark Siebengebirge sind die Bäume auf 34 Prozent der Waldfläche als kränkelnd bis krank zu bezeichnen.[311] Im Boden des Stadtteils Beuel fanden sich Konzentrationen des Schwermetalls Cadmium bis zu 81,6 Milligramm pro Kilogramm Erde - zulässiger Höchstwert drei Milligramm -, so daß "Gesundheitsschäden nicht ausgeschlossen" werden können und ein Austausch des verseuchten Bodens vorgenommen werden muß.[312]

Die Bezirke mit hoher mittlerer Schadstoffbelastung sind keineswegs auch diejenigen mit den höchsten Spitzenbelastungswerten. Bei der Bildung der Umweltindikatoren I 21 bis I 23 werden daher beide Komponenten der Belastung eines Schadstoffes berücksichtigt (transformierte Werte für die mittlere Belastung + der Spitzenbelastung : 2).

Die Bezugswerte bilden die jeweiligen durchschnittlichen Belastungen der Statistischen Bezirke Bonns.

8. DIE TRANSFORMATION UND DIE GEWICHTUNG DER INDIKATOREN

8.1 Die Umwandlung mit Hilfe verschiedener Transformationsfunktionen

Entsprechend der Vorgehensweise der Nutzwertanalyse erfolgt im nächsten Arbeitsschritt die Transformation der Indikatorenwerte. Soll- oder Mittelwerte, die als Bezugspunkte dienen, wurden bereits genannt. Es gilt nun, die für die jeweiligen Indikatoren sinnvolle Funktion für die Transformation auszuwählen.

Am häufigsten kommt die lineare Wachstumsfunktion zum Einsatz. Beispiele hierfür bilden die Indikatoren I 5, I 11 und I 12. Die lineare Wachstumsfunktion bewirkt, daß entsprechend der Zunahme des Zahlenwertes des Indikators gleichermaßen der Wert auf der transformierten Skala (TI) wächst.

Aus den dargelegten Gründen wird die Sozialstruktur eines Bezirkes um so höher eingestuft, je niedriger die Zahl der über 60-jährigen, der Anteil der Nichtwähler oder Wohngeldempfänger ist. Bei den Indikatoren I 7 bis I 10 findet daher die abnehmende Wachstumsfunktion Anwendung.

Die gleiche Behandlung erfahren die Indikatoren I 15 'Nahwanderungssaldo in den Jahren 1982/83 bezogen auf 100 Einwohner' und I 16 'Raumzahl pro Person'. Eine negative Wanderungsbilanz und eine niedrige Raumzahl deuten auf einen Sanierungsbedarf im Wohnbereich hin, der auch die Chance für die Einführung eines neuen Wärmeversorgungssystems eröffnet.

Bei den Umweltindikatoren I 21 bis I 23 veranlaßt die Wahl der nicht linearen Wachstumsfunktion die relativ höhere Bewertung der stärkeren Umweltbelastung, d. h. der größeren Werte. Der umgekehrte Fall tritt durch die Verwendung der steigenden Sättigungsfunktion bei Indikator I 1 'Wärmedichte in MW/qkm' ein.

Die steigende S-Funktion bei den Neubauindikatoren I 17 bis I 20 wiederum bewertet die Werte am unteren und oberen Ende der Zahlenreihen relativ geringer. Hierdurch soll dem Umstand Rechnung getragen werden, daß ab einer bestimmten Höhe durch zusätzliche Wärmezuwachsanteile kein größerer Gewinn mehr erzielt wird, andererseits der Zuwachs erst ab einer gewissen Höhe sich positiv auszuwirken beginnt.

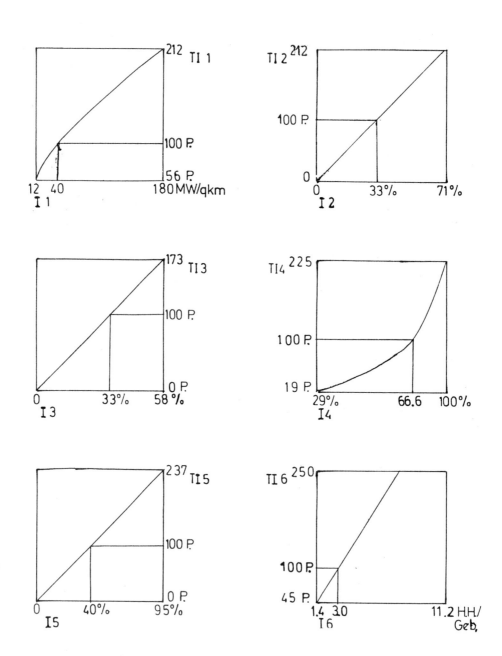

Abbildung 13: Transformationsfunktionen der Indikatoren

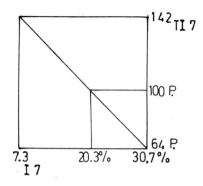
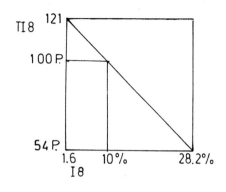
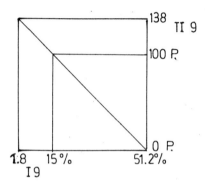
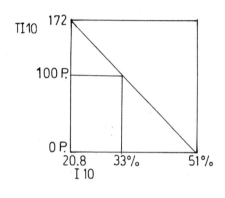
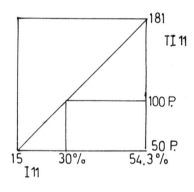
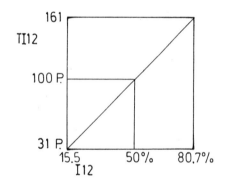
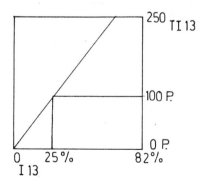
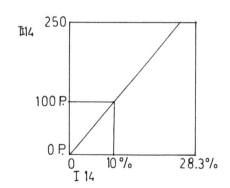

Abbildung 13 (Fortsetzung)

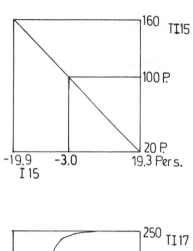
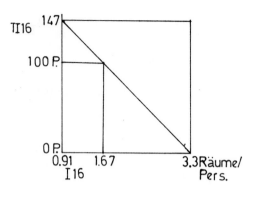
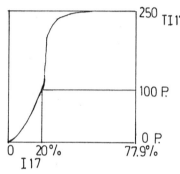
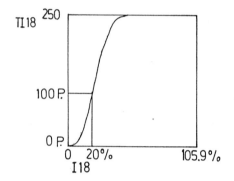
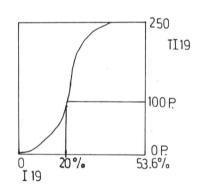
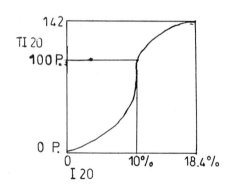
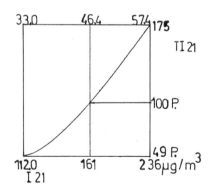
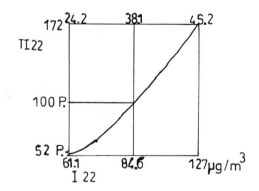

Abbildung 13 (Fortsetzung)

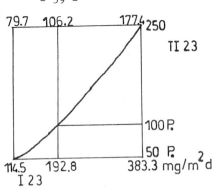

Abbildung 13 (Fortsetzung)

Die Begrenzung der transformierten Indikatoren auf den Wertebereich bis 250 Punkte, d. h. das 2,5-fache des Soll- bzw. Mittelwertes verhindert, daß ein Statistischer Bezirk aufgrund lediglich eines extrem hohen Wertes bei einem Indikator (beispielsweise 132 Neu-Tannenbusch mit durchschnittlich 11,2 Haushalten pro Wohngebäude) einen oberen Rangplatz erhält.

Die Werte der transformierten Indikatoren TI 1 bis TI 23 zeigt Anhang-Tabelle A 18.

8.2 Die Gewichtung der transformierten Indikatoren

8.2.1 Die Beschreibung der Gewichtungsalternativen

Die vorliegende Arbeit enthält insgesamt drei verschiedene Gewichtungsalternativen, wobei die auf die einzelnen Indikatoren entfallenden Gewichte jeweils anders verteilt sind. Hierdurch kann der Frage nachgegangen werden, ob und inwieweit die unterschiedliche Betonung der Ziele zu differierenden Endergebnissen führt.

Die drei Gewichtungsvorgänge lassen sich folgendermaßen charakterisieren:

A. Gleichgewichtung

Mit dem Stichwort 'Gleichgewichtung' ist jener Vorgang gemeint, bei dem die Hauptziele und die jeweils zu einem Hauptziel gehörenden übergeordneten Ziele mit einem gleich großen Gewicht versehen werden. Dies bedeutet, daß man die Verfolgung der Ziele auf den genannten Ebenen als gleichrangig betrachtet.

Die übergeordneten Ziele 'Berücksichtigung der betriebswirtschaftlichen Versorgungsmöglichkeit' und 'Berücksichtigung stadtstruktureller Gegebenheiten' sind dabei zu einem Zielkomplex zusammengefaßt. Die nachfolgende Abbildung zeigt das Gewichtungsschema der Alternative A.

Hauptzielebene	Gewicht	Übergeordnetes Ziel	Gewicht		Gewicht
Langfristige betriebswirtschaftliche Versorgungsmöglichkeit und Vermeidung von Anlaufverlusten und Verdrängungseffekten	5,00	Z 1 Betriebswirtschaftl. Vers.	1,00	TI 1 Wärmeanschlußdichte	1,00
		Z 2 Stadtstrukturelle Gegebenheiten	0,67	TI 2 Anteil öffentl. Gebäude	0,45
				TI 3 Anteil gewerbl. Gebäude	0,22
		Z 3 Gebäudestruktur	1,66	TI 4 Art der Heizungsanlagen	0,56
				TI 5 Altersklassen der Geb.	0,55
				TI 6 Haushalte pro Wohngeb.	0,55
		Z 4 Soziale Verhältnisse	1,11	TI 7 Anteil über 60-jährige	0,10
				TI 8 Ausländeranteil	0,18
				TI 9 Anteil Wohngeldempfänger	0,34
				TI 10 Anteil Nichtwähler	0,33
				TI 11 Anteil Gymnasiasten	0,16
			0,56	TI 12 Selbstnutzende Eigent.	0,14
				TI 13 Besitzanteil Firmen usw.	0,14
				TI 14 Besitzanteil öffentl. H.	0,28

Abstimmung mit den Aufgabengebieten der Stadtentwicklungs- planung	5,00	Z 5 Bereich 'Wohnen'	0,33	TI 15 Nahwanderungssaldo	0,11
				TI 16 Wohnräume pro Person	0,22
			0,67	TI 17 Wohnungsneubau	0,67
		Z 6 Bereich 'Arbeit und Wirtsch.'	1,00	TI 18 Neubau v. Industrie/ Gewer.	1,00
		Z 7 Bereich 'Stadtge- staltung'	1,00	TI 19 Zentrenausbau	1,00
		Z 8 Bereiche 'Kultur, Bildung usw.'	1,00	TI 20 Infrastruktur, Bundes- bau	1,00
		Z 9 Bereich 'Umwelt- schutz'	1,00	TI 21 Schwefeldioxidbelastung	0,34
				TI 22 Stickstoffdioxidbelast.	0,33
				TI 23 Bel. m. Staubniederschlag	0,33
					10,00

Abbildung 14: Gewichtungsschema der Alternative A

B. Stärkere Betonung der übergeordneten Ziele 'Berücksichtigung betriebswirtschaftlicher Versorgungsmöglichkeiten' und 'Abstimmung mit dem Aufgabengebiet Umweltschutz'

Auch im zweiten Fall werden die Hauptziele gleich hoch bewertet. Zu Verschiebungen der Gewichte kommt es auf der Ebene der übergeordneten Ziele. Die Ziele Z 1 und Z 2, die die Absicht einer betriebswirtschaftlich günstigen Versorgung ausdrücken, erhalten ein höheres Gewicht. Dies geht zu gleichen Teilen auf Kosten der Ziele Z 3 und Z 4, welche die Vermeidung von Anlaufverlusten und Verdrängungseffekten repräsentieren.

Die Gewichte unterhalb des Hauptziels der 'Abstimmung mit den Aufgabengebieten der Stadtent- wicklungsplanung' verschieben sich zugunsten des Zielbereichs Z 9 'Umweltschutz'. Diese Vorge- hensweise trägt der Entwicklung Rechnung, daß durch eine Wende in der energie- und umweltpoli- tischen Diskussion bei den neueren Studien im Rahmen des interministeriellen Arbeitsprogramms 'örtliche und regionale Energieversorgungskonzepte' "das Gewicht der Umweltvorsorge ... eine immer größere Stellung einnimmt".[313]

C. Betonung der Zielbereiche 'Berücksichtigung sozialer Verhältnisse' und 'Umweltschutz'

Eine noch stärkere Betonung erfährt der Zielbereich 'Umweltschutz' im dritten Gewichtungsfall. Sein starkes Gewicht führt insgesamt zu einer höheren Bewertung des Hauptzieles 'Abstimmung mit der Stadtentwicklungsplanung'.

Auf der anderen Seite soll die sozialstrukturelle Komponente stärker in den Vordergrund treten. Der Zielbereich 'Berücksichtigung sozialer Verhältnisse' erfährt daher gegenüber den restlichen Zielen eine Aufwertung. Seine Gewichtungszahl erreicht mit 2,0 die gleiche Größe wie die der Zielbereiche Z 1 bis Z 3 zusammengenommen.

Hauptzielebene	Gewicht	Übergeordnetes Ziel	Gewicht		Gewicht
Langfristige betriebs- wirtschaftliche Ver- sorgungsmöglichkeit und Vermeidung von Anlaufverlusten und Verdrängungseffekten	5,00	Z 1 Betriebswirtschaftl. Vers.	2,00	TI 1 Wärmeanschlußdichte	2,00
		Z 2 Stadtstrukturelle Gegebenheiten	1,00	TI 2 Anteil öffentl. Gebäude	0,67
				TI 3 Anteil gewerbl. Gebäude	0,33
		Z 3 Gebäudestruktur	1,00	TI 4 Art der Heizungsanlagen	0,34
				TI 5 Altersklassen der Geb.	0,33
				TI 6 Haushalte pro Wohngeb.	0,33
		Z 4 Soziale Verhältnisse	0,66	TI 7 Anteil über 60-jährige	0,06
				TI 8 Ausländeranteil	0,10
				TI 9 Anteil Wohngeldempfänger	0,20
				TI 10 Anteil Nichtwähler	0,20
				TI 11 Anteil Gymnasiasten	0,10
			0,34	TI 12 Selbstnutzende Eigent.	0,08
				TI 13 Besitzanteil Firmen usw.	0,09
				TI 14 Besitzanteil öffentl. H.	0,17

			TI 15 Nahwanderungssaldo	0,20
Abstimmung mit den	Z 5 Bereich 'Wohnen'	0,40	TI 16 Wohnräume pro Person	0,20
Aufgabengebieten der		0,60	TI 17 Wohnungsneubau	0,60
Stadtentwicklungs-	Z 6 Bereich 'Arbeit und Wirtsch.'	0,30	TI 18 Neubau v. Industrie/ Gewer.	0,30
planung	Z 7 Bereich 'Stadtgestaltung'	0,30	TI 19 Zentrenausbau	0,30
5,00	Z 8 Bereich 'Kultur, Bildung usw.'	0,90	TI 20 Infrastruktur, Bundesbau	0,90
	Z 9 Bereich 'Umweltschutz'	2,50	TI 21 Schwefeldioxidbelastung	0,84
			TI 22 Stickstoffdioxidbelast.	0,83
			TI 23 Bel. m. Staubniederschlag	0,83
				10,00

Abbildung 15: Gewichtungsschema der Alternative B

Hauptzielebene	Gewicht	Übergeordnetes Ziel	Gewicht		Gewicht
Langfristige betriebs-		Z 1 Betriebswirtschaftl. Vers.	0,67	TI 1 Wärmeanschlußdichte	0,67
wirtschaftliche Ver-		Z 2 Stadtstrukturelle Gegebenheiten	0,33	TI 2 Anteil öffentl. Gebäude	0,22
sorgungsmöglichkeit				TI 3 Anteil gewerbl. Gebäude	0,11
und Vermeidung von				TI 4 Art der Heizungsanlagen	0,33
Anlaufverlusten und		Z 3 Gebäudestruktur	1,00	TI 5 Altersklassen der Geb.	0,34
Verdrängungseffekten				TI 6 Haushalte pro Wohngeb.	0,33
	4,00			TI 7 Anteil über 60-jährige	0,12
				TI 8 Ausländeranteil	0,20
			1,32	TI 9 Anteil Wohngeldempfänger	0,40
		Z 4 Soziale Verhältnisse		TI 10 Anteil Nichtwähler	0,40
				TI 11 Anteil Gymnasiasten	0,20
				TI 12 Selbstnutzende Eigent.	0,17
			0,68	TI 13 Besitzanteil Firmen usw.	0,17
				TI 14 Besitzanteil öffentl. H.	0,34
Abstimmung mit den				TI 15 Nahwanderungssaldo	0,10
Aufgabengebieten der		Z 5 Bereich 'Wohnen'	0,40	TI 16 Wohnräume pro Person	0,30
Stadtentwicklungs-			0,60	TI 17 Wohnungsneubau	0,60
planung		Z 6 Bereich 'Arbeit und Wirtsch.'	0,20	TI 18 Neubau v. Industrie/ Gewer.	0,20
	6,00	Z 7 Bereich 'Stadtgestaltung'	0,30	TI 19 Zentrenausbau	0,30
		Z 8 Bereiche 'Kultur, Bildung usw.'	0,50	TI 20 Infrastruktur, Bundesbau	0,50
		Z 9 Bereich 'Umweltschutz'	4,00	TI 21 Schwefeldioxidbelastung	1,34
				TI 22 Stickstoffdioxidbelast.	1,33
				TI 23 Bel. m. Staubniederschlag	1,33
					10,00

Abbildung 16: Gewichtungsschema der Alternative C

8.2.2 Die Einzelergebnisse und der Vergleich der Gewichtungsresultate

Gewichtungsalternative A

Gewichtet man die Ziele bzw. Indikatoren wie unter dem Begriff 'Gleichgewichtung' beschrieben, so kommt man zu den im folgenden mitgeteilten Ergebnissen.

Mit 1181 Punkten erhält der Bezirk 133 Buschdorf die höchste Punktzahl. Das Schlußlicht bildet 121 Alt-Endenich mit einer Gesamtpunktzahl von 491. Die Spanne zwischen niedrigstem und höchstem Wert beträgt somit 689 Punkte. Im Mittel werden 645 Punkte erreicht, wobei die positive Schiefe von 1,7 zeigt, daß der Hauptteil der Fälle unterhalb des Mittelwertes konzentriert ist.

Die Statistischen Bezirke können nun anhand der Endergebnisse auf eine solche Weise zu Gruppen zusammengefaßt werden, daß die Unterschiede innerhalb einer Gruppe möglichst gering, zwischen den Gruppen, d. h. zwischen je zwei Raumeinheiten aus verschiedenen Gruppen, möglichst groß sind.[314]

Es besteht weiterhin die Möglichkeit, die Abstände zwischen den Gruppen bzw. deren Elemente auf einer Diskriminanzfunktion zu verdeutlichen. Als unabhängige (diskriminierende) Variable dient die in den einzelnen Statistischen Bezirken erreichte Gesamtsumme der Punkte.[315]

Bei elf gebildeten Gruppen im Rahmen des Gewichtungsvorganges A besitzt der Statistische Bezirk der Gruppe 8 die höchste Punktzahl, gefolgt von der Gruppe 11 (Mittelwert 939 Pt.), der Gruppe 10 mit 832 Pt. usw..

Entsprechend ihrer Lage auf der Diskriminanzfunktion erhalten die Gruppenelemente (Statistischen Bezirke) eine Prioritätsstufe, die verdeutlicht, in welcher zeitlichen Reihenfolge ein Ausbau mit leitungsgebundenen Energieträgern realisiert werden sollte.

Tabelle 16: Rangordnung der Statistischen Bezirke bei Gewichtungsalternative A

NR.	STATISTISCHER BEZIRK	SUMME	RANG
133	BUSCHDORF	1181	1
242	HOCHKREUZ-REGIERUNGS	966	2
496	DUISDORF-NORD	948	3
373	BEUEL-OST	902	4
269	HEIDERHOF	846	5
141	GRONAU-REGIERUNGSV.	834	6
374	BEUEL-SUED	832	7
494	BRUESER BERG	816	8
492	FINKENHOF	778	9
136	DRANSDORF	762	10
491	DUISDORF-ZENTRUM	756	11
254	BAD GODESBERG-NORD	755	12
132	NEU-TANNENBUSCH	732	13
128	UECKESDORF	726	14
114	RHEINDORFER-VORSTADT	723	15
134	AUERBERG	696	16
110	ZENTRUM-RHEINVIERTEL	681	17
383	PUETZCHEN-BECHLINGH	668	18
266	LANNESDORF	663	19
111	ZENT-MUENSTERVIERTEL	657	20
382	VILICH-MUELDORF	652	21
381	GEISLAR	644	22
120	NEU-ENDENICH	642	23
497	NEU-DUISDORF	634	24
125	VENUSBERG	628	25
119	V DEM KOBLENZER TOR	628	25
135	GRAU-RHEINDORF	627	27
115	ELLERVIERTEL	624	28
118	BONNER-TALVIERTEL	621	29
267	MEHLEM-RHEINAUE	620	30
371	BEUEL-ZENTRUM	617	31
372	VILICH-RHEINDORF	615	32
386	HOLZLAR	610	33
113	VOR DEM STERNTOR	590	34
112	WICHELSHOF	588	35
265	PENNENFELD	588	35
268	OBERMEHLEM	582	37
127	ROETTGEN	580	38
117	BAUMSCHULVIERTEL	579	39
116	GUETERBAHNHOF	571	40
131	ALT-TANNENBUSCH	571	40
384	LI KUE RA	570	42
251	BADGODESBERG-ZENTRUM	570	42
252	GODESBERG-KURVIERTEL	569	44
122	POPPELSDORF	562	45
253	SCHWEINHEIM	561	46
263	RUENGSDORF	560	47
255	VILLENVIERTEL	557	48
260	FRIESDORF	556	49
493	MEDINGHOFEN	555	50
264	MUFFENDORF	555	50
385	OBERKASSEL	548	52
261	NEU-PLITTERSDORF	539	53
387	HOHOLZ	531	54
126	IPPENDORF	518	55
388	HOLTDORF	517	56
137	LESSENICH-MESSDORF	515	57
495	LENGSDORF	507	58
123	KESSENICH	504	59
124	DOTTENDORF	501	60
262	ALT-PLITTERSDORF	500	61
121	ALT-ENDENICH	491	62

MITTELWERT	
	645
SCHIEFE	
	1.701

Ein Dendrogramm zeigt die Gruppierungslösung in Form eines Stammbaums.

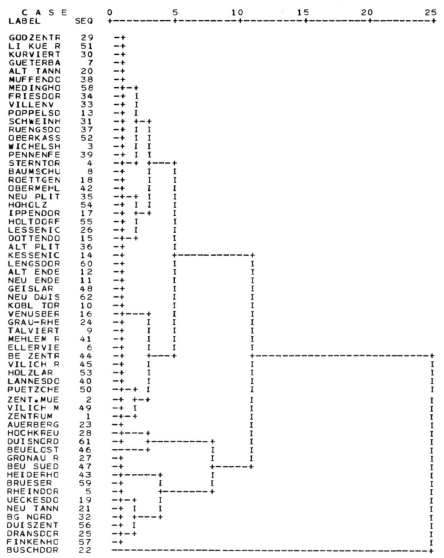

Abbildung 17: Hierarchie von Gruppeneinteilungen in Form eines Dendrogramms, Gruppierungsvariable: Gesamtpunktzahl bei Gewichtungsalternative A

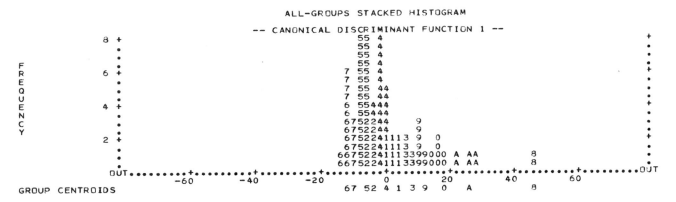

Abbildung 18: Diskriminanzfunktion bei Gewichtungsalternative A

In die höchste Prioritätsstufe fallen die insgesamt acht Bezirke der Gruppen 8, 11 und 10. Die zweite Priorität wird den Bezirken der Gruppen 9 und 3 zugeteilt. Ihre Gesamtzahl beläuft sich auf sieben. Die Elemente der Gruppen 1 und 4 mit 18 Bezirken erhalten die dritte Ausbaupriorität. Die übrigen 29 Statistischen Bezirke bleiben bei der Vergabe von Prioritätsstufen unberücksichtigt.

Tabelle 17: Statistische Bezirke nach Ausbauprioritäten bei Gewichtungsalternative A

Priorität	Nr.	Bezirk	Punkte
ERSTE PRIORITAET	133	BUSCHDORF	1181
ERSTE PRIORITAET	141	GRONAU REGIERUNGSVIE	834
ERSTE PRIORITAET	242	HOCHKREUZ REGIERUNGS	966
ERSTE PRIORITAET	269	HEIDERHOF	846
ERSTE PRIORITAET	373	BEUEL OST	902
ERSTE PRIORITAET	374	BEUEL SUED	832
ERSTE PRIORITAET	494	BRUESER BERG	816
ERSTE PRIORITAET	496	DUISDORF NORD	948
ZWEITE PRIORITAET	114	RHEINDORFER VORSTADT	723
ZWEITE PRIORITAET	128	UECKESDORF	726
ZWEITE PRIORITAET	132	NEU TANNENBUSCH	732
ZWEITE PRIORITAET	136	DRANSDORF	762
ZWEITE PRIORITAET	254	GODESBERG NORD	755
ZWEITE PRIORITAET	491	DUISDORF ZENTRUM	756
ZWEITE PRIORITAET	492	FINKENHOF	778
DRITTE PRIORITAET	110	ZENTRUM RHEINVIERTEL	681
DRITTE PRIORITAET	111	ZENT.MUENSTERVIERTEL	657
DRITTE PRIORITAET	115	ELLERVIERTEL	624
DRITTE PRIORITAET	118	TALVIERTEL	621
DRITTE PRIORITAET	119	VOR DEM KOBLENZER T.	628
DRITTE PRIORITAET	120	NEU ENDENICH	642
DRITTE PRIORITAET	125	VENUSBERG	628
DRITTE PRIORITAET	134	AUERBERG	696
DRITTE PRIORITAET	135	GRAU-RHEINDORF	627
DRITTE PRIORITAET	266	LANNESDORF	663
DRITTE PRIORITAET	267	MEHLEM RHEINAUE	620
DRITTE PRIORITAET	371	BEUEL ZENTRUM	617
DRITTE PRIORITAET	372	VILICH RHEINDORF	615
DRITTE PRIORITAET	381	GEISLAR	644
DRITTE PRIORITAET	382	VILICH MUELDORF	652
DRITTE PRIORITAET	383	PUETZCHEN BECHLINGH	668
DRITTE PRIORITAET	386	HOLZLAR	610
DRITTE PRIORITAET	497	NEU DUISDORF	634

Die größten Unterschiede zwischen den einzelnen Ausbaustufen zeigen sich im Zielbereich 'Wohnen' und hier insbesondere beim Wohnungsneubau (vgl. Anhang-Tabelle A 19). Während die Bezirke der ersten Prioritätsstufe hier im Durchschnitt 147 Pt. erreichen, kommen die Bezirke in den übrigen Kategorien lediglich auf 81, 73 oder gar nur auf 34 Pt.. Den zweitgrößten Beitrag zur Trennung der Ausbaustufen voneinander liefern die Zielbereiche 'Arbeit und Wirtschaft', 'Stadtgestaltung' und 'Soziale Infrastruktur (Bundesbauten)'. Zusammengenommen betragen die Punktzahlen im Mittel 200, 100, 17 bzw. 1 Pt. in der Reihenfolge der Bezirke der ersten bis zu denjenigen ohne Prioritätsstufe. Demgegenüber sind die Beiträge der restlichen Zielbereiche wie beispielsweise des 'Umweltschutzes' nur als gering zu bezeichnen. Bei dem Ziel 'Betriebswirtschaftliche Versorgungsmöglichkeit' stehen sogar Punktzahlen und Prioritätsstufen mit 92, 94, 115, 104 Pt. im umgekehrten Verhältnis.

Gewichtungsalternative B

An der Spitze der Bezirke steht bei Gewichtungsvorgang B das 242 Hochkreuz-Regierungsviertel mit 1094 Pt.. Am unteren Ende der Punkteskala befindet sich der Bezirk 495 Lengsdorf, der lediglich auf 531 Pt. kommt. Die Spanne von 563 Punkten ist geringer als beim Gewichtungsvorgang A. Die Werte häufen sich erneut unterhalb des Mittelwertes, der 750 Punkte beträgt. Die Werte streuen gleichmäßiger um den Mittelpunkt als im vorhergehenden Fall (Schiefe 0,44) (Ergebnisse der Gewichtungsalternative B auch im Anhang, Tabelle A 20). Die Lage der in zwölf Gruppen eingeteilten Statistischen Bezirke auf der Diskriminanzfunktion ermöglicht wiederum die Zuteilung von Prioritätsstufen. Auf die Gruppen 12, 1 und 4 mit insgesamt neun Bezirken entfällt die erste, auf die Gruppen 3 und 6 mit 13 Bezirken die zweite Stufe. Die dritte Prioritätsstufe bilden die elf Bezirke der Gruppe 2, deren Mittelwert von 756 Punkten noch knapp über dem Gesamtmittelwert liegt.

Die größte Bedeutung für die Zuordnung in eine der Stufen der Ausbaupriorität erlangt entsprechend seiner hohen Gewichtung der Zielbereich 'Betriebswirtschaftliche Versorgungsmöglichkeit'. Einer mittleren Punktzahl von 217 in der ersten Stufe stehen 166 Punkte der Bezirke ohne Ausbaupriorität gegenüber. In der gleichen Größenordnung liegt der Beitrag des Zielbereichs 'Wohnen' (Wohnungsneubau), wobei allerdings keine gleichmäßige Abnahme der Punktzahlen von Stufe zu Stufe vorliegt (97, 66, 41, 50 Pt.). Erst an dritter Stelle folgt der Zielbereich 'Umweltschutz'.

An vierter Stelle stehen die Zielbereiche 'Berücksichtigung stadtstruktureller Gegebenheiten' und 'Beachtung der Gebäudestruktur'. Sie spielen bei der Trennung der Ausbaukategorien eine etwa gleich wichtige Rolle.

Tabelle 18: Rangordnung der Statistischen Bezirke bei Gewichtungsalternative B

NR.	STATISTISCHER BEZIRK	SUMME	RANG
242	HOCHKREUZ-REGIERUNGS	1094	1
141	GRONAU-REGIERUNGSV.	994	2
133	BUSCHDORF	958	3
374	BEUEL-SUED	944	4
111	ZENT-MUENSTERVIERTEL	939	5
110	ZENTRUM-RHEINVIERTEL	933	6
114	RHEINDORFER-VORSTADT	896	7
269	HEIDERHOF	889	8
494	BRUESER BERG	886	9
373	BEUEL-OST	862	10
132	NEU-TANNENBUSCH	859	11
496	DUISDORF-NORD	854	12
119	V DEM KOBLENZER TOR	845	13
266	LANNESDORF	839	14
492	FINKENHOF	836	15
113	VOR DEM STERNTOR	825	16
134	AUERBERG	807	17
267	MEHLEM-RHEINAUE	803	18
254	BAD GODESBERG-NORD	801	19
371	BEUEL-ZENTRUM	794	20
118	BONNER-TALVIERTEL	793	21
115	ELLERVIERTEL	793	21
125	VENUSBERG	772	23
251	BADGODESBERG-ZENTRUM	763	24
135	GRAU-RHEINDORF	761	25
265	PENNENFELD	758	26
120	NEU-ENDENICH	756	27
117	BAUMSCHULVIERTEL	754	28
112	WICHELSHOF	752	29
260	FRIESDORF	750	30
385	OBERKASSEL	750	30
268	OBERMEHLEM	743	32
136	DRANSDORF	741	33
116	GUETERBAHNHOF	733	34
382	VILICH-MUELDORF	730	35
381	GEISLAR	723	36
128	UECKESDORF	715	37
255	VILLENVIERTEL	713	38
384	LI KUE RA	710	39
263	RUENGSDORF	702	40
122	POPPELSDORF	702	40
372	VILICH-RHEINDORF	698	42
383	PUETZCHEN-BECHLINGH	697	43
261	NEU-PLITTERSDORF	695	44
252	GODESBERG-KURVIERTEL	693	45
491	DUISDORF-ZENTRUM	683	46
131	ALT-TANNENBUSCH	673	47
497	NEU-DUISDORF	669	48
264	MUFFENDORF	669	48
253	SCHWEINHEIM	664	50
123	KESSENICH	641	51
386	HOLZLAR	633	52
262	ALT-PLITTERSDORF	616	53
493	MEDINGHOFEN	609	54
137	LESSENICH-MESSDORF	608	55
121	ALT-ENDENICH	602	56
124	DOTTENDORF	602	56
127	ROETTGEN	591	58
388	HOLTDORF	563	59
387	HOHOLZ	554	60
126	IPPENDORF	548	61
495	LENGSDORF	531	62

MITTELWERT	750
SCHIEFE	.440

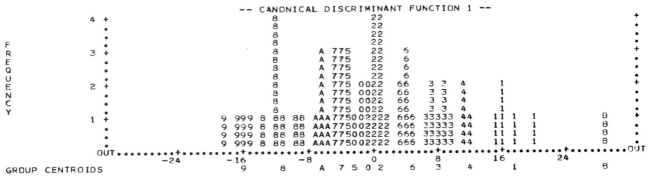

Abbildung 19: Diskriminanzfunktion bei Gewichtungsalternative B

Tabelle 19: Statistische Bezirke nach Ausbauprioritäten bei Gewichtungsalternative B

ERSTE PRIORITAET	110	ZENTRUM RHEINVIERTEL	933
ERSTE PRIORITAET	111	ZENT.MUENSTERVIERTEL	939
ERSTE PRIORITAET	114	RHEINDORFER VORSTADT	896
ERSTE PRIORITAET	133	BUSCHDORF	958
ERSTE PRIORITAET	141	GRONAU REGIERUNGSVIE	994
ERSTE PRIORITAET	242	HOCHKREUZ REGIERUNGS	1094
ERSTE PRIORITAET	269	HEIDERHOF	889
ERSTE PRIORITAET	374	BEUEL SUED	944
ERSTE PRIORITAET	494	BRUESER BERG	886
ZWEITE PRIORITAET	113	VOR DEM STERNTOR	825
ZWEITE PRIORITAET	115	ELLERVIERTEL	793
ZWEITE PRIORITAET	118	TALVIERTEL	793
ZWEITE PRIORITAET	119	VOR DEM KOBLENZER T.	845
ZWEITE PRIORITAET	132	NEU TANNENBUSCH	859
ZWEITE PRIORITAET	134	AUERBERG	807
ZWEITE PRIORITAET	254	GODESBERG NORD	801
ZWEITE PRIORITAET	266	LANNESDORF	839
ZWEITE PRIORITAET	267	MEHLEM RHEINAUE	803
ZWEITE PRIORITAET	371	BEUEL ZENTRUM	794
ZWEITE PRIORITAET	373	BEUEL OST	862
ZWEITE PRIORITAET	492	FINKENHOF	836
ZWEITE PRIORITAET	496	QUISDORF NORD	854
DRITTE PRIORITAET	112	WICHELSHOF	752
DRITTE PRIORITAET	117	BAUMSCHULVIERTEL	754
DRITTE PRIORITAET	120	NEU ENDENICH	756
DRITTE PRIORITAET	125	VENUSBERG	772
DRITTE PRIORITAET	135	GRAU-RHEINDORF	761
DRITTE PRIORITAET	136	DRANSDORF	741
DRITTE PRIORITAET	251	GODESBERG ZENTRUM	763
DRITTE PRIORITAET	260	FRIESDORF	750
DRITTE PRIORITAET	265	PENNENFELD	758
DRITTE PRIORITAET	268	OBERMEHLEM	743
DRITTE PRIORITAET	385	OBERKASSEL	750

<u>Gewichtungsalternative C</u>

Bei Gewichtungsvorgang C finden die sozialen Verhältnisse und in noch stärkerem Maße als bei Alternative B der Umweltschutz eine besondere Betonung. Trotz der verschobenen Gewichtungsschwerpunkte stehen wiederum das 242 Hochkreuz-Regierungsviertel mit 1126 Pt. und 495 Lengsdorf mit 646 Pt. an der Spitze bzw. am Ende der Punkteliste. Die Spanne von 480 Pt. zwischen höchstem und niedrigstem Wert ist bei diesem Gewichtungsvorgang am geringsten, d. h. die Unterschiede zwischen den Bezirken Bonns treten am wenigsten hervor. Der mittlere Wert beträgt 855 Pt.. Die geringe Schiefe von 0,3 weist darauf hin, daß die Häufigkeitsverteilung der Endsummen annähernd eine Glockenform annimmt.

Nach der Zusammenfassung zu Gruppen ähnlich hoher Punktzahlen und deren Abbildung auf der Diskriminanzfunktion erhalten die neun Bezirke der Gruppen 10 und 11 die Prioritätsstufe 1, die acht Bezirke der Gruppe 1 die zweite und die zehn Bezirke der Gruppe 3 die dritte Ausbaupriorität. Die Tabelle 21 weist aus, um welche Bezirke es sich im einzelnen handelt.

Tabelle 20: Statistische Bezirke nach Rangordnung bei Gewichtungsalternative C

NR.	STATISTISCHER BEZIRK	SUMME	RANG
242	HOCHKREUZ-REGIERUNGS	1126	1
269	HEIDERHOF	1116	2
374	BEUEL-SUED	1104	3
133	BUSCHDORF	1041	4
373	BEUEL-OST	1040	5
267	MEHLEM-RHEINAUE	1009	6
132	NEU-TANNENBUSCH	999	7
266	LANNESDORF	983	8
385	OBERKASSEL	980	9
268	OBERMEHLEM	960	10
114	RHEINDORFER-VORSTADT	960	10
254	BAD GODESBERG-NORD	957	12
134	AUERBERG	956	13
260	FRIESDORF	948	14
110	ZENTRUM-RHEINVIERTEL	943	15
496	DUISDORF-NORD	929	16
115	ELLERVIERTEL	924	17
141	GRONAU-REGIERUNGSV.	922	18
384	LI KUE RA	913	19
136	DRANSDORF	903	20
371	BEUEL-ZENTRUM	903	20
494	BRUESER BERG	892	22
492	FINKENHOF	890	23
381	GEISLAR	887	24
119	V DEM KOBLENZER TOR	885	25
382	VILICH-MUELDORF	884	26
135	GRAU-RHEINDORF	874	27
265	PENNENFELD	866	28
128	UECKESDORF	861	29
116	GUETERBAHNHOF	853	30
383	PUETZCHEN-BECHLINGH	853	30
263	RUENGSDORF	847	32
111	ZENT-MUENSTERVIERTEL	837	33
372	VILICH-RHEINDORF	833	34
113	VOR DEM STERNTOR	832	35
112	WICHELSHOF	829	36
131	ALT-TANNENBUSCH	828	37
117	BAUMSCHULVIERTEL	824	38
261	NEU-PLITTERSDORF	823	39
120	NEU-ENDENICH	813	40
118	BONNER-TALVIERTEL	809	41
255	VILLENVIERTEL	805	42
264	MUFFENDORF	802	43
251	BADGODESBERG-ZENTRUM	798	44
125	VENUSBERG	783	45
252	GODESBERG-KURVIERTEL	782	46
491	DUISDORF-ZENTRUM	765	47
497	NEU-DUISDORF	756	48
137	LESSENICH-MESSDORF	747	49
386	HOLZLAR	746	50
123	KESSENICH	744	51
253	SCHWEINHEIM	737	52
122	POPPELSDORF	719	53
127	ROETTGEN	716	54
124	DOTTENDORF	712	55
262	ALT-PLITTERSDORF	712	55
493	MEDINGHOFEN	698	57
387	HOHOLZ	686	58
388	HOLTDORF	681	59
121	ALT-ENDENICH	678	60
126	IPPENDORF	648	61
495	LENGSDORF	646	62
MITTELWERT		855	
SCHIEFE		.299	

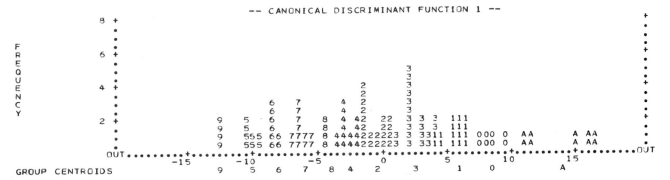

Abbildung 20: Diskriminanzfunktion bei Gewichtungsalternative C

Tabelle 21: Statistische Bezirke nach Ausbauprioritäten bei Gewichtungsalternative C

ERSTE	PRIORITAET	132	NEU TANNENBUSCH	999
ERSTE	PRIORITAET	133	BUSCHDORF	1041
ERSTE	PRIORITAET	242	HOCHKREUZ REGIERUNGS	1126
ERSTE	PRIORITAET	266	LANNESDORF	983
ERSTE	PRIORITAET	267	MEHLEM RHEINAUE	1009
ERSTE	PRIORITAET	269	HEIDERHOF	1116
ERSTE	PRIORITAET	373	BEUEL OST	1040
ERSTE	PRIORITAET	374	BEUEL SUED	1104
ERSTE	PRIORITAET	385	OBERKASSEL	980
ZWEITE	PRIORITAET	110	ZENTRUM RHEINVIERTEL	943
ZWEITE	PRIORITAET	114	RHEINDORFER VORSTADT	960
ZWEITE	PRIORITAET	115	ELLERVIERTEL	924
ZWEITE	PRIORITAET	134	AUERBERG	956
ZWEITE	PRIORITAET	254	GODESBERG NORD	957
ZWEITE	PRIORITAET	260	FRIESDORF	948
ZWEITE	PRIORITAET	268	OBERMEHLEM	960
ZWEITE	PRIORITAET	496	DUISDORF NORD	929
DRITTE	PRIORITAET	119	VOR DEM KOBLENZER T.	885
DRITTE	PRIORITAET	135	GRAU-RHEINDORF	874
DRITTE	PRIORITAET	136	DRANSDORF	903
DRITTE	PRIORITAET	141	GRONAU REGIERUNGSVIE	922
DRITTE	PRIORITAET	371	BEUEL ZENTRUM	903
DRITTE	PRIORITAET	381	GEISLAR	887
DRITTE	PRIORITAET	382	VILICH MUELDORF	884
DRITTE	PRIORITAET	384	LI KUE RA	913
DRITTE	PRIORITAET	492	FINKENHOF	890
DRITTE	PRIORITAET	494	BRUESER BERG	892

Nimmt man die Gewichtung der Zielbereiche in der unter der Alternative C genannten Art vor, so fällt in Bonn die Luftbelastung der Bezirke mit Schadstoffen besonders ins Gewicht (vgl. Anhang Tabelle A 21). Die durchschnittliche Punktzahl der Bezirke ohne Ausbaupriorität beläuft sich auf 368, die der ersten Prioritätsstufe jedoch auf 522. Der Anteil des Zielbereichs 'Berücksichtigung sozialer Verhältnisse' an der Trennung der Bezirke in den einzelnen Prioritätsstufen folgt an zweiter Stelle. Die übrigen bei der Trennung der Kategorien zu Buche schlagenden Zielbereiche sind nach der Größe ihres Beitrages geordnet:

- der Zielbereich 'Wohnen', insbesondere der Wohnungsneubau;
- der Zielbereich 'Arbeit und Wirtschaft' und
- der Zielbereich 'Berücksichtigung der Gebäudestruktur'.

Von der betriebswirtschaftlichen Versorgungsmöglichkeit und vom Vorhandensein großer Gebäude her gesehen besitzen gerade weniger günstig strukturierte Bezirke einen höheren Ausbauvorrang.

Der Vergleich der Gewichtungsergebnisse

Ein Vergleich der Endergebnisse der drei Gewichtungsalternativen zeigt, daß sich die 62 betrachteten Bezirke Bonns in fünf verschiedene Klassen einordnen lassen.

Zur ersten Klasse gehören jene fünf Statistischen Bezirke, die in allen drei Fällen in den obersten zehn Rangplätzen zu finden sind. Auf sie entfällt dementsprechend fast ausschließlich die erste Ausbaupriorität. Als Vertreter dieser Klasse sind das 242 Hochkreuz-Regierungsviertel und 133 Buschdorf zu nennen (vgl. Karte 13).

Die Klasse 2 beinhaltet insgesamt zehn Bezirke, die in den ersten zwanzig Rangplätzen vertreten sind. Sie erhalten überwiegend die zweite Prioritätsstufe. Zur Klasse 2 gehören unter anderem das 141 Gronau-Regierungsviertel, im Norden Bonns 132 Neu-Tannenbusch, 134 Auerberg und im Stadtteil Duisdorf 494 Brüser Berg, 492 Finkenhof und 496 Duisdorf-Nord.

Einen mittleren Rangplatz bei allen drei aufgeführten Gewichtungsmöglichkeiten nehmen die elf Statistischen Bezirke der dritten Klasse ein und erhalten bevorzugt die dritte Prioritätsstufe zugeteilt. Erwähnenswert ist, daß die Klasse 3 überwiegend aus Altstadtbezirken in der Nähe des Bonner bzw. Beueler Zentrums besteht.

Einen Platz in der unteren Hälfte der Rangskala weisen die 18 Bezirke der Klasse 4 auf. Hier sind Bezirke vertreten, die in keinem Fall eine Ausbau-Priorität zugeordnet bekommen. Als zusammenhängende Gebiete dieser Klasse sind auf der Karte eine Reihe im Westen des Stadtteils Bonn und unweit des Bad Godesberger Zentrums gelegener Bezirke zu erkennen.

Eine besondere Stellung besitzt die Klasse 5. Sie umfaßt 18 Bezirke, die sich dadurch auszeichnen, daß sie je nach Gewichtungsart in sehr unterschiedliche Rangplätze und Ausbaukategorien fallen. Ihre Eingliederung in eine Rangstufe ist demnach stark von der im Rahmen des Versorgungskonzeptes verfolgten Zielsetzung abhängig.

Als Beispiel kann der Bezirk 111 Zentrum-Münsterviertel angeführt werden. Im Falle der Gewichtungsalternative A ist er auf dem 20-sten, bei Alternative B auf dem fünften und bei Alternative C auf dem 33-sten Rangplatz vorzufinden. Ähnliches gilt auch für die übrigen Bezirke dieser Klasse wie dem 118 Talviertel mit den Rangplätzen 29, 21 und 41 oder 260 Friesdorf, das auf den Rangplätzen 49, 30 und 14 vertreten ist.

Hinsichtlich der Lage der Bezirke der Klasse 5 im Stadtgebiet läßt sich feststellen, daß diejenigen Bezirke, welche bei den Gewichtungsalternativen A und C den relativ höchsten Rangplatz erreichen, vorzugsweise am westlichen Rand des Stadtteils Bonn bzw. an den Rändern von Beuel und Bad Godesberg liegen. Bezirke mit höchstem Rangplatz bei Alternative B sind fast ausschließlich in den Zentren Bonns und Bad Godesbergs zu lokalisieren.

Tabelle 22: Bezirke der Klasse 5 mit Rangplätzen

Statistischer Bezirk	Rang bei Alternative A	Rang bei Alternative B	Rang bei Alternative C
111 Zent.-Münsterviertel	20	5	33
113 Vor dem Sterntor	34	16	35
118 Talviertel	29	21	41
120 Neu-Endenich	23	27	40
125 Venusberg	25	23	45
127 Röttgen	38	58	54
128 Ückesdorf	14	37	29
136 Dransdorf	10	33	20
251 Bad Godesberg Zentrum	42	24	44
260 Friesdorf	49	30	14
267 Mehlem Rheinaue	30	18	6
268 Obermehlem	37	32	10
383 Pützchen-Bechlinghoven	18	43	30
384 Li-Kü-Ra	42	39	19
385 Oberkassel	52	30	9
386 Holzlar	33	52	50
491 Duisdorf Zentrum	11	46	47
497 Neu-Duisdorf	24	48	48

Der SPEARMAN'sche Rang-Korrelationskoeffizient bietet die Möglichkeit, die Stärke des Zusammenhanges der Gewichtungsergebnisse zu messen. Dabei geht man davon aus, daß die Korrelation zwischen jeweils zwei betrachteten Rangreihen um so größer ist, je geringer die Differenzen zwischen den zugeordneten Rangplätzen sind. Der Rang-Korrelationskoeffizient zwischen den Ergebnissen der Gewichtungsalternativen A und C wird mit 0,72 berechnet. Größer sind die Ergebniszusammenhänge zwischen Alternative A und B mit einem Koeffizienten von 0,79 und Alternative B und C, deren Korrelationskoeffizient 0,83 beträgt.

Für die ausführlichen Ausbauvorschläge mit leitungsgebundenen Energieträgern im nächsten Kapitel wird die Gewichtungsalternative B mit einer besonderen Berücksichtigung betriebswirtschaftlicher Versorgungsmöglichkeiten und des Umweltschutzes zugrunde gelegt. Sie nimmt nicht nur vom Ergebnis her eine mittlere Position ein. Diese Alternative bietet darüber hinaus einen sinnvollen Ausgleich zwischen ökonomischen und ökologischen Erfordernissen, weil durch sie jene Bezirke bevorzugt für den weiteren Ausbau mit leitungsgebundenen Energieträgern vorgeschlagen werden, die sich einerseits durch eine hohe Wärmedichte bzw. wirtschaftlich günstige Bedingungen auszeichnen, andererseits eine überdurchschnittlich starke Luftbelastung mit Schadstoffen aufweisen.

9. DIE DARSTELLUNG KONKRETER AUSBAUVORSCHLÄGE

9.1 Die Methode des Vorgehens

Die Prioritätsstufen geben einen Hinweis darauf, welche Maßnahmen zeitlich vorrangig in Angriff genommen werden sollten. Die Reihenfolge der Nennung der Bezirke innerhalb einer Prioritätsstufe richtet sich nicht nach den Rangplätzen, sondern nach der Ähnlichkeit der Datenkonstellation. Dabei ist anzumerken, daß die Statistischen Bezirke untereinander in keinem Fall eine völlig identische Struktur aufweisen. Die Voraussetzungen für den Ausbau leitungsgebundener Energieträger sind also in jedem Bezirk anders gelagert. Ein sog. Datenprofil soll die Situation in den einzelnen Bezirken veranschaulichen. Die Anhang-Tabelle A 22 enthält die genauen Zahlenwerte.

Den Ausgangspunkt bilden die standardisierten, aber ungewichteten Indikatoren. Sie erfahren in der Regel entsprechend ihrer Zugehörigkeit zu bestimmten Zielbereichen eine Zusammenfassung, wobei die standardisierten Indikatoren entsprechend ihrer Aussagekraft mit unterschiedlichem Gewicht in die Berechnungen eingehen können. Im vorhergehenden Kapitel findet bereits die unterschiedliche Aussagekraft der Indikatoren für einen Zielbereich durch deren verschieden hohe Gewichtung wie beispielsweise innerhalb des Bereichs 'Beachtung sozialer Verhältnisse' Berücksichtigung. Aussagekraft bedeutet in diesem Falle, daß die Indikatoren 'Anteil der wohngeldempfangenden Haushalte' und 'Anteil der Nichtwähler' als wichtiger für die Einschätzung des sozialen Niveaus und der Finanzkraft der Bewohner angesehen werden als der Indikator 'Anteil der Gymnasiasten an den 10-20-jährigen'.

Aus Gründen der Übersichtlichkeit und der Genauigkeit der Beschreibung der Verhältnisse in den Bezirken ist es zweckdienlich, einzelne Zielbereiche wie den der 'Berücksichtigung sozialer Verhältnisse' und den der 'Abstimmung mit dem Aufgabengebiet Wohnen der Stadtentwicklungsplanung' aufzugliedern, die Zielbereiche der Stadtentwicklungsplanung, die mit der übrigen Neubautätigkeit in Verbindung stehen, zusammenzufassen.

Die in den Datenprofilen aufgeführten Ziffern stehen für die nachfolgenden Indikatoren bzw. Zielbereiche:

1) Wärmeanschlußdichte (Zielbereich: Betriebswirtschaftliche Versorgungsmöglichkeit);
2) Anschlußanteil großer gewerblich genutzter und öffentlicher Gebäude (Zielbereich: Stadtstrukturelle Gegebenheiten);
3) Gebäudestruktur;
4) Indikatoren der Sozialstruktur der Wohnbevölkerung;
5) Eigentumsverhältnisse: Selbstnutzende Hauseigentümer;
6) Eigentumsverhältnisse: Besitz von Banken, Versicherungen, öffentlicher Hand;
7) Zielbereich Wohnen: Erneuerungsbedarf im Wohnbereich und Wohnumfeld;
8) Zielbereich Wohnen: Wohnungsneubau;
9) Neubau gewerblich genutzter und öffentlicher Gebäude;
10) Zielbereich Umweltschutz.

Zusätzlich enthalten die Datenprofile Angaben zum Ausbaustand leitungsgebundener Energieträger und zur Versorgungssituation der Wohngebäude:

11) Summe des prozentualen Anteils des Anliegerstraßennetzes, das mit Fernwärme oder Erdgas versehen ist;
12) Prozentualer Anteil der mit leitungsgebundenen Energieträgern versorgten Wohngebäude;
13) Prozentualer Anteil der mit festen und flüssigen Energieträgern versorgten Wohngebäude.

9.2 Die nach Prioritätsstufen geordneten Ausbauvorschläge

9.2.1 Erste Prioritätsstufe

<u>110 Zentrum-Rheinviertel</u>
Ausbauvorschlag: Ausbau der schon vorhandenen Fernwärmeversorgung im Wohnbereich; Abbau der

Doppelversorgung von Erdgas und Fernwärme.

Aufgrund der hohen Wärmedichte ist die Bedingung für den Fernwärmeausbau sehr günstig. Fast alle der zahlreich vorhandenen großen öffentlichen Gebäude sind bereits mit Fernwärme versorgt. Insgesamt positiv zu bewerten sind die Sozialstruktur der Bewohner, die Eigentümerstruktur der Wohngebäude - aufgrund des großen Anteils der selbstnutzenden Eigentümer, aber auch der öffentlichen Hand - und die Zahl der Haushalte pro Gebäude. Außerdem besteht ein gewisser Sanierungsbedarf im Wohnbereich.

Dagegen wirkt sich die vorhandene Struktur der Heizungsanlagen mit einem hohen Anteil an Einzelofenheizungen auf die Umstellungstätigkeit der Wärmeversorgungssysteme nachteilig aus. Hier sind eventuell Förderungsmaßnahmen vorzusehen.

Neue Wohngebäude sowie öffentlich und gewerblich genutzte Gebäude sind nicht geplant. Vom Standpunkt des Umweltschutzes aus gesehen ist ein weiterer Ausbau der Fernwärme wünschenswert.

Die Anliegerstraßen dieses Bezirks sind fast vollständig mit Erdgasrohren versehen, während in ca. 30 Prozent der Straßen Fernwärme verlegt ist. Allerdings beträgt der Versorgungsanteil von Erdgas und Fernwärme bei den Wohnhäusern lediglich 38 bzw. 15 Prozent. Es ergibt sich ein Erschließungspotential an festen und flüssigen Energieträgern von 44 Prozent. Bislang wird in diesem Bereich der Wärmebedarf zu ca. zwei Fünfteln mit Kohle und zu drei Fünfteln mit Heizöl gedeckt.

111 Zentrum-Münsterviertel

Ausbauvorschlag: wie Bezirk 110

Eine ähnliche Situation wie im Bezirk 110 ist im Zentrum-Münsterviertel gegeben. Die Sozialstruktur stellt sich jedoch ungünstiger dar. Es ist nicht außergewöhnlich, daß die schwächere soziale Struktur der Bevölkerung mit einem höheren Sanierungsbedarf der Wohnungen und des Wohnumfeldes zusammentrifft. Darüber hinaus zeichnet sich die Eigentümerstruktur durch einen hohen Anteil an reinen Mietobjekten und Eigentümergemeinschaften aus.

Daher kommen zu den im Bezirk Zentrum-Rheinviertel vorgeschlagenen Maßnahmen zusätzlich solche gegen eine Verdrängung bestimmter Wohnbevölkerungsteile in Frage.

Der Fernwärmeausbau ist im Münsterviertel weiter fortgeschritten als im Rheinviertel, d. h. fast die Hälfte aller Anliegerstraßen besitzt eine Fernwärme-, ca. 80 Prozent eine Gasversorgung. Der Anteil der fernwärmeversorgten Wohngebäude erreicht nur neun Prozent (Erdgas 19 Prozent), so daß ein Prozentsatz von 70 v. H. sich mit festen oder flüssigen Brennstoffen versorgt. Bemerkenswert ist der hohe Grad der Wärmeversorgung auf Kohlebasis (31 Prozent), der mit dem verhältnismäßig großen Anteil von 32 Prozent Einzelofenheizungen in Verbindung steht.

114 Rheindorfer Vorstadt

Ausbauvorschlag: wie Bezirk 110

Im Bezirk Rheindorfer Vorstadt liegt die Wärmedichte mit 45,3 MW/qkm weit niedriger als in den Zentrums-Bezirken. Für eine Fernwärmeversorgung ist dies jedoch selbst unter Berücksichtigung einer Einsparquote von 18 Prozent ausreichend. Einen Ausgleich bildet außerdem mit den Universitätsinstituten, dem Rheinischen Landeskrankenhaus, den Ministerien usw. der hohe Wärmeanschlußanteil öffentlicher Gebäude.

Auch ein sehr großer Teil (ca. 24 Prozent) der Wohngebäude befindet sich im Besitz der öffentlichen Hände. Zu dem Umstand, daß die Heizungsanlagen vieler Wohngebäude aufgrund ihres Alters zur Erneuerung anstehen, kommt ein allgemeines Sanierungsbedürfnis im Wohnbereich.

Die Zahl der Haushalte pro Gebäude liegt im Bezirk 114 noch höher als in den vorher behandelten. Dennoch beschränkt sich die Fernwärmeversorgung fast ausschließlich auf die großen öffentlichen Gebäude. Bei einem weiteren Ausbau der Fernwärme tauchen allerdings wie im Zentrum-Münsterviertel als Probleme die niedrige soziale Stellung der Bewohner sowie eine hohe Anzahl von Einzelofenheizungen auf Kohlebasis auf.

141 Gronau-Regierungsviertel

Ausbauvorschlag: wie Bezirk 110

Die Unterschiede zum Bezirk Rheindorfer Vorstadt bestehen darin, daß sich die Struktur der Wohngebäude zwar ebenfalls günstig erweist, aber nicht aufgrund der Zahl der Haushalte pro Wohngebäude, sondern bedingt durch die Zahl der Zentralheizungen in Verbindung mit ihrem Alter. Die soziale Stellung der Bewohner ist als positiver, dafür sind die Besitzverhältnisse als ungünstiger zu bewerten. Eine wesentliche Förderung erfährt der Fernwärmeausbau durch den Bau einer Reihe von Bundesbauten und sozialer Infrastruktureinrichtungen.

Die Situation im Gronau-Regierungsviertel ist im übrigen der im Bezirk Rheindorfer Vorstadt ähnlich. Dazu gehört auch der wünschenswerte Ausbau der Fernwärme angesichts der vorhandenen Luftqualität und der Ausbaustand der leitungsgebundenen Energieträger. Allerdings gilt es hier, Öl-Zentralheizungen zu verdrängen.

242 Hochkreuz-Regierungsviertel

Ausbauvorschlag: Anschluß der geplanten Bebauung und der bestehenden Großgebäude an ein aufzubauendes Fernwärmenetz; verstärkte Bemühungen zum Anschluß der Wohngebäude an das bereits vorhandene Erdgasnetz.

Über die günstige Beschaffenheit des Gronau-Regierungsviertels in bezug auf den Anteil großer öffentlicher Gebäude am Wärmebedarf, die Sozial- und Gebäudestruktur hinaus erscheint im Hochkreuz-Regierungsviertel der große Prozentsatz selbstnutzender Eigentümer von Vorteil. Überdies sind neue Ministerien, Verwaltungen und ähnliche Gebäude in bedeutendem Umfange geplant oder befinden sich bereits im Bau.

Auch durch die starke Belastung mit Schadstoffen in diesem Bezirk ist der weitere Anschluß von Wohnhäusern an eine leitungsgebundene Energieversorgung angezeigt. Der Anschlußgrad beträgt unter 20 Prozent. Die Wärmeversorgung basiert - obwohl in fast 80 Prozent der Straßen Erdgasrohre verlegt sind - zum weitaus größten Teil auf Heizöl.

Zu den oben genannten Bemühungen zum Anschluß an das Erdgasnetz können beispielsweise eine verstärkte, schwerpunktmäßige Werbung, die Einräumung günstiger Bedingungen bei Krediten und den Anschlußtarifen gehören.

133 Buschdorf

Ausbauvorschlag: Ausbau der vorhandenen Erdgasversorgung; Anschluß der geplanten Bebauung an eine dezentrale Wärmeversorgung

Der Anteil der Zentralheizungen, das Alter, die teilweise notwendige Erneuerung der Wohngebäude und das Niveau der Sozialstruktur lassen erwarten, daß es bei der Substitution der jetzt noch vorherrschenden Ölheizungen im Wohnbereich keine längeren Anlaufzeiten geben wird. Wegen der geringen Wärmedichte sollte das Gebiet der vorhandenen Bebauung der weiteren Erschließung durch ein Erdgasnetz vorbehalten bleiben.

Für die vorgesehenen 900 Wohneinheiten, Industrie-, Geschäfts- und Bürogebäude kommt eine Versorgung durch ein dezentrales Wärmesystem in Form eines Blockheizkraftwerkes in Betracht.

374 Beuel-Süd

Ausbauvorschlag: Maßnahmen zum verstärkten Anschluß der Wohngebäude an das Erdgasnetz; eigene dezentrale Wärmeversorgung für einen Teil der neuen Wohnbebauung und das geplante Ministerium.

In Beuel-Süd ist nicht der Ausbau des Erdgasnetzes notwendig, sondern Bemühungen um den verstärkten Anschluß an dieses Netz. Einer ca. 90-prozentigen Erschließung des Bezirks steht ein Versorgungsgrad der Haushalte von 40 Prozent gegenüber. Die Versorgung mit Kohle beläuft sich immerhin noch auf 16 Prozent.

Hier sollte die in nächster Zeit erforderliche Renovierung der Wohngebäude genutzt werden. Als gute Voraussetzung ist das hohe Niveau der Sozialstruktur zu nennen. Auch die Besitzverhältnisse zeichnen sich durch einen Anteil von 30 Prozent der Wohnungsunternehmen, Banken, Versicherungen usw. aus.

Mit einer Nahwärmeversorgung können 400 der 670 neuen Wohnungseinheiten und das in ihrer unmittelbaren Nähe vorgesehene Ministerium mit 1.500 Arbeitsplätzen versehen werden.

Die vorgeschlagenen Maßnahmen sind auch aus Umweltschutzgründen geboten, da die Belastung der Luft mit Schadstoffen in Beuel-Süd im Verhältnis zu anderen Bonner Bezirken stark ist.

494 Brüser Berg
Ausbauvorschlag: Ausbau des Erdgasnetzes in Koordination mit dem Wohnungsneubau
Das Bundesministerium für Verteidigung und die benachbarten Schulen - d. h. alle vorhandenen größeren Gebäude der öffentlichen Hände - werden bereits durch das Heizwerk Hardtberg mit Wärme versorgt. Die Versorgung der Erweiterungsbauten des Ministeriums wird ebenfalls durch das Heizwerk erfolgen.

Wegen des intensiven Neubaus von Ein- und Zweifamilienhäusern ist die Wärmedichte des Bezirkes Brüser Berg insgesamt gering, obwohl auch der Mietwohnungsbau mit großen Gebäuden in beträchtlichem Maße zu finden ist. Einem Besitzanteil von ca. 60 Prozent der Wohnungsunternehmen steht eine Zahl von selbstnutzenden Eigentümern von 30 Prozent gegenüber. Das Verhältnis wird sich zugunsten des zuletzt genannten Anteils in den nächsten Jahren verschieben, da es sich bei den noch zu bauenden 2.300 Wohneinheiten meist um Einfamilienhäuser handelt.

Der Ausbau des Erdgasnetzes und der Wohnungsneubau sollten abgestimmt und von Werbemaßnahmen begleitet werden, um zu vermeiden, daß sich wie in der Vergangenheit die Hausbesitzer in der Hälfte der Neubaufälle für eine Heizölversorgung entscheiden.

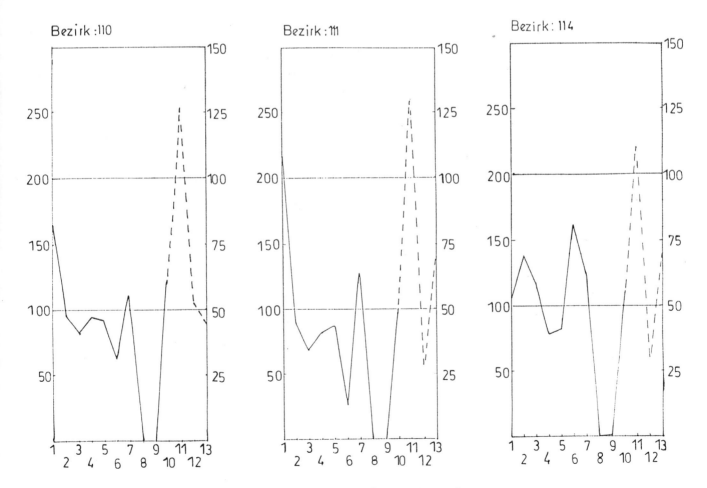

Abbildung 21: Datenprofile der Bezirke der ersten Prioritätsstufe

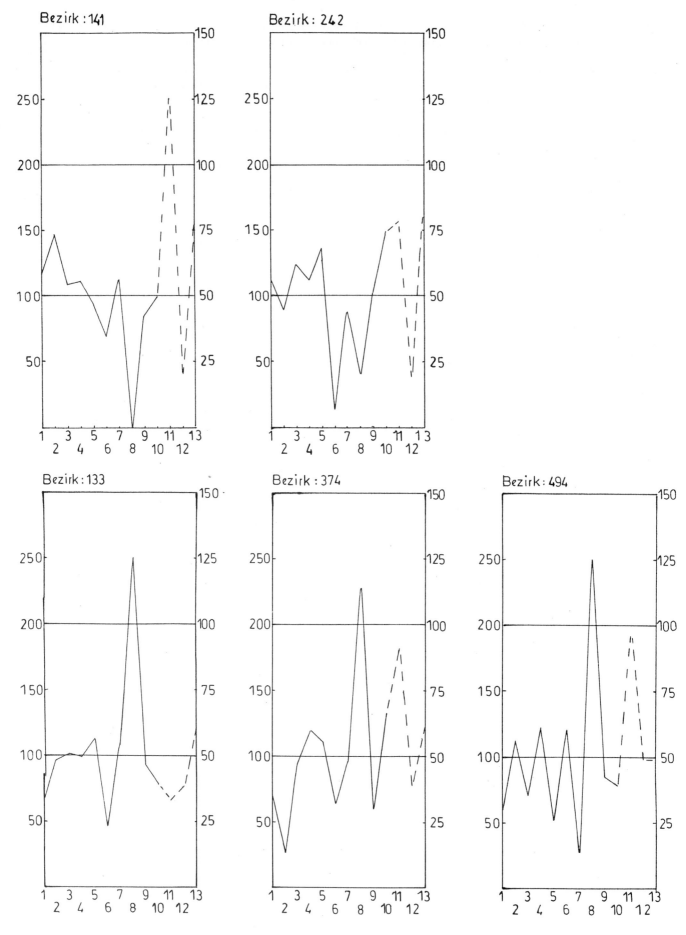

Abbildung 21 (Fortsetzung)

269 Heiderhof
Im Bezirk Heiderhof gewährleistet ein eigenes Heizwerk die Versorgung mit Wärme.

9.2.2 Zweite Prioritätsstufe

113 Vor dem Sterntor

Ausbauvorschlag: Beibehaltung der jetzigen Struktur der leitungsgebundenen Versorgung; behutsame Maßnahmen zum vermehrten Anschluß an die vorhandenen Netze.

Für den Bezirk Vor dem Sterntor gilt, daß eine ausreichende Wärmedichte für einen Ausbau der Fernwärme vorhanden ist und die Fernwärme außerdem ihren Beitrag zur erforderlichen Verbesserung der Wohn- und Umweltsituation leisten könnte. Die übrigen Strukturmerkmale legen jedoch ein behutsames Vorgehen nahe.

Die schwache Sozialstruktur, die hohe Zahl der Einzelöfen mit Kohlefeuerung, der Etagenheizungen, der Mietwohnungen und der Eigentümergemeinschaften lassen einen forcierten Anschluß an ein leitungsgebundenes Netz unmöglich erscheinen. Vom Neubau von Wohnungen und Infrastruktureinrichtungen usw. sind ebenfalls keine Impulse zu erwarten. Ein Erneuerungsbedarf der Heizungsanlagen besteht nicht in nennenswertem Umfange.

Eine im Bezirk Vor dem Sterntor notwendige Strategie ist durch den Anschluß an ein Erdgasnetz leichter zu verfolgen, beispielsweise durch die Einführung von Gasetagenheizungen. Außerdem besteht eine vollständige Erschließung des Bezirks mit Erdgas. Als unbefriedigend ist der Anschlußgrad der Wohngebäude an die leitungsgebundenen Netze von 41 Prozent zu bezeichnen.

In Anbetracht der Gesamtsituation in diesem Bezirk wird der Vorschlag gemacht, es bei dem jetzigen Ausbaustand der leitungsgebundenen Energieträger zu belassen und Maßnahmen zur Erhöhung des Anschlußgrades zu ergreifen.

119 Vor dem Koblenzer Tor

Ausbauvorschlag: wie Bezirk 113

Die Daten des Bezirkes 119 Vor dem Koblenzer Tor weichen nur geringfügig von denen des Bezirkes 113 Vor dem Sterntor ab.

Zwischen den Energieträgern Fernwärme und Erdgas ist eine klare Aufgabenteilung zu erkennen. Die Fernwärme übernimmt die Versorgung der öffentlichen Gebäude wie der Universitätsbibliothek, des Museums König und des Bundespräsidialamtes. Obwohl bei der Größe der Wohngebäude die Lieferung von Fernwärme auch möglich erscheint, bleibt dem Erdgas die Energiezuführung für die Haushalte überlassen.

Den Anteil (65 Prozent) der festen und flüssigen Energieträger hat das Erdgas trotz seines hundertprozentigen Ausbaus bislang kaum zurückdrängen können. Auf die Erschließung dieses auch wirtschaftlich sehr lohnenden Potentials müssen sich die Anstrengungen in der Zukunft richten.

118 Talviertel

Ausbauvorschlag: wie Bezirk 113

Das zu den beiden vorher behandelten Bezirken Gesagte trifft im wesentlichen auch auf das Bonner Talviertel zu. Dies gilt insbesondere für die Aufgabentrennung der Versorgung von Fernwärme und Erdgas. Ungeachtet des höheren Sozialstrukturniveaus und der damit zu erwartenden höheren Umstellungsbereitschaft und -fähigkeit der Bewohner blieb die Zahl der mit Erdgas belieferten Wohngebäude auf 40 Prozent beschränkt.

115 Ellerviertel

Ausbauvorschlag: Abbau der Versorgung mit zwei leitungsgebundenen Energieträgern in einzelnen Straßen zugunsten der Fernwärme; Erschließung des mit Kohle und Heizöl versorgten Potentials

Zur Struktur des Ellerviertels ist hervorzuheben, daß es mit 32,4 MW/qkm eine geringere Wärmedichte aufweist. Die soziale Stellung und die Finanzkraft der Bewohner ist wegen des hohen Prozentsatzes von Wohngeldempfängern und Nichtwählern als gering einzustufen. Charakteristisch ist das Zusammentreffen von niedriger Sozialstruktur und Sanierungsbedarf im Wohnbereich.

Als günstig für einen Strukturwandel kann angesehen werden, daß fast die Hälfte der Heizungssysteme zur Erneuerung ansteht. Außerdem halten Wohnungsunternehmen und öffentliche Hände einen etwa gleich großen Besitzanteil von je 19 Prozent an den Wohngebäuden. Wie in beinahe allen zentrumsnahen Bezirken liegt die Luftbelastung über dem Bonner Durchschnitt.

Es bedarf einer eingehenderen Untersuchung, ob in den Straßenzügen, in denen sowohl Erdgas- als auch Fernwärmerohre liegen, ein Abbau der Doppelversorgung zugunsten der Fernwärme möglich ist. Falls diese Maßnahme, wie auch die Verdrängung des 49-prozentigen Versorgungsanteils von Kohle und Heizöl durch Erdgas zu Mietsteigerungen führen, sind als Konsequenzen entweder eine höhere Subventionierung oder die erzwungene Abwanderung eines Teils der Bevölkerung zu erwarten.

132 Neu-Tannenbusch

Ausbauvorschlag: Ausbau der vorhandenen Erdgasversorgung; Anschluß der geplanten Wohnbebauung an das Fernwärmenetz der Stadtwerke oder eine eigene zentrale Versorgung

Im Bereich Neu-Tannenbusch sind bereits alle Objekte mit hohem Wärmeanschlußwert an das Fernwärmenetz angeschlossen. Es sollte in den nächsten Jahren der Versuch unternommen werden, die jeweils 13 Prozent der Wohnhäuser, deren Wärmebedarf durch Kohle bzw. Heizöl gedeckt wird, auf Erdgas umzustellen. Eine Erdgasversorgung steht zur Zeit in etwa 30 Prozent der Anliegerstraßen zur Verfügung.

825 Wohneinheiten befinden sich in der Planung. Diese umfangreiche Neubebauung eignet sich vom wirtschaftlichen Standpunkt aus gesehen mit einer Geschoßflächenzahl von ca. 0,6 für einen Anschluß an das Fernwärmenetz der Stadtwerke Bonn oder eine eigene zentrale Wärmeversorgung in Form eines Blockheizkraftwerkes.

134 Auerberg

Ausbauvorschlag: Aufbau eines Wärmenetzes für die mit Heizöl versorgten großen Mietshäuser und die verdichtete Neubebauung; längerfristiger Ersatz von Kohle und Heizöl durch Erdgas bei den übrigen Wohngebäuden.

Die Wärmedichte im Bezirk Auerberg reicht insgesamt gesehen für eine zentrale Wärmeversorgung nicht aus. Gebäude der sozialen Infrastruktur sind nur in geringem Umfange vorhanden. Planungen für größere Gebäude bestehen weder in den Bereichen soziale Infrastruktur, noch in den Bereichen Industrie und Zentrenausbau.

Die existierenden Wohngebäude lassen sich in zwei Kategorien einteilen. Einerseits sind die großen Mietshäuser im Besitz von Wohnungsgesellschaften zu nennen, deren Bewohner meist niedrigeren sozialen Schichten angehören. Ein Teil dieser Häuser wird mit Heizöl beheizt. Die zweite Kategorie bilden andererseits kleine Einfamilienhäuser im Eigenbesitz mit einem beträchtlichen Anteil an Kohleheizungen. Sie wirken sich nachteilig auf die Umweltsituation aus. In über der Hälfte der Wohngebäude dürfte alsbald aus Altersgründen der Austausch der Heizkessel notwendig sein. Da hierzu auch die großen Mietshäuser ohne Erdgasversorgung gehören, ergibt sich in diesem Fall die Gelegenheit, für sie eine Nahwärmeversorgung einzurichten. An dieses Netz könnten auch die 1.000 Wohneinheiten in verdichteter Bauweise angeschlossen werden, die in der unmittelbaren Nähe geplant sind.

Im übrigen sollte längerfristig der Ersatz von Kohle und Heizöl durch Erdgas angestrebt werden.

254 Bad Godesberg-Nord

Ausbauvorschlag: Ausbau der vorhandenen Erdgasversorgung und Maßnahmen zur Erhöhung des Anschlußgrades

Die auf den ersten Blick gleichartigen Strukturen der Bezirke Auerberg und Bad Godesberg-Nord unterscheiden sich in einigen wesentlichen Punkten.

Im zum größten Teil aus Industriegelände bestehenden Bezirk Bad Godesberg-Nord bestehen keine Planungen für Wohngebäude. Die Industrieerweiterungen nehmen nicht die Bedeutung ein, die der Wohnungsneubau für den Bezirk Auerberg besitzt. Wohnungsunternehmen treten in Bad Godesberg-

Nord weit weniger als Besitzer in Erscheinung mit der Folge, daß der Anteil großer Mietshäuser niedriger liegt.

Eine Parallele zeigt sich im Vorhandensein von Einfamilienhäusern, deren Wärmeversorgung überwiegend auf Kohle und Heizöl basiert und deren Ausstattung lediglich aus Einzelofenheizungen besteht.

Aus dem Gesamtbild des Bezirks Bad Godesberg-Nord leitet sich der Vorschlag ab, die vorhandene Erdgasversorgung weiter auszubauen und Schritte für einen verstärkten Anschlußgrad zu ergreifen. Wegen der vorhandenen Struktur ist es angebracht, die Umstellung der Heizungsanlagen durch flankierende Maßnahmen wie Subventionen, verbilligte Kredite zu erleichtern.

267 Mehlem-Rheinaue
Ausbauvorschlag: Weiterer Ausbau des Erdgasnetzes; Bereitstellung von Geldmitteln zur vorzeitigen Umstellung der Heizungsanlagen

Der Bezirk Mehlem-Rheinaue findet sich vor allem deshalb unter der zweiten Prioritätsstufe, weil die Verlegung eines leitungsgebundenen Energieträgers aufgrund der Wärmedichte von 34,2 MW/qkm als lohnend und wegen der schlechten Umweltsituation als dringend vonnöten erscheint.

Ausbaustand und Versorgungsgrad mit Erdgas sind nicht besonders weit entwickelt. Nur in rd. 20 Prozent der Wohngebäude ist mit einer Erneuerung der Heizungsanlagen in nächster Zukunft zu rechnen. Um alsbald auch unter dem Gesichtspunkt einer gebotenen Verbesserung der Wohnsituation zu einem verstärkten Einsatz von Erdgas zu kommen, ist es erforderlich, nicht nur Mittel für einen weiteren Ausbau des Erdgasnetzes, sondern auch für die vorzeitige und beschleunigte Umstellung der Heizungssysteme zur Verfügung zu stellen. Insbesondere die Wohnungsunternehmen bieten sich hierbei als Ansprechpartner an.

371 Beuel-Zentrum
Ausbauvorschlag: Maßnahmen zum verstärkten Anschluß der Wohngebäude an das Erdgasnetz

Eine Situation, die der des vorigen Falles sehr ähnelt, findet sich im Beueler Zentrum. Bis auf einige wenige Ausnahmen sind allerdings alle Straßen mit Erdgasrohren versehen.

30 Prozent der Heizungsanlagen stehen zur Auswechslung an. Es sollte durch verstärkte Werbeaktivitäten die Möglichkeit genutzt werden, im Verlaufe dieses Prozesses den 60-prozentigen Anteil von Kohle und Heizöl zu reduzieren.

373 Beuel-Ost
Ausbauvorschlag: wie Bezirk 371; Anschluß des Wohnungs- und Industrieneubaus an das Erdgasnetz

Die Bedingungen im benachbarten, von Industrie geprägten Bezirk Beuel-Ost sind insofern günstiger, als zu den Aussichten auf die Substitution von Kohle- und Ölheizungen bestehender Wohngebäude die Chance der Versorgung 800 neuer Wohneinheiten mittlerer Dichte (80-100 EW/ha) und einer Vielzahl von Industrie- und Gewerbeneubauten hinzukommt. Die überdurchschnittliche Zahl von Ausländern, wohngeldempfangender Haushalte und Nichtwählern lassen auf ein niedrigeres soziales Niveau schließen. Die Umstellung der Heizungssysteme auf Erdgas darf daher für die Kunden nicht zu kostspielig ausfallen, um einen Erfolg nicht zu gefährden. Es sollte in Erwägung gezogen werden, für einen bestimmten Zeitraum die Anschlußgebühren zu senken oder auf sie zu verzichten.

266 Lannesdorf
Ausbauvorschlag: Weiterer Ausbau der Erdgasversorgung; Anschlußförderungsmaßnahmen

Ein weiterer Ausbau der Erdgasversorgung bietet sich in Lannesdorf an. Der Bezirk ist bereits zur Hälfte durch ein Erdgasnetz erschlossen. Vom wirtschaftlichen Standpunkt aus gesehen dürften sich bei einer Wärmeanschlußdichte von 36 MW/qkm keine Probleme ergeben.

Da Neubauten in keinem nennenswerten Umfange geplant sind, wird es darauf ankommen, die zum überwiegenden Teil selbstnutzenden Hauseigentümer bei der anstehenden Erneuerung der Heizungsanlagen für eine Umstellung ihrer Ölzentralheizungen auf Erdgas zu gewinnen. Das hierbei zu erschließende Potential liegt bei 65 Prozent der Haushalte, während der Anteil des Erdgases derzeit noch unter dem der Kohle von 19 Prozent liegt.

Hinzuweisen ist auf die für Bonner Verhältnisse außergewöhnlich starke Schadstoffkonzentration in Lannesdorf.

496 Duisdorf-Nord
Ausbauvorschlag: wie Bezirk 373

Sozial- und Besitzstruktur sowie Ersatzbedarf der Heizungsanlagen sind ähnlich gelagert wie im Bezirk Lannesdorf. Für den kleinen Bezirk Duisdorf-Nord bedeutet der Neubau von 600 Wohneinheiten eine starke Zunahme des Wärmebedarfes und Anschlußwertes, der mit 37,2 MW/qkm jetzt bereits eine beachtliche Höhe aufweist. Hinzu kommen außerdem neue Verwaltungsgebäude bzw. nicht störende Gewerbebetriebe.

Dies alles trägt zu einer außerordentlich günstigen Gesamtsituation für die Ausdehnung der Erdgasversorgung bei.

492 Finkenhof
Im Bezirk Finkenhof besteht schon eine zentrale Wärmeversorgung. Als Wärmequelle dient das mit Erdgas betriebene Heizwerk Hardtberg.

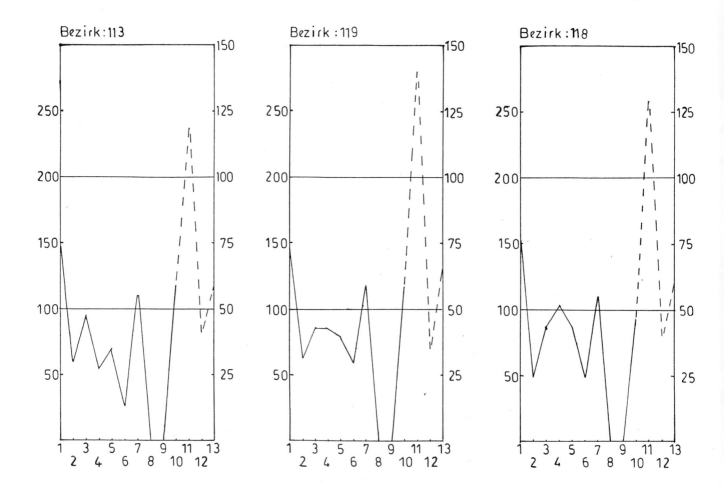

Abbildung 22: Datenprofile der Bezirke der zweiten Prioritätsstufe

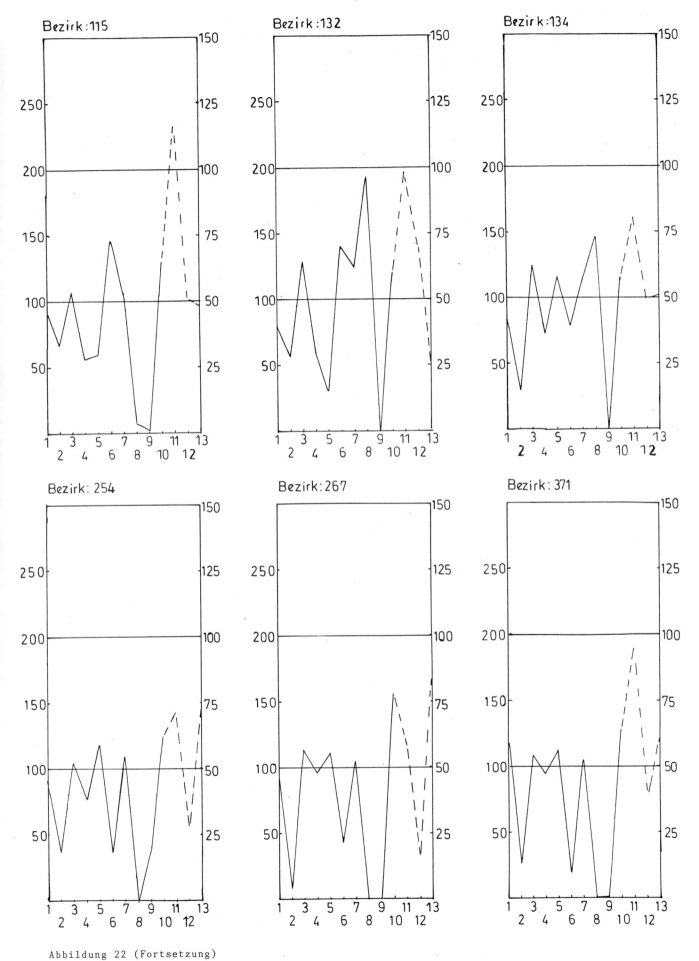

Abbildung 22 (Fortsetzung)

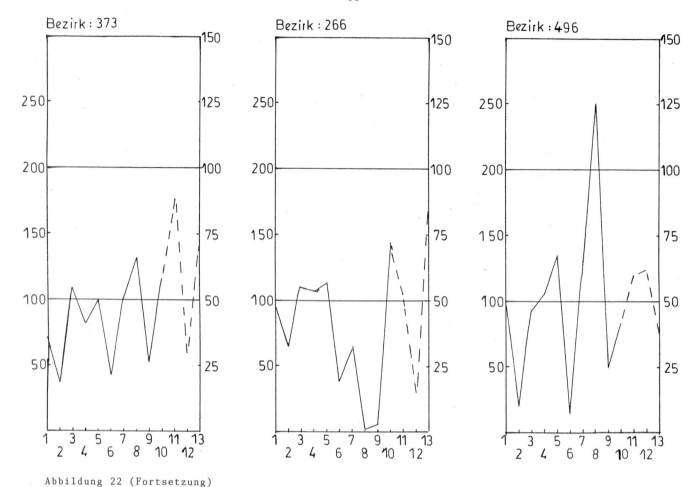

Abbildung 22 (Fortsetzung)

9.2.3 Dritte Prioritätsstufe

112 Wichelshof

Ausbauvorschlag: Ausbau der schon vorhandenen Fernwärmeversorgung im Wohnbereich; Abbau der Doppelversorgung von Erdgas und Fernwärme; Maßnahmen zur Erschließung des hohen, von Erdöl und Kohle versorgten Potentials.

Die Situation im Bezirk Wichelshof ist mit der im Bezirk 110 Zentrum-Rheinviertel am ehesten vergleichbar. Durch die geringere Wärmedichte, Umweltbelastung, aber auch durch den niedrigeren Anteil der öffentlichen Gebäude am gesamten Wärmebedarf sind Dringlichkeit und Gunst für eine Fernwärmeversorgung niedriger einzustufen. Die vorgenommene Gewichtung der Indikatoren bzw. Ziele, die ja eine Betonung der wirtschaftlichen Versorgungsgunst und des Umweltschutzes zum Ergebnis hat, verhindert einen völligen Ausgleich durch einen günstigeren Anteil von Hochhäusern.

Auch nach der Durchführung von Energiesparmaßnahmen ist die verbliebene Wärmedichte für eine zentrale Wärmeversorgung ausreichend. Wie für andere zentrumsnahen Bezirke, so gilt ebenfalls für den Bezirk Wichelshof, daß trotz des hohen Ausbaustandes der leitungsgebundenen Energieträger Kohle und Heizöl bei 50 Prozent der Wohngebäude die Energiegrundlage bilden. Nur bei ca. zwölf Prozent der Wohngebäude basiert die Energieversorgung auf Fernwärme.

117 Baumschulviertel

Ausbauvorschlag: wie Bezirk 112

Eine im Vergleich zum Bezirk Wichelshof fast identische Datenlage - vor allem was Wärmedichte, Luftbelastung und Ausbaustand von Erdgas und Fernwärme betrifft - ist im Baumschulviertel festzustellen. Der Versorgungsgrad mit Erdgas (44 Prozent), Fernwärme (zwei Prozent), Kohle (15 Prozent) und Heizöl (39 Prozent) bewegt sich ebenfalls in der gleichen Größenordnung.

Liegt die Bewertung für den Bezirk Wichelshof gegenüber dem Baumschulviertel bei der Gebäudestruktur und dem Besitzanteil von Wohnungsunternehmen usw. höher, so tritt der umgekehrte Fall bei der Bevölkerungs- und Sozialstruktur bzw. den selbstnutzenden Eigentümern auf.

260 Friesdorf
Ausbauvorschlag: Weiterer Ausbau der vorhandenen Erdgasversorgung
Von den restlichen Bezirken der dritten Prioritätsstufe kommt wiederum der Datensituation des Baumschulviertels die des Bezirks Friesdorf am nächsten. Die insgesamt nur mäßig günstigen Strukturdaten weichen lediglich in geringem Maße (bei den Gebäudestrukturdaten) voneinander ab.

Die Wärmeanschlußdichte in Friesdorf ist allerdings mit 34,4 MW/qkm bei künftig abnehmender Tendenz und fehlendem Neubau für eine zentrale Wärmeversorgung ungeeignet. Auf der anderen Seite bedarf die starke Belastung der Luft mit Schadstoffen dringend einer Reduzierung.

Es gilt folglich, den vorhandenen Versorgungsanteil des Erdgases von 40 Prozent weiter zu vergrößern.

265 Pennenfeld
Ausbauvorschlag: wie Bezirk 260; Aufbau einer zentralen Wärmeversorgung für die öffentlichen Gebäude im südlichen Teil des Bezirks.
Die Dringlichkeit der Umweltentlastung ist gleichfalls im Bezirk Pennenfeld gegeben, wenn auch nicht in der gleichen Stärke wie im vorhergehenden Falle. Sozusagen als Ausgleich dafür besitzt der Bezirk Pennenfeld eine hohe Wärmedichte, die sich zum einen von der Struktur der Wohngebäude mit durchschnittlich 3,2 Haushalten herleiten läßt. Sie resultiert zum anderen aus dem mit 10.600kW beträchtlichen Anschlußanteil großer öffentlicher Gebäude.

Als negative Faktoren fallen der geringe Erneuerungsbedarf der Heizungsanlagen, die nachteiligen Besitzverhältnisse und die hohe Zahl von Einzelofen- oder Etagenheizungen auf Kohlebasis ins Gewicht.

Es ist daher denkbar, für die im südlichen Teil des Bezirks Pennenfeld befindlichen Gebäude im Besitz der öffentlichen Hand, d. h. die verschiedenen Schulen und Bundesdienststellen und außerdem für die großen Wohngebäude mit sechs und mehr Parteien in deren Nachbarschaft mit einem Blockheizkraftwerk eine zentrale Wärmeversorgung aufzubauen. Für die übrige Wohnbebauung ist es angebracht, auf einen weiteren Ausbau der Erdgasversorgung zu setzen, da sie sich der dort gegebenen Gebäudestruktur besser als die Fernwärme anzupassen vermag.

135 Grau-Rheindorf
Ausbauvorschlag: Anschluß der geplanten Wohnbebauung an das zentrale Wärmeversorgungsnetz des Bezirkes 134 Auerberg; Verdrängung von Kohle und Heizöl durch Erdgas in der bestehenden Wohnbebauung.
In Grau-Rheindorf ist - wie schon bei mehreren anderen Bezirken - die Tatsache zu beobachten, daß einer fast vollständigen Erschließung des Bezirks mit Erdgasrohren ein Anschlußgrad der Wohngebäude von lediglich 29 Prozent gegenübersteht. Dies hat seinen Grund einerseits in einer mangelnden Umstellungsbereitschaft und Umstellungsfähigkeit der Wohnbevölkerung, andererseits in einer für die Änderung des Heizungssystems ungünstigen Altersstruktur der Gebäude.

Nahwanderungsbilanz und Raumausstattung deuten darauf hin, daß die Wohnverhältnisse nicht in ausreichendem Maße den gewünschten Bedingungen entsprechen. In diesem Zusammenhang ist auch die Luftverschmutzung in Grau-Rheindorf zu sehen, die wiederum mit dem starken Einsatz (ca. 68 Prozent) fester und flüssiger Brennstoffe zu Heizzwecken in Verbindung steht.

Als Vorschlag leitet sich aus der gegebenen Situation ab, das Erdgasnetz im Bereich der bestehenden Bebauung - eventuell bei Maßnahmen zur Verkehrsberuhigung - auszubauen und im Rahmen der Verbesserung der Wohnverhältnisse für einen höheren Anschlußgrad zu sorgen. Für die geplanten 550 Wohneinheiten besteht die Möglichkeit, eine Verbindung zu dem zentralen Wärmeversorgungsnetz des benachbarten Bezirks 134 Auerberg herzustellen.

136 Dransdorf

Ausbauvorschlag: Weiterer Ausbau der vorhandenen Erdgasversorgung, vor allem Anschluß der Industrieneubauten

Was den Bezirk Dransdorf betrifft, so ist seine Struktur allgemein für die Erweiterung leitungsgebundener Energieträger gegenüber Grau-Rheindorf als ungünstiger, die Verbesserung der Wohnverhältnisse als dringlicher zu bezeichnen. Obwohl sich über ein Drittel der Wohngebäude im Besitz von Wohnungsunternehmen und der öffentlichen Hand befindet, ist eine Weiterentwicklung der Fernwärmeversorgung wenig aussichtsreich.

Vor allem für die umfangreichen Industrieneubauten sollte man eine Erdgasversorgung vorsehen, zumal sich dieser Energieträger neben der Verwendung zu Heizzwecken sehr gut zur Erzeugung von Prozeßwärme eignet.

120 Neu-Endenich

Ausbauvorschlag: Anschlußerhöhung an das bestehende Erdgasnetz

Die Bedingungen für einen Einsatz der Fernwärme stellen sich auf den ersten Blick in Neu-Endenich mit einer Wärmeanschlußdichte von 37,3 MW/qkm günstig dar. Sie kommt jedoch durch die zahlreichen Universitätsinstitute zustande, die bereits mit Fernwärme versorgt sind. Die Wohngebäude muß man mit durchschnittlich 2,4 Haushalten für eine zentrale Wärmeversorgung als zu klein bezeichnen.

Charakteristisch ist, daß die geringe Hausgröße mit einem hohen Niveau der Sozialstruktur und einem über 80-prozentigen Anteil selbstnutzender Hauseigentümer einhergeht.

Da sich ein Bedarf zeigt, die Wohn- bzw. Umweltverhältnisse zu verbessern und über 40 Prozent der Heizungsanlagen zu erneuern, ist hier die Chance der Erhöhung des Anschlußgrades an das bestehende Erdgasnetz zu nutzen.

125 Venusberg

Ausbauvorschlag: wie Bezirk 120

Desgleichen sind die Strukturdaten der Bezirke Neu-Endenich und Venusberg in vielen Fällen ähnlich. Auch auf dem Venusberg erreicht die durchschnittliche Zahl der Haushalte pro Wohngebäude nur den Wert 2,4. Nicht typisch zu nennen ist dabei der Besitzanteil der Wohnungsunternehmen und der öffentlichen Hand von insgesamt 60 Prozent. Die Erklärung dafür liegt im Nebeneinander von Ein- und Zweifamilienhäusern und Wohngebäuden mit sechs und mehr Parteien.

Die Möglichkeit des Anschlusses der größeren Wohnkomplexe an ein Fernwärmenetz muß als unrealistisch bezeichnet werden. Ein großer Teil der Erdgasrohre liegt erst einige wenige Jahre und die Alters- und Heizungsstruktur (Etagenheizungen) der Wohngebäude bieten keine nennenswerten Umstellungsmöglichkeiten.

251 Bad Godesberg-Zentrum

Ausbauvorschlag: wie Bezirk 120

Die zuletzt genannten Argumente können gleichermaßen für den Verzicht des Ausbaus eines Fernwärmenetzes im Bad Godesberger Zentrum - trotz einer Wärmedichte von 88,4 MW/qkm - herangezogen werden. Vielmehr ist, wie im Falle des Bezirkes 120 Neu-Endenich, die derzeit geringe Anwendung des Erdgases in lediglich 38 Prozent der Wohngebäude zu bemängeln.

268 Obermehlem

Ausbauvorschlag: Weiterer Ausbau der Erdgasversorgung

Obermehlem weist die für einen Randbezirk bezeichnende Struktur auf. Darunter ist eine geringe Wärmedichte aufgrund einer entsprechend großen Zahl von Ein- und Zweifamilienhäusern, ein hohes Sozialstrukturniveau sowie ein überwiegender Anteil selbstnutzender Hauseigentümer zu verstehen. Die Rate der neu errichteten Wohngebäude ist sehr bedeutend, ebenso wie die der Zentralheizungen. Allerdings vermietet ein Viertel aller Besitzer seine Häuser.

Obermehlem zeichnet sich durch eine starke Luftbelastung aus. Staubniederschlag und Schwefeldioxidimmissionen sind nicht allein durch die Nähe zum Industriegelände in 266 Lannesdorf zu erklären. Kohle und Heizöl mit einem 70-prozentigen Anteil an der Heizenergie leisten dazu einen beträchtlichen Beitrag.

Um die Erneuerung der Heizungsanlagen, die bei ca. 30 Prozent der Wohngebäude in nächster Zukunft erfolgt, in größerem Umfange für eine Umstellung auf Erdgas nutzen zu können, ist eine Erweiterung des Leitungsnetzes erforderlich.

385 Oberkassel
Ausbauvorschlag: wie Bezirk 268
Oberkassel ist wesentlich stärker als Obermehlem von einem alten Ortskern geprägt. Dies drückt sich im Verhältnis der bis 1948 errichteten zur Gesamtzahl der Wohngebäude von 56 Prozent in Oberkassel gegenüber 27 Prozent in Obermehlem aus. Dementsprechend höher liegt in Oberkassel der Anteil der Etagen- bzw. Einzelofenheizungen und der sozial schwächeren Bevölkerung. Die Raumausstattung ist unterdurchschnittlich. Die schwierige Situation im Ortskern findet aber einen Ausgleich im Neubau von insgesamt 560 Wohneinheiten.

Im übrigen geht es in Oberkassel wiederum um die Erhöhung des Erdgasanschlußgrades von derzeit 40 Prozent, vor allem zur Entlastung der Luft von Schadstoffen.

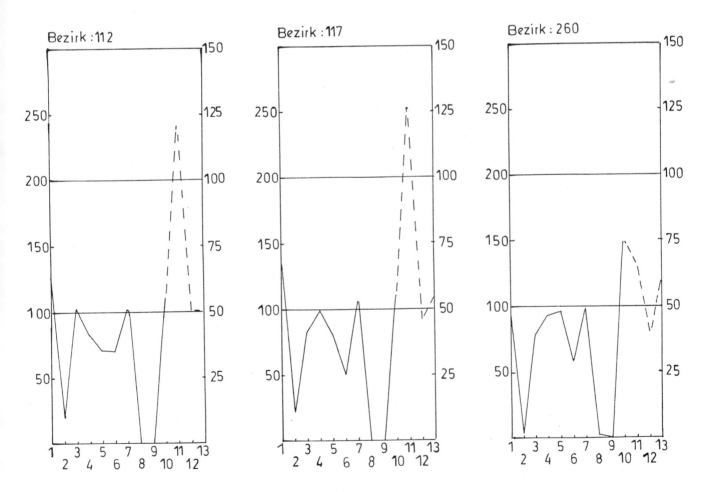

Abbildung 23: Datenprofile der Bezirke der dritten Prioritätsstufe

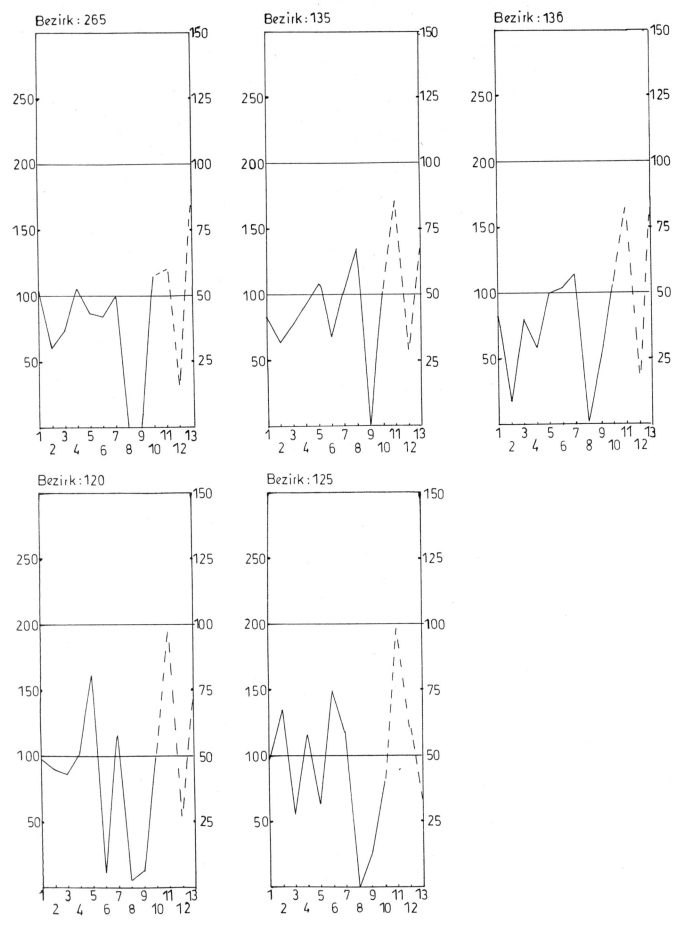

Abbildung 23 (Fortsetzung)

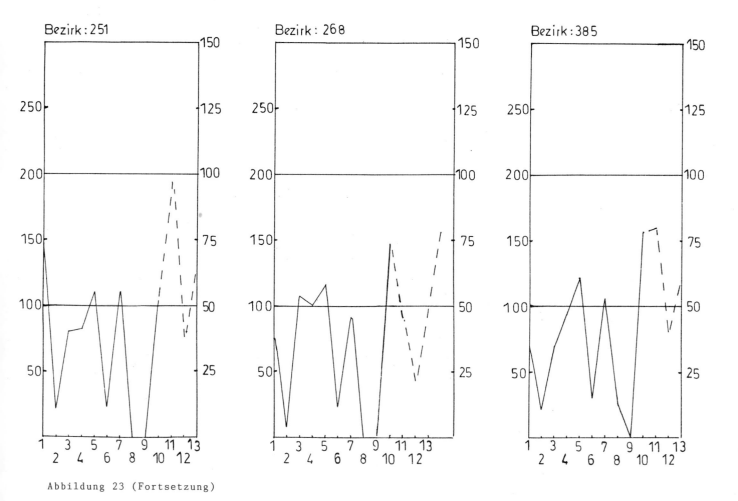

Abbildung 23 (Fortsetzung)

9.2.4 Ohne Ausbaupriorität

Auch wenn die Bedingungen bzw. die Notwendigkeit für den Ausbau der leitungsgebundenen Energieträger in den mit der Bezeichnung 'ohne Prioritätsstufe' versehenen Bezirken nicht so hoch einzuschätzen und die vorhergenannten Maßnahmen in Zeiten knapper Geldmittel vorzuziehen sind, so bedeutet dies jedoch nicht, daß hier keine umweltschonenden und rationellen Maßnahmen der Energieverwendung ergriffen werden sollten.

Aus Gründen der Übersichtlichkeit erfolgt eine Zusammenfassung der 29 Bezirke dieser Kategorie in sechs Gruppen ähnlicher Struktur und vergleichbaren Ausbaustandes der leitungsgebundenen Energieträger.

Gruppe 1

116 Güterbahnhof; 131 Alt-Tannenbusch

Ausbauvorschlag: Substitution von Kohle und Heizöl bei den Einfamilienhäusern

Maßnahmen im Bezirk 116 Güterbahnhof sind nicht erforderlich, da bereits alle industriellen Gebäude mit Fernwärme sowie alle Wohngebäude mit Erdgas beliefert werden.

Während im Bezirk 131 Alt-Tannenbusch die vorhandenen Mehrparteienhäuser einen Anschluß an das Fernwärmenetz der Stadtwerke besitzen, herrscht bei den Ein- und Zweifamilienhäusern noch die Beheizung mit Kohle und Heizöl vor. Eine Verdrängung dieser Brennstoffe ist ohne einschneidende Fördermaßnahmen nur langfristig möglich, obwohl ein solcher Prozeß aus der Sicht der Entlastung der Luft von Schadstoffen und der Verbesserung der Wohnbedingungen wünschenswert wäre.

Gruppe 2
493 Medinghoven; 497 Neu-Duisdorf
Ausbauvorschlag: wie Gruppe 1
Da in beiden Fällen die Mehrparteienhäuser und öffentlichen Gebäude schon über eine leitungsgebundene Energieversorgung verfügen, gilt es auch hier, den Beitrag der festen und flüssigen Brennstoffe im Bereich der Einfamilienhäuser zu vermindern. Er beläuft sich in 493 Medinghoven auf 25 Prozent, in 497 Neu-Duisdorf noch auf 56 Prozent. Die Schadstoffbelastung der Luft liegt weit unter dem städtischen Durchschnitt, so daß ein Vorrang der Maßnahmen nicht ableitbar ist.

Gruppe 3
121 Alt-Endenich; 122 Poppelsdorf; 123 Kessenich; 124 Dottendorf; 253 Schweinheim; 255 Bad Godesberg-Villenviertel; 262 Alt-Plittersdorf; 263 Rüngsdorf; 264 Muffendorf; 491 Duisdorf-Zentrum
Ausbauvorschlag: Anschlußerhöhung im Wohnbereich an die bestehenden Erdgasnetze
Die Bezirke der Gruppe 3 sind in der Nähe der Stadtteilzentren Bonn und Bad Godesberg zu finden bzw. bilden im Falle des Bezirkes 491 Duisdorf-Zentrum selbst den Mittelpunkt eines Stadtteiles. Dementsprechend liegen die Werte der Wärmeanschlußdichte in der Regel über 30 MW/qkm. Mit Ausnahme des Bezirkes 122 Poppelsdorf, der einige fernwärmeversorgte Universitätsinstitute aufweist, werden die hohen Werte nicht durch öffentliche Gebäude hervorgerufen. Sie sind nur in einem für die Grundversorgung der Bevölkerung üblichen Maße vorhanden. Die hohen Werte resultieren vielmehr aus einer verdichteten Wohnbebauung mit Mehrparteienhäusern.

Trotzdem überwiegt bei der Eigentümerstruktur die Zahl der Fälle, in denen der Besitzer selbst im Hause wohnt. Wohnungsunternehmen spielen lediglich in 263 Rüngsdorf eine größere Rolle. Das Niveau der Sozialstruktur kann als überdurchschnittlich bezeichnet werden.

Das Alter der mehrheitlich vor 1918 und/oder in den Jahren nach dem zweiten Weltkrieg errichteten Wohngebäude läßt darauf schließen, daß der Erneuerungsbedarf der Heizungsanlagen gering ist. Die Wohnverhältnisse sind jedoch verbesserungswürdig, was sich wohl auch auf die Altersstruktur der Häuser und die Verkehrsbelastung der zentrumsnahen Wohnbereiche zurückführen läßt.

Die Luftbelastung liegt im allgemeinen knapp unterhalb der in Bonn üblichen Werte. Die Heizungsstruktur der Bezirke des Stadtteils Bonn sowie die Bad Godesberger Bezirke 255 Villenviertel und 262 Alt-Plittersdorf ist geprägt durch einen hohen Prozentsatz an Etagen- und Einzelofenheizungen mit Kohlebefeuerung. In den übrigen Bezirken herrscht bei den Wohngebäuden die Versorgung mit Heizöl vor, so daß trotz einer vollständigen Ausstattung der Anliegerstraßen mit Erdgasrohren eine entsprechende Beheizung lediglich in einem Drittel der Fälle erfolgt.

Auf längere Sicht ist daher der Erdgasanteil an der Deckung des wirtschaftlich attraktiven Wärmebedarfes zu erhöhen.

Gruppe 4
137 Lessenich-Meßdorf; 252 Bad Godesberg-Kurviertel; 261 Neu-Plittersdorf; 388 Holtdorf
Ausbauvorschlag: Erweiterung des vorhandenen Erdgasnetzes und Erhöhung des Anschlußgrades; Aufbau eines zentralen Wärmeversorgungsnetzes in einem Teilbereich des Kurviertels.
Der durchschnittliche Wert der Wärmeanschlußdichte von 29,7 MW/qkm liegt gerade an der Grenze einer wirtschaftlichen Fernwärmeversorgung. Mit seinem Absinken infolge von Energiesparmaßnahmen ist in den nächsten Jahren zu rechnen, zumal der Neubau von Wohnungs- und anderer Gebäude als Ausgleich nicht erwartet werden kann. Abweichungen zur Gruppe 3 sind ferner darin zu sehen, daß - aufgrund der überwiegend jungen Bebauung nach 1968 - die Indikatoren gute Wohnverhältnisse ausweisen.

Jeweils über die Hälfte der Bezirke ist durch ein Erdgasnetz erschlossen. Der Versorgungsgrad mit Erdgas schwankt zwischen zwei Prozent in 388 Holtdorf und 45 Prozent in 137 Lessenich-Meßdorf. Umgekehrt beträgt der Anteil des Heizöls 81 bzw. 31 Prozent. Da in allen Bezirken außerdem noch ein Kohleanteil von ca. 20 Prozent hinzukommt, beruht die Wärmeversorgung in den Bezirken der Gruppe 4 überwiegend auf festen und flüssigen Brennstoffen.

In den letzten 15 Jahren verpaßte man weitgehend die Möglichkeit der Erreichung eines höheren Anschlußgrades an das Erdgasnetz. Es bleibt nunmehr lediglich der mühsame Weg des Ausbaus der Erdgasversorgung im vorhandenen, ungünstig strukturierten Wohnungsbestand. Eine Ausnahme bildet das 252 Bad Godesberger Kurviertel. Hier ermöglichen die zahlreichen, nahe beieinander liegenden öffentlichen Gebäude wie Kurfürstenbad, Bezirksverwaltung, Redoute, Stadthalle usw., die insgesamt über 11.000 kW Wärmeanschlußleistung verfügen, in einem Teilbereich des Kurviertels die Errichtung eines Blockheizkraftwerkes mit dazugehörigem Versorgungsnetz.

Gruppe 5

372 Vilich-Rheindorf; 381 Geislar; 382 Vilich-Müldorf; 384 Li-Kü-Ra (Limperich, Küdinghoven, Ramersdorf)

Ausbauvorschlag: Erhöhung des Anschlußgrades der Erdgasversorgung in der bestehenden Bebauung; Ausbau des Netzes im Bereich des künftigen Wohnungsbaus.

Die Gruppe 5 umfaßt Randbezirke des Stadtteils Beuel. Der Beitrag des Erdgases zur Wärmeversorgung im Wohnbereich bewegt sich je nach Bezirk um die 40-Prozent-Marke. Eine Beitragserhöhung ist hier - wie bei der Gruppe 4 - nur langfristig zu verwirklichen.

Die Genehmigungen für den Bau der insgesamt vorgesehenen 2.700 Wohneinheiten sollten nicht erteilt werden, ohne eine Erdgasversorgung anbieten zu können. Es besteht darüber hinaus für den Bezirk 384 Li-Kü-Ra die Möglichkeit, die zu bauenden 200 Wohneinheiten mittlerer Dichte vom benachbarten 374 Beuel-Süd aus zentral mit Wärme zu versorgen.

Gruppe 6

126 Ippendorf; 127 Röttgen; 128 Ückesdorf; 383 Pützchen-Bechlinghoven; 386 Holzlar; 387 Hoholz; 495 Lengsdorf

Ausbauvorschlag: Ausbau des Elektrizitätsnetzes für die Nutzung regenerativer Energiequellen

In den Bezirken der Gruppe 6, die an den Rändern der Stadtteile Bonn und Beuel zu finden sind, beträgt die Wärmeanschlußdichte im Mittel 18 MW/qkm. Sie erreicht damit in Bonn ihren tiefsten Stand.

Charakteristisch für die Struktur der Bezirke dieser Gruppe ist die hohe Rangstufe der Sozialstruktur, die weitaus überwiegende Zahl der selbstnutzenden Eigentümer in Ein- und Zweifamilienhäusern (1,9 Haushalte pro Wohngebäude) sowie die geringe Luftbelastung.

Zwischen 30 und 50 Prozent der Wohnhäuser stammen aus den Jahren 1961 bis 1968. In ihnen steht in der nächsten Zeit die Auswechslung der Heizungskessel und Brenner an.

Die Erschließung mit Erdgas hat nur in einem Bezirk einen größeren Umfang erreicht. Sie erscheint wirtschaftlich als wenig lohnend. Es wird daher der Vorschlag unterbreitet, das Elektrizitätsnetz in den Bezirken der Gruppe 6 so weit auszubauen, daß mit Hilfe elektrisch betriebener Wärmepumpen regenerative Energiequellen wie der Wärmeinhalt der Luft oder des Bodens zur Nutzung gelangen.

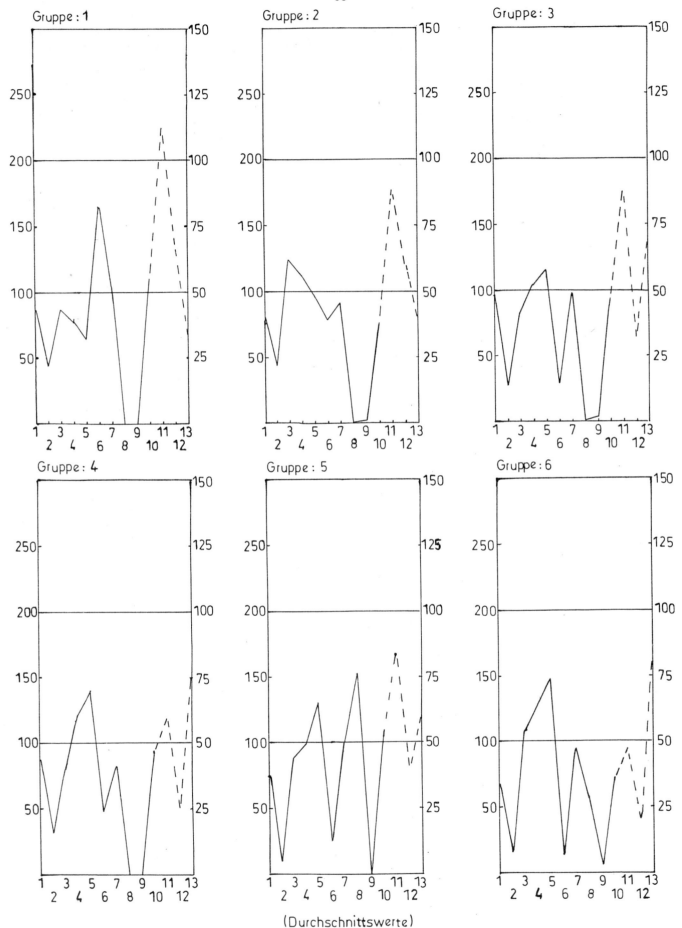

(Durchschnittswerte)

Abbildung 24: Datenprofile der Gruppen von Bezirken ohne Ausbaupriorität

9.3 Die Zusammenfassung und der Vergleich der Ergebnisse mit den Vorschlägen des 'Wärmeversorgungskonzeptes Bonn'

Einen Überblick über die vorgeschlagenen Ausbaumaßnahmen ohne Gliederung in Prioritätsstufen gibt Karte 14. Die aufgeführten Ziffern besitzen folgende Bedeutungen:

Nr. 1: Bereits mit zentraler Wärmeversorgung versehen oder vollständig mit Erdgas versorgt;

Nr. 2: Ausbau des Elektrizitätsnetzes zur Nutzung regenerativer Energiequellen;

Nr. 3: Maßnahmen zur Erhöhung der Anschlußquote an das bestehende Erdgasnetz;

Nr. 4: wie Nr. 3 und darüber hinaus die Erweiterung des Erdgasnetzes;

Nr. 5: Anschluß der Großgebäude und/oder des Wohnungsneubaus hoher Dichte an ein aufzubauendes Fernwärmenetz, Bemühungen um die Erhöhung der Anschlußquote der vorhandenen Wohngebäude an das Erdgasnetz;

Nr. 6: Maßnahmen zur Verstärkung des Versorgungsgrades durch die vorhandenen Fernwärme- und Erdgasnetze;

Nr. 7: Ausbau der vorhandenen Fernwärmeversorgung, Abbau der Doppelversorgung in Straßenzügen mit Erdgas und Fernwärme zugunsten der Fernwärme.

Zum Abschluß soll ein Vergleich der in der vorliegenden Arbeit gemachten Ausbauvorschläge mit den Konzeptvorschlägen des 'Wärmeversorgungskonzeptes Bonn' vorgenommen werden.[316]

Vorschlag A des Wärmeversorgungskonzeptes

Hierbei ist im wesenlichen eine Übereinstimmung hinsichtlich der Maßnahme A des Wärmeversorgungskonzeptes, nämlich der "Verdichtung der Fernwärmeanschlüsse im Fernwärmebereich der Stadtwerke"[317] festzustellen. Für die betroffenen Bezirke empfiehlt der Autor ebenfalls die Erhöhung der Zahl der Fernwärmeanschlüsse, zum Teil auch auf Kosten des Erdgases. In 122 Poppelsdorf und 131 Alt-Tannenbusch erscheint allerdings die Erweiterung der Fernwärmeversorgung über die angeschlossenen Großgebäude hinaus nicht sinnvoll.

Eine Anschlußverdichtung der Fernwärme wird einerseits durch das an der Karlstraße zu errichtende Müllheizkraftwerk, andererseits durch künftige Bedarfsreduzierungen und den Abbau überhöhter Anschlußkapazitäten[318] bei den derzeitigen Fernwärmekunden ermöglicht.

Vorschlag B

Eine Gleichartigkeit der Vorschläge zeigt sich ebenfalls bei Vorschlag B. Hierbei ist für das 242 Hochkreuz-Regierungsviertel ein Anschluß an das Fernwärmenetz der Stadtwerke Bonn vorgesehen. Einige wenige öffentliche Gebäude 261 Neu-Plittersdorfs wie das Bundesministerium für Verkehr, das Haus der Dt. Forschungsgemeinschaft usw. sollen darüber hinaus neu an ein zentrales Wärmeversorgungssystem angeschlossen werden.

Eine weitere Ausdehnung des Fernwärmenetzes der Stadtwerke auf die Bezirke 261 Neu- und 262 Alt-Plittersdorf empfiehlt sich wegen ihrer ungünstigen Gebäudestruktur mit hohem Anteil von Einzelofen- und Etagenheizungen sowie dem Ausbaustand des Erdgasnetzes nicht.

Vorschläge C und D

Im Wärmeversorgungskonzept Bonn wird der Vorschlag unterbreitet, über die Bezirke 121 Alt-Endenich und 124 Dottendorf eine Verbindung zwischen dem Fernwärmenetz der Stadtwerke Bonn und den bestehenden, inselartigen Wärmeversorgungsnetzen auf dem Venusberg bzw. dem Hardtberg herzustellen. Flächenhafte Erweiterungen des Fernwärmenetzes erscheinen ja auch insofern sinnvoll, als in den betreffenden Bezirken eine hohe Wärmeanschlußdichte zu verzeichnen ist und die erschließbaren heizöl- und kohleversorgten Potentiale jeweils ca. 70 Prozent betragen.

In der vorliegenden Arbeit wird jedoch dazu geraten, die Anschlußquoten an die bestehenden Erdgasnetze zu erhöhen. Es ist nämlich fraglich, ob die genannten Planungen des Wärmeversorgungskonzeptes angesichts einer fast gänzlichen Erschließung der Bezirke mit Erdgas aufrecht erhalten werden können. Die bislang getätigten, nicht amortisierten hohen Investitionen würden damit hinfällig.

Vorschläge E und F

Die Vorschläge E und F des Wärmeversorgungskonzeptes betreffen lediglich die Nachrüstung existierender Heizwerke mit einer Kraft-Wärme-Kopplungsanlage.

Vorschläge G und H

Die Vorschläge G und H bedürfen einer Erweiterung. Zentrale Wärmeversorgungssysteme auf der Basis eines Blockheizkraftwerkes und einer Wärmepumpenanlage sollten sich nicht nur auf schon bestehende Baugebiete beschränken, in denen sie auf die Konkurrenz der vorhandenen Erdgassysteme stoßen. Sie müßten vor allem die zusammenhängenden Neubaugebiete bzw. die verdichtete, nicht mit leitungsgebundenen Energieträgern erschlossene und versorgte Wohnbebauung in den Bezirken 133 Buschdorf, 134 Auerberg und 135 Grau-Rheindorf umfassen.

Vorschlag J

Beide Studien identifizieren das 371 Beueler Zentrum als Gebiet mit wichtigen Ansatzpunkten für den Ausbau leitungsgebundener Energieträger. An dieser Stelle sind die Wärmedichte von 55,6 MW/qkm, die Notwendigkeit der Umweltentlastung, das große noch zu erschließende Potential von Kohle und Heizöl und die altersbedingte Erneuerung der Heizungsanlagen, die 30 Prozent der Wohngebäude betrifft, zu nennen.

Die Studien beschreiten zwei verschiedene Ausbauwege. Einerseits schlagen die Autoren des Wärmeversorgungskonzeptes vor, es bei dem 40-prozentigen Anschlußanteil an das Erdgasnetz zu belassen und parallel dazu ein Netz zur zentralen Wärmeversorgung aufzubauen. In der vorliegenden Arbeit wird andererseits ein Vorgehen nahegelegt, das angesichts der fast lückenlosen Erschließung des Beueler Zentrums eine Anschlußerhöhung des Erdgasnetzes beinhaltet.

Errichtung und Betrieb einer zentralen Wärmeerzeugung mittels Wärmepumpenanlage und Blockheizkraftwerk könnte man stattdessen für das mit 1.500 Arbeitsplätzen konzipierte Ministerium in 374 Beuel-Süd und die in unmittelbarer Nähe geplanten 600 Wohnungseinheiten vorsehen.

Vorschläge K und L

Die mit den Buchstaben K und L bezeichneten Maßnahmen betreffen Teile der Bezirke 252 Bad Godesberg-Kurviertel und 265 Pennenfeld. Als realisierbar und lohnend erscheinen in beiden Arbeiten die Wärmeversorgung der öffentlichen Gebäude bzw. im Bezirk Pennenfeld zusätzlich der verdichteten Wohnbebauung durch Blockheizkraftwerke.

Keine Übereinstimmung herrscht dagegen bei dem Plan, darüber hinaus Teile des 251 Bad Godesberger Zentrums mit Wärme zu versorgen.

Nach übereinstimmender Auffassung ist im übrigen Stadtgebiet der Anteil der festen und flüssigen Brennstoffe an der Wärmeversorgung zugunsten des Erdgases zurückzudrängen. Ein solches Vorgehen erscheint aber nach den Ergebnissen der vorliegenden Arbeit in sieben oben näher bezeichneten Bezirken wirtschaftlich kaum durchführbar. Für diese Gebiete wird der Vorschlag unterbreitet, elektrisch betriebene Wärmepumpen bei den dort vorherrschenden Ein- und Zweifamilienhäusern zum Einsatz zu bringen.

Im Wärmeversorgungskonzept heißt es zum Themenbereich regenerative Energiequellen lediglich allgemein, es sei zu versuchen, die Ergebnisse des Konzeptes "durch dezentrale, möglichst umfangreiche Nutzung von alternativen Energieerzeugungs- und -nutzungsmethoden zu verbessern".[319]

ZUSAMMENFASSUNG DER UNTERSUCHUNGSERGEBNISSE

Die vorliegende Studie untersucht die Möglichkeit der Einbeziehung räumlicher Parameter und Vorhaben in die Ausbauplanung leitungsgebundener Energieträger und beschäftigt sich mit den Einflüssen, die entsprechende Struktur- und Planungsdaten auf die Varianten künftiger Energiebedarfsdeckung aufweisen.

Die Grundlage dafür bildet die Erstellung eines Zielsystems für den schwerpunktartigen Ausbau einer der drei leitungsgebundenen Energieformen im Rahmen örtlicher Versorgungskonzepte. In dieses Zielsystem fließen einerseits die aus der energiewirtschaftlichen Gesamtsituation abgeleiteten energiepolitischen Vorstellungen, andererseits Erkenntnisse über die Zusammenhänge zwischen leitungsgebundenen Energieträgern und räumlichen Strukturen ein. Dementsprechend entwickeln sich als Einzelziele die Beachtung einer der Form des Energieträgers angemessenen Wärmebedarfsdichte, die Berücksichtigung vorhandener Leitungssysteme, siedlungs- und gebäudestruktureller Gegebenheiten sowie sozialer Verhältnisse. Darüber hinaus entsteht die Zielvorstellung, daß der Ausbau leitungsgebundener Energieträger in Abstimmung mit den Aufgabengebieten 'Wohnen, Arbeit und Wirtschaft, Stadtgestaltung, Soziales/Kultur/Bildung', vor allem aber 'Umweltschutz' der Stadtentwicklungsplanung vonstatten gehen sollte.

Im empirischen Teil der Untersuchung wird als Beispielraum das Gebiet der Stadt Bonn ausgewählt. Hier zeigen sich für eine Großstadt charakteristische Strukturen und Probleme. Als typisch sind auch die Verhältnisse bei der Energieversorgung zu bezeichnen. In den Innenstadtbereichen stehen sich die Fernwärme- und Erdgasversorgung in Konkurrenz gegenüber. Trotz des niedrigen Wärmepreises beschränkt sich die Fernwärmeversorgung bis auf wenige Ausnahmen auf die öffentlichen Gebäude. Andererseits gelang es dem Erdgas bislang nicht, die Versorgungsdominanz fester und flüssiger Energieträger zu beenden.

Im Rahmen des gemeinsamen Arbeitsprogramms 'örtliche und regionale Energieversorgungskonzepte' der Bundesministerien für Raumordnung, Bauwesen und Städtebau und für Forschung und Technologie wurde für Bonn ein Wärmeversorgungskonzept erstellt. Eine Prüfung der Resultate des Wärmeversorgungskonzeptes ergibt, daß ihre Intention lediglich auf die Ausbauplanung der Fernwärmeversorgung gerichtet ist und ihre Konzeptvorschläge im wesentlichen auf betriebswirtschaftlichen Berechnungen beruhen.

Dem steht der in der Untersuchung erarbeitete Zielkatalog gegenüber, der unter Anwendung des Verfahrens der Nutzwertanalyse sich bis zu konkreten Ausbauvorschlägen entfalten läßt. Dazu werden zunächst - trotz der ungünstigen Datensituation - aus den Unterzielen Indikatoren abgeleitet. Als räumliche Bezugsbasis und Handlungsalternativen für den Ausbau leitungsgebundener Energieträger dienen die 'Statistischen Bezirke' Bonns, die das Stadtgebiet - abgesehen von Waldgebieten und der Siegaue - in 62 Teilräume untergliedern. Gleichzeitig mit der Feststellung der Ausprägungen der Indikatoren in den Bezirken werden Bezugswerte (Soll- oder Mittelwerte) für die spätere Transformation der Indikatoren festgesetzt. Die folgende Aufstellung vermittelt zu diesen Vorgängen einen Überblick.

Unterziel	Indikator	Bezugswert	Art des Bezugswerts
Beachtung einer ausreichenden Wärmedichte	Wärmeanschlußdichte in MW/qkm	40 MW/qkm	Angaben über die wirtschaftliche Wärmedichte der Fernwärmeversorgung
Beachtung vorhandener Leitungssysteme	Anteil m. Erdgas- und/oder Fernwärmerohren versehener Str.	entfällt	Heranziehung erst bei der Formulierung von Vorschl.
Beachtung des Vorhandenseins großer öffentlicher und privatwirtschaftlich genutzter Gebäude	Anteil öffentlicher Gebäude am Gesamtanschlußwert	33,3%	Vom Verfasser festgelegter Sollwert
	Anteil privatwirtschaftlicher Geb. am Gesamtanschlußw.	33,3%	
Beachtung der Art der Heizungsanlagen	Anteil sammelbeheizter Wohngebäude	66,6%	entspricht etwa dem Mittelwert

Unterziel	Indikator	Bezugswert	Art des Bezugswerts
Beachtung der Altersstruktur der Heizungsanlagen und des Renovierungsbedarfs der Wohngebäude	Anteil der Wohngebäude in den Altersklassen 1919-1948 und 1961-1968	40%	Vom Verfasser festgelegter Sollwert
Berücksichtigung der Gebäudegröße	Zahl der Haushalte pro Wohngebäude	3 Haushalte	städtischer Mittelwert
Beachtung der sozialen Stellung der Wohnbevölkerung	Anteil der über 60-jährigen	20%	städtischer und bundesweiter Durchschnitt
	Anteil der Ausländer	10%	entspricht etwa dem Sollwert des Ausländerplans
Beachtung der sozialen Stellung der Wohnbevölkerung	Anteil wohngeldempfangender Haushalte	15%	entspricht etwa der gesamtstädtischen Quote
	Anteil Nichtwähler b. d. Kommunalwahl	33%	
	Anteil der Gymnasiasten a. d. 10-20-jähr.	30%	Sollwert des Bildungsgesamtplans
Beachtung der Eigentumsverhältnisse	Anteil selbst im Haus wohnender Eigentümer	50%	Wohnungspolitisches Ziel der Bundesregierung
	Besitzanteil von Wohnungsunternehmen usw.	25%	Vom Verfasser festgelegter Sollwert
	Besitzanteil der öffentlichen Hände	10%	
Abstimmung mit dem Bereich Sanierung und Modernisierung	Nahwanderungssaldo 1982/83 bezogen auf 100 Einwohner	Verlust von 3 Personen	städtischer Durchschnitt
	Zahl der Wohnräume pro Person	1,67 Räume	Mittlerer Versorgungsgrad in 23 Großstädten
Abstimmung mit dem Bereich Wohnungsneubau	Zunahme des Wärmeanschlußwertes durch Wohnungsneubau	20%	
Abstimmung mit der Ausweisung von Industrie- u. Gewerbefl.	Zunahme des W. durch Neubau von Industrie- u. Gewerbegebäuden	20%	Vom Verfasser festgelegte Sollwerte
Abstimmung mit dem Ausbau von Stadtteilzentren	Zunahme des W. durch den Zentrenausbau	20%	
Koordination mit dem Bau sozialer Infrastruktureinrichtungen aus den Aufgabengeb. Kultur/Bildung/Sport/Gesundheit/Soziales	Zunahme des Wärmeanschlußwertes durch soziale Infrastruktureinrichtungen (und Bundesbauten)	10%	
Reduzierung der Luftschadstoffbelastung	Schwefeldioxidbelastung I 1 V	46,4 µg/m³	städtische Mittelwerte
	Schwefeldioxidbelastung I 2 V	161,0 µg/m³	
	Stickstoffbelastung I 1 V	38,1 µg/m³	
	Stickstoffbelastung I 2 V	84,6 µg/m³	

Unterziel	Indikator	Bezugswert	Art des Bezugswerts
Reduzierung der Luft-schadstoffbelastung	Staubbelastung I 1 V	106,2 mg/m²d	städtische Mittelwerte
	Staubbelastung I 2 V	192,8 mg/m²d	

Die Umwandlung der Indikatoren mit Hilfe verschiedener Transformationsfunktionen ermöglicht die Erreichung zweier Ziele. Zum einen läßt sich durch den Bezug auf Sollwerte und die Wahl der Transformationsfunktion das Verhältnis zwischen Indikatorenwerten und Nutzeneinschätzungen ausdrücken. Zum anderen geht die Umsetzung der in verschiedenen Maßeinheiten vorliegenden Indikatorenwerte auf eine einheitliche Skala vonstatten, ein für die Gesamtbewertung der Handlungsalternativen unerläßlicher Vorgang.

Die angegebene Zielaufstellung weist darauf hin, daß es möglich ist, im Rahmen von Versorgungskonzepten eine ganze Reihe verschiedenartiger Ziele bzw. Zielkombinationen zu verfolgen. Der Prozeß der Gewichtung zeigt nicht nur ausdrücklich, welche Ziele eine Bevorzugung erhalten, sondern auch in welchem Maße sie eine Rolle spielen sollen. In der vorliegenden Arbeit werden beispielhaft drei Gewichtungsalternativen angeführt. Bei der ersten Alternative werden die Hauptziele und die jeweils zu einem Hauptziel gehörenden Ziele auf der nachfolgenden Zielebene als gleich wichtig eingestuft. Im zweiten Fall wird die Betonung auf die Berücksichtigung betriebswirtschaftlich günstiger Versorgungsmöglichkeiten und dem Umweltschutz gelegt. Die dritte Alternative zielt mehr auf die Berücksichtigung der sozialen Struktur der Bewohner und der Besitzverhältnisse und in noch stärkerem Maße als im zweiten Fall auf die Abstimmung mit dem Aufgabengebiet 'Umweltschutz' der Stadtentwicklungsplanung ab.

Die Ergebnisse bilden Rangfolgen von Handlungsalternativen, im konkreten Beispiel von Statistischen Bezirken. Sie geben Aufschluß darüber, mit welcher Dringlichkeit im Hinblick auf die jeweilige Betonung der Ziele der Ausbau leitungsgebundener Energieträger in den Bezirken Bonns betrieben werden sollte. Da das Ergebnis immer von der Zielgewichtung abhängt, sind die Resultate der drei Gewichtungsbeispiele nicht deckungsgleich. So beträgt bei einer Vielzahl von Bezirken der Unterschied zwischen höchstem und niedrigstem erreichten Rang 20 Plätze und mehr.

Aufgrund der größeren Anschaulichkeit werden die Rangreihen in vier sog. Prioritätsstufen unterteilt. Sie geben an, in welcher zeitlichen Reihenfolge in den Bonner Bezirken ein Ausbau mit leitungsgebundenen Energieträgern realisiert werden sollte, treffen aber noch keine Aussage über die Art des Ausbaus.

Dazu werden auf der Grundlage der Ergebnisse der zweiten Gewichtungsalternative für jeden der Bonner Bezirke die folgenden Strukturdaten gebildet:

1) Wärmeanschlußdichte;
2) Anschlußanteil großer gewerblich genutzter und öffentlicher Gebäude;
3) Indikatoren der Gebäudestruktur;
4) Indikatoren der Sozialstruktur der Wohnbevölkerung;
5) Anteil selbstnutzender Hauseigentümer;
6) Besitzanteil von Wohnungsunternehmen, Banken, Versicherungen, Firmen, öffentlicher Hand;
7) Indikatoren des Erneuerungsbedarfs im Wohnbereich und Wohnumfeld;
8) Anteil des Wärmeanschlußzuwachses durch Wohnungsneubau;
9) Anteil des Wärmeanschlußzuwachses durch Neubau gewerblich genutzter und öffentlicher Gebäude;
10) Indikatoren der Luftbelastung;
11) Summe des prozentualen Anteils des Anliegerstraßennetzes, das mit Fernwärme oder Erdgas versehen ist;
12) Prozentualer Anteil der mit leitungsgebundenen Energieträgern versorgten Wohngebäude;
13) Prozentualer Anteil der mit festen und flüssigen Energieträgern versorgten Wohngebäude.

Diese Strukturdaten verdeutlichen, welche räumlichen Parameter und Planungen sich positiv auf den Ausbau eines der leitungsgebundenen Energieträger auswirken, welche Schwierigkeiten zu erwarten sind oder welche Mängel in der Energieversorgung bzw. Luftqualität der jeweilige Bezirk aufweist. Die angeführten Strukturdaten geben darüber hinaus Hinweise darauf, welche Strategien zur Erreichung der Vorschläge zu ergreifen sind. Beispielhaft sind hierbei Fördermaßnahmen zur beschleunigten Umstellung von Heizungsanlagen oder zur Vermeidung der Verdrängung sozial schwächerer Bevölkerungsteile zu nennen.

Folglich werden mit Hilfe der Strukturdaten konkrete Ausbauvorschläge entwickelt, über die Karte 14 einen Überblick bietet. Mit den auf dieser Karte angeführten Ziffern sind die folgenden Maßnahmen gemeint:

1) Bereits mit zentraler Wärmeversorgung versehen oder vollständig mit Erdgas versorgt;
2) Ausbau des Elektrizitätsnetzes zur Nutzung regenerativer Energiequellen;
3) Maßnahmen zur Erhöhung der Anschlußquote an das bestehende Erdgasnetz;
4) wie Maßnahmen unter 3) und darüber hinaus die Erweiterung des Erdgasnetzes;
5) Anschluß der Großgebäude und/oder des Wohnungsneubaus hoher Dichte an ein aufzubauendes Fernwärmenetz, Bemühungen um die Erhöhung der Anschlußquote der vorhandenen Wohngebäude an das Erdgasnetz;
6) Maßnahmen zur Verstärkung des Versorgungsgrades durch die vorhandenen Fernwärme- und Erdgasnetze;
7) Ausbau der vorhandenen Fernwärmeversorgung, Abbau der Doppelversorgung in Straßenzügen mit zwei leitungsgebundenen Energieträgern zugunsten der Fernwärme.

Ein Vergleich der Ergebnisse der vorliegenden Untersuchung mit denen des Wärmeversorgungskonzeptes ergibt, daß die Einbeziehung räumlicher Parameter und Vorhaben teilweise zu anderen Einschätzungen über die Möglichkeiten des Ausbaus von Fernwärme, Erdgas und Strom und zu einem wesentlich umfassenderen Bild der Verhältnisse im Planungsgebiet führt als dies mit der Berechnung der 'anlegbaren Kosten' allein der Fall ist.

Diese Studie weist darauf hin, daß für die Ausbauplanung leitungsgebundener Energieträger die betriebswirtschaftliche Kostenrechnung nicht ausreicht. Es bedarf vielmehr der Einbeziehung von räumlichen Struktur- und Planungsdaten verschiedener Art. Ein solches Vorgehen dient sowohl der Energieversorgungsplanung als auch der Erreichung räumlicher Zielvorstellungen.

ANMERKUNGEN

1) - Quellen: BUNDESMINISTERIUM FÜR WIRTSCHAFT: Zusätzliche Grafiken und Tabellen zur zweiten Fortschreibung des Energieprogramms der Bundesregierung vom 14. 12. 1977, Bonn 1977, S. 62
   - GOCHT, Werner: Weltwirtschaft der primären Energieträger, in: BISCHOFF, Gerhard / GOCHT, Werner (Hrsg.): Energietaschenbuch; Braunschweig, Wiesbaden 1979, S. 347
   - NEU, Axel D.: Substitutionspotentiale und Substitutionshemmnisse in der Energieversorgung, Tübingen 1982, S. 24
   - BUNDESVERBAND DER DEUTSCHEN GAS- UND WASSERWIRTSCHAFT: Fakten, Tendenzen, Konsequenzen; Bonn 1983, S. 2 ff.

2) - Angaben der Bundesanstalt für Geowissenschaften und Rohstoffe in Hannover
   - OECD-NUCLEAR ENERGY AGENCY / INTERNATIONAL ATOMIC ENERGY AGENCY: Uranium Resources, Production and Demand; Paris 1982

3) - STEGEMANN, Dieter: Entwicklungen zur Energiebedarfsdeckung, Hannover 1980, S. 14
   - DEHLI, Martin / SCHNELL, Peter: Die gegenwärtige Energiesituation und ihre voraussichtliche Veränderung. Überarbeitete und aktualisierte Fassung eines Vortrages vom 5. 6. 1978, hrsg. von der INFORMATIONSZENTRALE DER ELEKTRIZITÄTSWIRTSCHAFT, Bonn, S. 5
   - NEU, Axel D.: Substitutionspotentiale ..., a.a.O., S. 24

4) - vgl. Tabelle 2; ausführliche Darstellung zur geographischen Verteilung der Energiereserven bei
   - GRATHWOHL, Manfred: Energieversorgung. Ressourcen, Technologien, Perspektiven; Berlin, New York 1978, S. 61 ff.

5) ebenda, S. 60

6) GESAMTVERBAND DES DEUTSCHEN STEINKOHLENBERGBAUS: Steinkohle 1982/83. Daten und Tendenzen; Essen 1983; Tabelle 8

7) DEUTSCHER BUNDESTAG: Bericht der Enquête-Kommission 'Zukünftige Kernenergie-Politik', a.a.O., S. 28

8) STUMPF, Hans: Städteplanung, integrierte Energieversorgung und veränderter Energiemarkt, in: Schriften des Verbandes kommunaler Unternehmen, Heft 52, Köln 1975, S. 79

9) BUNDESMINISTERIUM FÜR WIRTSCHAFT: Daten zur Entwicklung der Energiewirtschaft 1984, a.a.O., S. 24

10) VEREINIGUNG INDUSTRIELLE KRAFTWIRTSCHAFT: Statistik der Energiewirtschaft 1981/82, a.a.O., S. 60

11) - PRESSE- UND INFORMATIONSAMT DER BUNDESREGIERUNG (Hrsg.): Die Entwicklung der Gaswirtschaft in der Bundesrepublik Deutschland im Jahre 1982. Aktuelle Beiträge zur Wirtschafts- und Finanzpolitik Nr. 63, Bonn 1983, S. 13
    - vgl. BUNDESVERBAND DER DEUTSCHEN GAS- UND WASSERWIRTSCHAFT: Fakten, Tendenzen, Konsequenzen, Bonn Ausgabe 1985, S. 13 ff.

12) RUHRGAS AG: Erdgas auf dem Weg ins nächste Jahrhundert, Essen 197 , S. 2 ff.

13) PRESSE- UND INFORMATIONSAMT DER BUNDESREGIERUNG (Hrsg.): Die Entwicklung der Gaswirtschaft ..., a.a.O., S. 8

14) - INFORMATIONSZENTRALE DER ELEKTRIZITÄTSWIRTSCHAFT: Daten und Fakten zur Energiediskussion, Heft 3 'Energiequellen', Bonn o. J., S. 9
    - FEUSTEL, J. E.: Möglichkeiten und Grenzen der Windenergienutzung, in: Nutzung der Windenergie, Bürger-Information Neue Energietechniken, Karlsruhe o. J., S. 37 ff.
    - BAADER, W.: Entwicklungstendenzen und Aktivitäten auf dem Gebiet der Biogas-Technologie, in: Biogas-Energie aus Abfall, Bürger-Information Neue Energietechniken, Karlsruhe o. J., S. 2
    - BUNDESMINISTER FÜR FORSCHUNG UND TECHNOLOGIE (Hrsg.): Neue und erneuerbare Energiequellen, 2. Aufl., Bonn 1981, S. 6 ff.
    - DIETRICH, Bernd: Möglichkeiten und Grenzen der Nutzung der Sonnenenergie, VDI-Berichte Nr. 275, Düsseldorf 1976, S. 61 ff.

15) - BUNDESMINISTER FÜR FORSCHUNG UND TECHNOLOGIE: Neue und erneuerbare Energiequellen, a.a.O., S. 16
    - RUDOLPH, R.: Wärmepumpen - Einsatzmöglichkeiten und Wirtschaftlichkeit, in: Rationelle Energieverwendung im Wohnungsbau, Fachtagung des Battelle-Instituts, Frankfurt 1977, S. 115

16) JÜRGENSEN, Harald: Mehr Aussichten bei mehr Einsichten. Sparen und Substitution durch Innovation öffnen die Entwicklungsschranken der Energiepreiskrisen, in: Spiegel-Dokumentation 'Energie-Bewußtsein und Energie-Einsparung bei privaten Hausbesitzern und Wohnungseigentümern', Hamburg 1981, S. 4

17) vgl. MÜLLER, Werner / STOY, Bernd: Wachstum ohne mehr Energie? in: Wirtschaftsdienst, Hamburg 58 (1978), Heft 7, S. 328

18) PRESSE- UND INFORMATIONSAMT DER BUNDESREGIERUNG: Die Entwicklung des Energieverbrauchs der Industrieländer von 1973-1981 und Perspektiven bis 1990. Aktuelle Beiträge zur Wirtschafts- und Finanzpolitik Nr. 44, Bonn 1983, S. 5

19) FISCHER, Klaus Dieter: Struktur und Entwicklungstendenzen der Energiewirtschaft in der Bundesrepublik Deutschland, in: BURBACHER, Fritz (Hrsg.): Ordnungsprobleme und Entwicklungstendenzen in der deutschen Energiewirtschaft, Essen 1967, S. 65

20) ARBEITSGEMEINSCHAFT ENERGIEBILANZEN: Energiebilanzen der Bundesrepublik Deutschland, Frankfurt, Band 1 1950-1976, Band 2 1977-1981

21) HEß, Holger: Erläuterungen zum Energieflußbild der Bundesrepublik Deutschland 1981, in: Elektrizitätswirtschaft, Frankfurt 82 (1983), Heft 5, S. 145

22) - VEREINIGUNG INDUSTRIELLE KRAFTWIRTSCHAFT: Statistik der Energiewirtschaft, a.a.O., Tafel 10, S. 22 ff.
    - BUNDESMINISTERIUM FÜR WIRTSCHAFT: Daten zur Entwicklung der Energiewirtschaft im Jahre 1984, a.a.O., S. 5

23) Trotz reduzierten Verbrauchs stieg der Aufwand für die Bereitstellung von Primärenergie von 23 Mrd. DM 1973 auf 108 Mrd. DM 1982.
    GESAMTVERBAND DES DEUTSCHEN STEINKOHLENBERGBAUS: Steinkohle 1982/83. Daten und Tendenzen, Essen 1983; Schaubild 18

24) - STEIMLE, F. / SUTTOR, Karl-Heinz: Bewertung von Maßnahmen zur rationellen Energieverwendung, in: Energie, München 28 (1976) Nr. 11, S. 307 ff.
    - KRAUSE, Florentin: Daten und Fakten zur Energiewende, Öko-Bericht Nr. 16, Freiburg 1981, S. 1-37 ff.

25) STEIFF, A. / WEINSPACH, P. M.: Probleme der Abwärmenutzung in Fernwärmesystemen im Ruhrgebiet, in: KOMMUNALVERBAND RUHRGEBIET (Hrsg.): Rationelle Energieverwendung im Ruhrgebiet, Essen 1981, S. 179

26) DEUTSCHES INSTITUT FÜR WIRTSCHAFTSFORSCHUNG / ENERGIEWIRTSCHAFTLICHES INSTITUT KÖLN / RHEINISCH-WESTFÄLISCHES INSTITUT FÜR WIRTSCHAFTSFORSCHUNG: Die künftige Entwicklung der Energienachfrage in der Bundesrepublik Deutschland und deren Deckung. Perspektiven bis zum Jahr 2000, Essen 1978

27) DEUTSCHER BUNDESTAG: Dritter Immissionsschutzbericht der Bundesregierung, BT-Drucksache 10/1354 vom 25. 4. 1984, S. 15

28) ebenda, S. 15 ff.

29) Angaben der ENERGIE- UND WASSERVERSORGUNG AG NÜRNBERG (EWAG), in: RUHRGAS AG: Erdgas auf dem Weg ins nächste Jahrhundert, a.a.O., Bild 14

30) BUNDESMINISTERIUM DES INNERN: Was Sie schon immer über Luftreinhaltung wissen wollten. Stuttgart u. a. 1984, S. 14 ff.

31) ebenda, S. 19

32) BUNDESMINISTER DES INNERN (Hrsg.): Abwärme, Auswirkungen, Verminderung, Nutzung. Kurzfassung des zusammenfassenden Berichts über die Arbeit der Abwärmekommission 1974-1982, Bonn 1983, S. 12

33) vgl. WEICHET, Wolfgang: Stadtklimatologie und Stadtplanung, in: Klima und Planung '79, Veröffentlichung der Geographischen Komm., Schweiz. Naturforsch. Ges. 6, Bern 1980, S. 73-95

34) vgl. Kapitel 3.1

35) CWIENK, Georg: Örtliches Versorgungskonzept am Beispiel Tübingen, in: Städtetag, Stuttgart 35 (1982), Heft 10, S. 687

36) BÖRNER, Holger: Grundlinien einer rationellen Energiepolitik, in: Fernwärme international, Frankfurt/Main 10 (1981), S. 295

37) CRONAUGE, Ulrich: Örtliche Versorgungskonzepte verabschieden - neue Bewährungsprobe für gemeindliche Selbstverwaltung, in: Städte- und Gemeinderat, Düsseldorf 36 (1982), S. 168

38) TEGETHOFF, Wilm: Entwicklung von Versorgungskonzepten. Ein Beitrag zu ihrer Begriffsbestimmung und Aufgabenstellung, in: Energiewirtschaftliche Tagesfragen, Gräfelfing 32 (1982, Heft 11, S. 916 f.

39) DEUTSCHER BUNDESTAG: Energieprogramm der Bundesregierung, BT-Drucksache 7/1057 vom 3. 10. 1973

40) MEYER-RENSCHHAUSEN, Martin: Das Energieprogramm der Bundesregierung: Ursachen und Probleme staatlicher Planungen im Energiesektor der BRD; Frankfurt, New York 1981, S. 16 ff.

41) DEUTSCHER BUNDESTAG: Erste Fortschreibung des Energieprogramms der Bundesregierung, BT-Drucksache 7/2713 vom 30. 10. 1974

42) DEUTSCHER BUNDESTAG: Zweite Fortschreibung ..., BT-Drucksache 8/1357 vom 14. 12. 1977
    DEUTSCHER BUNDESTAG: Dritte Fortschreibung ..., BT-Drucksache 9/983 vom 4. 11. 1981

43) MEYER-RENSCHHAUSEN, Martin: Das Energiesparprogramm ..., a.a.O., S. 98

44) - vgl. DEUTSCHER STÄDTE- UND GEMEINDEBUND: Hinweise zur Energiepolitik in Gemeinden, Düsseldorf 1982, S. 2
- Energiepolitische Erklärung des Deutschen Gewerkschaftsbundes vom 4. 11. 1980, abgedruckt in: GABRIEL, Heinz Werner / RIEGERT, Botho: Energiekrise. Probleme und Lösungsmöglichkeiten, Köln 1981, S. 71 ff.

45) DEUTSCHER BUNDESTAG: Dritte Fortschreibung des Energieprogramms ..., a.a.O., Tz 1

46) BUNDESMINISTER FÜR FORSCHUNG UND TECHNOLOGIE (Hrsg.): Gesamtstudie über die Möglichkeiten der Fernwärmeversorgung aus Heizkraftwerken in der Bundesrepublik Deutschland, Kurzfassung, Bonn 1977, S. 276/362

47) Zweite Fortschreibung des Energieprogramms, a.a.O., Tz 18
Dritte Fortschreibung des Energieprogramms, a.a.O., Tz 92

48) MEYSENBURG, H.: Einführung in die Tagung 'Praktische Energiebedarfsforschung', in: Schriftenreihe der Forschungsstelle für Energiewirtschaft, Bd. 14, Berlin u. a. 1981, S. 6

49) VERBAND KOMMUNALER UNTERNEHMER: Aufstellung und Weiterentwicklung örtlicher Versorgungskonzepte durch kommunale Querverbundunternehmen - Grundsätze und Hinweise, o. O. 1980, S. 1

50) vgl. Kapitel 1.4

51) SPREER, Fritjof: Konflikte zwischen leitungsgebundenen Energien im Rahmen örtlicher Energieversorgungskonzepte, in: Informationen zur Raumentwicklung, Heft 4/5, Bad Godesberg 1982, S. 365

52) BUNDESMINISTER FÜR RAUMORDNUNG, BAUWESEN UND STÄDTEBAU (Hrsg.): Wechselwirkung zwischen der Siedlungsstruktur und Wärmeversorgungssystemen, Schriftenreihe Raumordnung 6.044, Bad Godesberg 1980

53) - vgl. BOESLER, Klaus-Achim: Raumordnung. Erträge der Forschung, Bd. 165, Darmstadt 1982, S. 36 ff.
- ANTE, Ulrich: Politische Geographie, Braunschweig 1981, S. 7
- PRESCOTT, John R. V.: The Geography of State Policies, London 1968, S. 11

54) vgl. Kapitel 1.3

55) vgl. KRATZER, Albert: Das Klima der Städte, in: Geographische Zeitschrift, Wiesbaden 41 (1935), Heft 9, S. 321-339

56) - LÖBNER, A.: Horizontale und vertikale Staubverteilung in einer Großstadt, in: Veröffent. Geograph. I, Leipzig, 2 Ser., Bd. 7, Heft 2 (1935), S. 53-99
- FLACH, E.: Über ortsfeste und bewegliche Messungen mit dem Scholzschen Kernzähler und dem Zeißschen Freiluftkonimeter, in: Zeitschrift für Meteorologie 6 (1952), S. 96-112
- SCHMIDT, G.: Zur Nutzbarmachung staubklimatischer Untersuchungen für die städtebauliche Praxis, in: Berichte des Deutschen Wetterdienstes der U.S.-Zone 38 (1952), S. 201-205
- CHANDLER, Tony John: London's urban climate, in: Geographical Journal, London 128 (1962), Heft 3, S. 279-302
- DOMRÖS, Manfred: Luftverunreinigungen und Stadtklima im Rheinisch-Westfälischen Industriegebiet und ihre Auswirkungen auf den Flechtenbewuchs der Bäume, Arbeiten zur Rheinischen Landeskunde, Heft 23, Bonn 1966

57) - EMONDS, Hubert: Das Bonner Stadtklima, Diss., Bonn 1954
- LESER, Hartmut: Physiogeographische Untersuchungen als Planungsgrundlage für die Gemarkung Esslingen am Neckar, in: Geographische Rundschau, Braunschweig 25 (1973), S. 308-318
- HAMM, Joerg Martin: Untersuchungen zum Stadtklima von Stuttgart, Tübinger geographische Studien, Bd. 29, Tübingen 1969

58) WEISCHET, Wolfgang: Stadtklimatologie und Stadtplanung, in: Klima und Planung '79, Tagung am Geographischen Institut d. Univ. Bern, Bern 1980, S. 73-95

59) BÜCH, Dietrich / MÜLLER, Paul u. a.: Bewertung von Bauflächen nach Umweltkriterien im Stadtverband Saarbrücken, Saarbrücken 1978

60) PLANUNGSGEMEINSCHAFT UNTERMAIN: Lufthygienisch-meteorologische Modelluntersuchungen in der Region Untermain, 4. Arbeitsbericht, Frankfurt/Main 1972

61) BAHR, Wolfgang / WAGNER, Gerhard: Regionale Disparitäten in der Energieversorgung, in: Der Landkreis Bonn (1979), Heft 8/9, S. 329-336

62) GANSER, Karl: Zusammenhänge zwischen Energiepolitik und Siedlungsstruktur, in: Geographische Rundschau, Braunschweig 32 (1980), S. 59-70

63) BAHR, Wolfgang / WAGNER, Gerhard: Regionale Disparitäten in der Energieversorgung, a.a.O., S. 331

64) GANSER, Karl: Zusammenhänge zwischen Energiepolitik und Siedlungsstruktur, a.a.O., S. 67

65) WAGNER, Gerhard: Abbau regionaler Strompreisdisparitäten durch raumwirksame Maßnahmen und Planungen in der Bundesrepublik Deutschland, Diss., Bonn 1983, S. 77 ff.

66) ebenda, S. 15 ff.

67) SCHNEIDER, Hans Karl: Energiewirtschaft und Raumordnung, in: Handwörterbuch der Raumforschung und Raumordnung, hrsg. v. d. AKADEMIE FÜR RAUMFORSCHUNG UND LANDESPLANUNG, Hannover 1966, Spalte 340-350

68) LINDENLAUB, Jürgen: Energieimpulse und regionale Wachstumsdifferenzierung, Schriftenreihe des Energiewirtschaftlichen Instituts, Bd. 14, München 1968

69) - ARENS, Hans Jürgen: Zur Theorie und Technik räumlicher Verteilung von Energieversorgungsanlagen, München 1975
- DERSELBE: Primäre und sekundäre Effekte von Elektrizitätsversorgungsanlagen auf regionales Wirtschaftswachstum, in: Raumforschung und Raumordnung, Köln u. a. 35 (1977), S. 145-154

70) MÜLLER, J. Heinz: Die räumlichen Auswirkungen der Wandlungen im Energiesektor, in: Forschungs- und Sitzungsberichte der Akademie für Raumforschung und Landesplanung, Bd. 38, Hannover 1967, S. 21-30

71) WAGNER, Gerhard: Auswirkungen der Energie- und Mineralölverknappung auf die Entwicklung der Produktions- und Standortstruktur, in: Informationen zur Raumentwicklung, Heft 3, Bonn 1974, S. 83-92

72) VOLWAHSEN, Andreas: Landesentwicklung und Energieversorgung, in: Informationen zur Raumentwicklung, Heft 9, Bad Godesberg 1982, S. 727 f.

73) VOLWAHSEN, Andreas: Bewertungsverfahren für die großräumige Standortplanung von Kraftwerken, in: Informationen zur Raumentwicklung, Heft 8/9, Bonn 1977, S. 632

74) SCHNEIDER, Hans Karl: Energiewirtschaft und Raumordnung, a.a.O., Sp. 34

75) GÖB, Rüdiger: Auswirkungen technischer Fortschritte in der Energiewirtschaft auf Raumordnung und Stadtplanung, in: Forschungs- und Sitzungsberichte der Akademie für Raumforschung und Landesplanung, Bd. 46, Hannover 1969, S. 29 f.

76) BAHR, Wolfgang: Die Beteiligung der Raumordnung im Planungssystem der Energiepolitik, in: Informationen zur Raumentwicklung, Heft 8/9, Bonn 1977, S. 555-568

77) BUNDESMINISTER FÜR RAUMORDNUNG, BAUWESEN UND STÄDTEBAU: Raumordnungsbericht 1974, Schriftenreihe Raumordnung, Heft 6.004, Bonn 1975, S. 80 ff.

78) DERSELBE (Hrsg.): Auswirkungen von Entwicklungen im Energiesektor auf die Raum- und Siedlungsstruktur, Schriftenreihe Raumordnung, Heft 6.011, Bonn 1977, S. 62 f.

79) ebenda, S. 63

80) BEIRAT FÜR RAUMORDNUNG: Regionale Aspekte von Energieversorgung und -einsparung, Empfehlung vom 11. 3. 1982, abgedruckt in: Landkreis-Zeitschrift für kommunale Selbstverwaltung, Bonn 52 (1982), Heft 5, S. 224-227

81) VOLWAHSEN, Andreas: Bewertungsverfahren für die großräumige Standortplanung von Kraftwerken, a.a.O., S. 632 ff.

82) BAHR, Wolfgang / GANSER, Karl: Ein raumbezogenes Konzept für die Energieversorgung der Bundesrepublik Deutschland, in: RAT VON SACHVERSTÄNDIGEN FÜR UMWELTFRAGEN (Hrsg.): Materialien zur Umweltforschung 6, Worms 1982, S. 432

83) PILLER, W. / SCHAEFER, H. / WOLFF, U.: Einflußgrößen bei der Wahl von Kraftwerksstandorten verschiedener Kraftwerksarten und Blockgrößen, in: Raumforschung und Raumordnung, Köln u. a. 35 (1977), S. 138-144

84) vgl. BOCKELMANN, Detlef: Kernkraftwerke. Ihre Standortwahl und ihre Bedeutung für die Raumordnung, Schriftenreihe des Instituts für Regionalwissenschaft, Heft 5, Karlsruhe 1974

85) BUNDESMINISTER FÜR RAUMORDNUNG, BAUWESEN UND STÄDTEBAU: Raumordnungsbericht 1974, a.a.O., S. 84

86) - BUNDESMINISTER FÜR RAUMORDNUNG, BAUWESEN UND STÄDTEBAU (Hrsg.): Faktoren der Standortwahl für Kernkraftwerke in ausgewählten Industriestaaten, Schriftenreihe Raumordnung, Heft 6.017, Bad Godesberg 1978
- MINISTERIUM FÜR WIRTSCHAFT, MITTELSTAND UND DES VERKEHRS DES LANDES BADEN-WÜRTTEMBERG (Hrsg.): Symposium 'Kriterien und Verfahren für die Wahl von Kraftwerksstandorten' am 13./14. 4. 1978 in Stuttgart, Stuttgart 1979
- MINISTERKONFERENZ FÜR RAUMORDNUNG: Allgemeine Erfordernisse der Raumordnung und fachliche Kriterien für die Standortvorsorge bei Kernkraftwerken, Entwurfsfassung vom 20. 11. 1978

87) BUNDESMINISTER FÜR RAUMORDNUNG, BAUWESEN UND STÄDTEBAU (Hrsg.): Anforderungen an Kraftwerksstandorte aus der Sicht der Raumordnung, Schriftenreihe Raumordnung, Heft 6.036, Bad Godesberg 1979

88) ebenda, S. 172 ff.

89) ROTH, Ueli: Der Einfluß der Siedlungsform auf Wärmeversorgungssysteme, Verkehrsenergieaufwand und Umweltbelastung, in: Raumforschung und Raumordnung, Köln u. a. 35 (1977), S. 155

90) HEINZE, G. Wolfgang / KANZLERSKI, Dieter / WAGNER, Gerhard: Bewertung verschiedener Alternativen zur Kraftstoffeinsparung im privaten PKW-Verkehr, in: Informationen zur Raumentwicklung, Heft 3, Bonn 1974, S. 77 ff.

91) BAHR, Wolfgang / WAGNER, Gerhard: Energieeinsparungspotentiale im Verkehr in Abhängigkeit von unterschiedlichen Maßnahmen, in: Informationen zur Raumentwicklung, Heft 9/10, Bonn 1979, S. 572

92) GANSER, Karl: Zusammenhänge zwischen Energiepolitik und Siedlungsstruktur, a.a.O., S. 69/70

93) - BUNDESMINISTER FÜR RAUMORDNUNG, BAUWESEN UND STÄDTEBAU (Hrsg.): Auswirkungen von Entwicklungen im Energiesektor auf die Raum- und Siedlungsstruktur, a.a.O.
 - FAHNEMANN, Josef: Energie und Personennahverkehr. Die Auswirkungen von Energiepreissteigerungen auf das Verkehrsaufkommen und die Verkehrsteilung im Personennahverkehr, in: Beiträge aus dem Institut für Verkehrswissenschaft an der Universität Münster, Heft 77, Göttingen 1975, S. 111

94) - vgl. BUNDESMINISTER FÜR RAUMORDNUNG, BAUWESEN UND STÄDTEBAU (Hrsg.): Auswirkungen von Entwicklungen im Energiesektor auf die Raum- und Siedlungsstruktur, a.a.O.
 - ARENS, Hans Jürgen: Raum- und siedlungsstrukturelle Auswirkungen der Veränderungen im Energiesektor, in: Energiewirtschaftliche Tagesfragen 25 (1975), Heft 11/12

95) ROTH, Ueli: Der Einfluß der Siedlungsform auf Wärmeversorgungssysteme, Verkehrsenergieaufwand und Umweltbelastung, a.a.O.

96) DERSELBE: Ausrüstung unterschiedlicher Siedlungsstrukturen mit geeigneten Energieversorgungssystemen, in: Der Landkreis, Köln 49 (1979), Heft 8/9

97) ebenda, S. 396

98) GANSER, Karl: Zusammenhänge zwischen Energiepolitik und Siedlungsstruktur, a.a.O., S. 62

99) BEIRAT FÜR RAUMORDNUNG: Regionale Aspekte von Energieversorgung und -einsparung, a.a.O., S. 228

100) BAHR, Wolfgang: Örtliche und regionale Energieversorgungskonzepte: Integration von Energieversorgung und Siedlungsentwicklung, in: Verhandlungen des Deutschen Geographentages, Bd. 43, Wiesbaden 1983, S. 427

101) vgl. BOESLER, Klaus Achim: Umweltpolitische Erfordernisse der Stadtentwicklungsplanung, in: Abhandlungen des Geographischen Instituts der F. U. Berlin, Bd. 24, Berlin 1976, S. 41

102) BAHR, Wolfgang: Örtliche und regionale Energieversorgungskonzepte, a.a.O., S. 427

103) DEUTSCHER BUNDESTAG: Dritte Fortschreibung des Energieprogramms der Bundesregierung, a.a.O., Tz 92

104) DEUTSCHER BUNDESTAG: Zweite Fortschreibung des Energieprogramms der Bundesregierung, a.a.O., Tz 18

105) BUNDESMINISTER FÜR RAUMORDNUNG, BAUWESEN UND STÄDTEBAU / BUNDESMINISTER FÜR FORSCHUNG UND TECHNOLOGIE: Arbeitsprogramm 'Örtliche und regionale Energieversorgungskonzepte' vom 25. 9. 1980

106) ebenda, S. 7

107) DEUTSCHER STÄDTETAG: Die Städte in der Energiepolitik, DST-Beiträge zur Wirtschafts- und Verkehrspolitik, Heft 3, Köln 1981, S. 52

108) DEUTSCHER BUNDESTAG: Örtliche Versorgungskonzepte. Antwort der Bundesregierung auf eine kleine Anfrage der CDU/CSU-Bundestagsfraktion, BT-Drucksache vom 3. 4. 1980, S. 2

109) DEUTSCHER STÄDTETAG: Die Städte in der Energiepolitik, a.a.O., S. 55 ff. (gleichnamige Entschließung des Hauptausschusses des Deutschen Städtetages vom 10. 3. 1978)

110) DEUTSCHER STÄDTE- UND GEMEINDEBUND: Hinweise zur Energiepolitik in Gemeinden, Düsseldorf 1982

111) VERBAND KOMMUNALER UNTERNEHMER: Aufstellung und Weiterentwicklung örtlicher Versorgungskonzepte durch kommunale Querverbundunternehmen, Anlage zum VKU-Nachrichtendienst, Folge 376, Köln 1980

112) DEUTSCHER VERBAND FÜR WOHNUNGSWESEN, STÄDTEBAU UND RAUMPLANUNG: Örtliche und regionale Energieversorgungskonzepte zur Sicherstellung der Wärmeversorgung in Städten und Gemeinden, Bonn 1981

113) ARBEITSGEMEINSCHAFT FERNWÄRME / BUNDESVERBAND DER GAS- UND WASSERWIRTSCHAFT / VEREINIGUNG DEUTSCHER ELEKTRIZITÄTSWERKE: Erklärung der leitungsgebundenen Energiewirtschaft zu Grundsätzen für Versorgungskonzepte, o. O. 1980

114) BUNDESMINISTER FÜR RAUMORDNUNG, BAUWESEN UND STÄDTEBAU (Hrsg.): Ansätze integrierter örtlicher Energieversorgungskonzepte in ausgewählten europäischen Staaten, Schriftenreihe Raumordnung, Heft 6.035, Bad Godesberg 1979

115) vgl. LANGE Hans-Georg: Energieversorgung und kommunale Entwicklungsplanung. Erfordernisse und Möglichkeiten einer integrierten Politik aus der Sicht rechtlicher Gegebenheiten, in: DEUTSCHER VERBAND FÜR WOHNUNGSWESEN, STÄDTEBAU UND RAUMPLANUNG: Energieversorgung und kommunale Entwicklungsplanung, Bonn 1978, S. 32

116) DEUTSCHER BUNDESTAG: Örtliche Versorgungskonzepte, a.a.O., S. 2

117) ebenda

118) vgl. HOFFMANN, Egon: Örtliche und regionale Versorgungskonzepte - Tendenzen und Entwicklungen, Vortrag in Bamberg am 14. 5. 1982, S. 19

119) - vgl. LICHTENBERG, Heinz (Badenwerk): Örtliche Versorgungskonzepte in der Energiewirtschaft, in: Gemeinde, Stuttgart 104 (1981), S. 878
    - CRONAUGE, Ulrich (Dt. Städte- und Gemeindebund): Örtliche Versorgungskonzepte verabschieden ..., a.a.O., S. 170

120) - so u. a. DEUTSCHER BUNDESTAG: 'Örtliche Versorgungskonzepte'. Antwort der Bundesregierung ..., a.a.O., S. 1
    - JOCHIMSEN, Reimut: Rationelle Energieverwendung im Ruhrgebiet. Eine Herausforderung an die Forschung, in: Rationelle Energieverwendung im Ruhrgebiet, a.a.O., S. 36

121) DEUTSCHER BUNDESTAG: 'Örtliche Versorgungskonzepte'. Antwort der Bundesregierung ..., a.a.O., S. 1

122) GÖRICKE, Peter / KALISCHER, Peter: Energiebedarf unterschiedlicher Wärmeversorgungssysteme, Heidelberg 1983

123) DEUTSCHER BUNDESTAG: Dritte Fortschreibung des Energieprogramms der Bundesregierung, a.a.O., Tz 92

124) - KAIER, Ulrich: Bewertungsmodell zur Abgrenzung alternativer Möglichkeiten künftiger Wärmebedarfsdeckung, Diss., Essen 1978
    - STUMPF, Hans: Entscheidungsmodell zur Auffindung des wirtschaftlich fernwärmegeeigneten Niedertemperatur-Wärmebedarfs in der Bundesrepublik, in: Fernwärme international, Frankfurt 6 (1977), S. 74 ff.

125) PROJEKTGRUPPE 'ÖRTLICHE VERSORGUNGSKONZEPTE': Anforderungsprofil für die Ausarbeitung von örtlichen Versorgungskonzepten, Nr. 15 des Maßnahmenkatalogs zum Umweltprogramm Nordrhein-Westfalen, S. 8

126) vgl. BUNDESMINISTER FÜR FORSCHUNG UND TECHNOLOGIE: Gesamtstudie über die Möglichkeiten der Fernwärmeversorgung aus Heizkraftwerken in der Bundesrepublik Deutschland, a.a.O.

127) DEUTSCHER STÄDTETAG: Die Städte in der Energiepolitik, a.a.O., S. 51

128) BUNDESVERBAND DER DEUTSCHEN GAS- UND WASSERWIRTSCHAFT: Fakten, Tendenzen, Konsequenzen, Ausgabe 1985, a.a.O., S. 22

129) LAMBSDORFF, Otto Graf: Energieversorgungskonzepte als Instrument der Energiepolitik, in: Informationen zur Raumentwicklung, Heft 4/5, Bad Godesberg 1982, S. 278

130) DÜTZ, Armand / JANK, Reinhard: Möglichkeiten und Grenzen der Fernwärmeversorgung im Wohnungsbau, Schriftenreihe Landes- und Stadtentwicklungsforschung des Landes Nordrhein-Westfalen, Bd. 3.034, Düsseldorf 1983, S. 58

131) DEUTSCHER BUNDESTAG: Dritte Fortschreibung des Energieprogramms der Bundesregierung, a.a.O., Tz 92

132) SCHULZ-TRIEGLAFF, Michael / SPREER, Fritjof: Beitrag für den Arbeitskreis 'Örtliche und regionale Energieversorgungskonzepte' der Akademie für Raumordnung und Landesplanung, unveröffentlichtes Manuskript, S. 4

133) BUNDESMINISTER FÜR FORSCHUNG UND TECHNOLOGIE (Hrsg.): Gesamtstudie über die Möglichkeiten der Fernwärmeversorgung ..., a.a.O., S. 118

134) BAYERISCHES STAATSMINISTERIUM FÜR WIRTSCHAFT UND VERKEHR (Hrsg.): Fernwärme für Bayern, Zusammenfassung, München 1977, S. 11 f.

135) DÜTZ, Armand / JANK, Reinhard: Möglichkeiten und Grenzen der Fernwärmeversorgung im Wohnungsbau, a.a.O., S. 39

136) VEREIN DEUTSCHER INGENIEURE: Wirtschaftlichkeitsberechnungen von Wärmeverbrauchsanlagen, VDI-Richtlinie 2067, Blatt 1: Betriebstechnische und wirtschaftliche Grundlagen, Düsseldorf 1974, S. 5

137) Eine Überdimensionierung der Heizleistung nach der Vornahme von Wärmeschutzverbesserungen führt zum Mehrverbrauch durch größere Stillstandsverluste.
vgl. PRESSE- UND INFORMATIONSDIENST DER BUNDESREGIERUNG: Energiesparbuch für das Eigenheim, Reihe Bürger-Service 17, Bonn 1980

138) MINISTER FÜR WIRTSCHAFT, MITTELSTAND UND VERKEHR NW: Energiepolitik in Nordrhein-Westfalen, Energiebericht '82, Düsseldorf 1982, S. 340

139) STATISTISCHES BUNDESAMT: Ergänzungserhebungen zum Mikrozensus über die Mietbelastung und Unterbringung der Haushalte, Wirtschaft und Statistik, Heft 12, Stuttgart 1983, S. 966

140) vgl. PROGNOS AG: Örtliches Versorgungskonzept Saarbrücken. Städtebauliche und soziale Aspekte, Köln 1980, S. 73 ff.

141) KOMMUNALVERBAND RUHRGEBIET: Fragen und Probleme des Ausbaus der Fernwärme, Arbeitshefte Ruhrgebiet Nr. 4, Essen o. J., S. 49

142) vgl. Kapitel 4.2

143) vgl. OHNE VERFASSERANGABE: Übergeordnete Ziele beachten. Wirtschaftsminister legen Grundsätze für örtliche und regionale Energieversorgungskonzepte vor, in: ÖTV-Energiereport Nr. 3/1982, Stuttgart 1982, S. 10 f.

144) SPIEGEL-VERLAG: Spiegel-Dokumentation: Energie-Bewußtsein und Energie-Einsparung bei privaten Hausbesitzern und Wohnungseigentümern, Hamburg 1981, S. 11

145) METTLER-MEIBOM, Barbara: Soziale und ökonomische Bestimmungsgrößen für das Verbraucherverhalten, in: Einfluß des Verbraucherverhaltens auf den Energiebedarf privater Haushalte, Schriftenreihe der Forschungsstelle für Energiewirtschaft, Bd. 15; Berlin, Heidelberg, New York 1982, S. 65

146) FICHTNER, BERATENDE INGENIEURE U. A.: Systemvergleich Fernwärme-/Erdgasversorgung, Kurzfassung, Essen 1977, S. 45

147) vgl. Kapitel 3.7

148) VERBAND KOMMUNALER UNTERNEHMEN: 10 Thesen zur Stellung der kommunalen Versorgungsunternehmen in Wirtschaft und Gesellschaft - Leitbild und Ziele, 3. Aufl., Köln 1981, S. 21

149) DEUTSCHER VERBAND FÜR WOHNUNGSWESEN, STÄDTEBAU UND RAUMPLANUNG: Energieversorgung und kommunale Entwicklungsplanung, a.a.O., S. 44

150) - BAHR, Wolfgang / GANSER, Karl: Koordination von Stadtentwicklung und Energieplanung, in: Stadtbauwelt, Berlin 63 (1979), S. 252
    - DEUTSCHER STÄDTETAG: Bessere Chancen für die Städte und ihre Bürger. Neue Schriften des Deutschen Städtetages, Heft 45, Stuttgart 1981, S. 109

151) RIESENHUBER, Heinz: Kommunale Energieversorgungskonzepte. Zur politischen Strategie, in: Kommunale Energieversorgungskonzepte, Tagung der Konrad-Adenauer-Stiftung, St. Augustin 1981, S. 85

152) CRONAUGE, Ulrich: Örtliche Versorgungskonzepte verabschieden ..., a.a.O., S. 171

153) z. B. Badisches Ortsstraßengesetz von 1868 und Preußisches Fluchtliniengesetz von 1875

154) z. B. Bundesbaugesetz von 1960

155) - DEUTSCHER RAT FÜR STADTENTWICKLUNG: Empfehlungen des Deutschen Rates für Stadtentwicklung, in: Städtebaubericht 1975, Bonn 1975, S. 93
    - KLAUS, Joachim / VAUTH, Werner: Stadtentwicklungspolitik. Beiträge zur Wirtschaftspolitik, Bd. 23; Bern, Stuttgart 1977, S. 15

156) HESSE, Joachim: Stadtentwicklungsplanung: Zielfindungsprozesse und Zielvorstellungen, Stuttgart u. a. 1972, S. 85

157) GÖB, Rüdiger: Möglichkeiten und Grenzen der Stadtentwicklungsplanung, in: Die öffentliche Verwaltung, Stuttgart 27 (1974), Heft 3, S. 87

158) KOMMUNALE GEMEINSCHAFTSSTELLE FÜR VERWALTUNGSVEREINFACHUNG: Kommunale Entwicklungsplanung in der Bundesrepublik Deutschland. Ergebnisse einer Erhebung, Köln 1980, S. 97, Tabelle 2

159) MÄDING, Erhard: Verfahren der Stadtentwicklungsplanung, in: Planung V, Baden-Baden 1971, S. 322

160) ebenda, S. 320 f.

161) HASSELMANN, Wolfram: Stadtentwicklungsplanung. Grundlagen - Methoden - Maßnahmen. Dargestellt am Beispiel der Stadt Osnabrück, Münster 1967, S. 25 ff.

162) KOMMUNALE GEMEINSCHAFTSSTELLE FÜR VERWALTUNGSVEREINFACHUNG: Kommunale Entwicklungsplanung in der Bundesrepublik ..., a.a.O., S. 7

163) NIEDERSÄCHSISCHER STÄDTEVERBAND: Inhalte der Gemeinde-Entwicklungsplanung, Schriftenreihe des Niedersächsischen Städteverbandes, Heft 6, Hannover 1979, S. 7 f.

164) BIELENBERG, Walter: Rechts- und Verwaltungsfragen der kommunalen Entwicklungsplanung, in: Forschungs- u. Sitzungsb. Akad. f. Raumf. u. Landespl., Bd. 80, Hannover 1972, S. 56

165) vgl. LENDI, Martin: Stadtplanung als politische Aufgabe, in: DISP, Zürich 71 (1983), S. 9

166) vgl. RICHTER, Peter: Die Aufgaben der kommunalen Entwicklungsplanung in Abhängigkeit von der Gemeindegröße, Institut für Regionalwissenschaften Schriftenreihe Nr. 14, Karlsruhe 1979

167) NIEDERSÄCHSISCHER STÄDTEVERBAND: Inhalte der Gemeinde-Entwicklungsplanung, a.a.O., S. 16

168) PARTZSCH, Dieter: Daseinsgrundfunktionen, in: Handwörterbuch der Raumforschung und Raumordnung, 2. Aufl., Hannover 1970, Bd. 1, Sp. 424 ff.

169) Am Altenplan sind beispielsweise mehrere Ämter beteiligt, wie das Amt für Wohnungsförderung (Amt 64), das Sozialamt (Amt 50), das Gesundheitsamt (Amt 53) usw..

170) NIEDERSÄCHSISCHER STÄDTEVERBAND: Inhalte der Gemeinde-Entwicklungsplanung, a.a.O., S. 10

171) vgl. KLAUS, Joachim / VAUTH, Werner: Stadtentwicklungspolitik, a.a.O., S. 38

172) Bei dem Bereich der Verkehrsplanung handelt es sich beispielsweise lediglich um eine zeitliche Koordination.

173) vgl. z. B. GANSER, Karl: Die Entwicklung der Stadtregion München unter dem Einfluß regionaler Mobilitätsvorgänge, in: Mitteilungen der Geographischen Gesellschaft, München 55 (1970)

174) BUNDESMINISTER FÜR RAUMORDNUNG, BAUWESEN UND STÄDTEBAU (Hrsg.): Fachseminar 'Wohnungsmarktentwicklung und Strategien der Stadtentwicklung', Schriftenreihe Städtebauliche Forschung 3.067, Bonn 1978, S. 217 f.

175) BUNDESMINISTER FÜR RAUMORDNUNG, BAUWESEN UND STÄDTEBAU (Hrsg.): Finanzielle Auswirkungen der Stadt-Umland-Wanderungen, Schriftenreihe Städtebauliche Forschung 3.073, Bonn 1979

176) ADRIAN, H.: Wohnungsbau - Wohnungsmarkt, in: Archiv für Kommunalwissenschaften, 1. Halbjahresband, Köln und Stuttgart 17 (1978), S. 6

177) BUNDESMINISTER FÜR RAUMORDNUNG, BAUWESEN UND STÄDTEBAU (Hrsg.): Rationelle Energieverwendung im Rahmen von neuen Siedlungsvorhaben, Schriftenreihe Städtebauliche Forschung 3.095, Bonn 1983

178) GÖB, Rüdiger: Stadtentwicklung 1982. Rotstift oder neue Perspektiven? in: Archiv für Kommunalwissenschaften, 2. Halbj., Stuttgart 21 (1982), S. 259

179) LANGE, H. G.: Stadtentwicklung unter unsicheren Annahmen, in: Demokratische Gemeinde, Bonn 30 (1978), S. 711

180) GÖB, Rüdiger: Die schrumpfende Stadt, in: Archiv für Kommunalwissenschaften, 2. Halbj., Stuttgart 16 (1977), S. 163

181) MARX, D.: Erhaltende Erneuerung als Planungskonzept: wirtschaftliche Aspekte ..., in: Städtebauliche Beiträge 1, München 1977, S. 105

182) vgl. KOLB, Dieter: Konzepte für die Abstimmung der Wärmeversorgungssysteme in Verdichtungsräumen, in: Schriftenreihe des Instituts für Städtebau Berlin, Heft 20, Berlin 1980, S. 99

183) PROGNOS AG: Möglichkeiten des Energiesparens im Wohnbereich im Rahmen von Stadterneuerungsmaßnahmen ..., Basel 1981, S. 16

184) BUNDESMINISTER FÜR RAUMORDNUNG, BAUWESEN UND STÄDTEBAU (Hrsg.): Rationelle Energieverwendung im Rahmen der Stadterneuerung, Bonn 1981, S. 104 ff.

185) KONRAD-ADENAUER-STIFTUNG (Hrsg.): Stadtentwicklung. Von der Krise zur Reform, Schriftenreihe des Instituts für Kommunalwissenschaften, Bd. 1, Bonn 1973, S. 92

186) HESSE, Joachim-Jens: Stadtentwicklungsplanung: Zielfindungsprozesse und Zielvorstellungen, a.a.O., S. 108 f.

187) Kapitel 4.3

188) BATTELLE-INSTITUT: Möglichkeiten der Energieeinsparung im Gebäudebestand, Stufe B, Teil I, Frankfurt/Main 1978

189) LAFONTAINE, Oskar: Wie kann das Rathaus den Bürgern zum sparsamen Energieeinsatz verhelfen? in: Demokratische Gemeinde, Bonn 33 (1981), S. 865

190) vgl. HESSE, Joachim-Jens: Stadtentwicklungsplanung: Zielfindungsprozesse und Zielvorstellungen, a.a.O., S. 106 ff.

191) KONRAD-ADENAUER-STIFTUNG: Stadtentwicklung. Von der Krise zur Reform, a.a.O., S. 38 f.

192) vgl. THÜRAUF, G.: Industriestandorte in der Region München, Münchner Studien zur Sozial- und Wirtschaftsgeographie 16, München 1975

193) BUNDESMINISTER FÜR RAUMORDNUNG, BAUWESEN UND STÄDTEBAU (Hrsg.): Fachseminar 'Wohnungsmarktentwicklung und Strategien der Stadtentwicklungsplanung, a.a.O., S. 219

194) ebenda, S. 221

195) LÄMMEL, Peter: Umweltschutz in Ballungsräumen - dargestellt am Beispiel des Hamburger Raumes. Wirtschaftspolitische Studien aus dem Institut für Europäische Wirtschaftspolitik der Univ. Hamburg, Heft 32, Göttingen 1974, S. 210

196) LANGE, Michael: Luftreinhaltung bei Feuerungsanlagen, Heizungen in Haushalt und Kleingewerbe, Industrie- und Kraftwerksfeuerungen, in: Der Landkreis, Bonn 49 (1979), S. 447

197) BOHN, Thomas: Ausgewählte Technologien zur rationellen Energieversorgung und ihre Bewertung, in: Rationelle Energieverwendung im Ruhrgebiet, Arbeitshefte Ruhrgebiet A 008, Essen 1981, S. 112

198) Überregional gesehen reduziert sich durch die gekoppelte Wärme- und Stromerzeugung die Menge der Schadstoffe.

199) TECHNISCHER ÜBERWACHUNGSVEREIN RHEINLAND: Studie über die Auswirkungen der Substitution von Individualheizungen durch Fernwärme auf die Schadstoffbelastung im Kölner Innenstadtgebiet, TÜV-Studie 936/618113, Köln 1978, S. 47

200) RAT VON SACHVERSTÄNDIGEN FÜR UMWELTFRAGEN: Energie und Umwelt, a.a.O., S. 140, Tz 577

201) ZANGEMEISTER, Christof: Nutzwertanalyse in der Systemtechnik. Eine Methodik zur multidimensionalen Bewertung und Auswahl von Projektalternativen, München 1970, S. 45

202) BECHMANN, Armin: Nutzwertanalyse, Bewertungstheorie und Planung, Beiträge zur Wirtschaftspolitik, Bd. 29, Bern 1978, S. 21

203) TUROWSKI, Gerd: Bewertung und Auswahl von Freizeitregionen, Diss., Karlsruhe 1972, S. 38

204) FISCHER, Leopold: Spezielle Aspekte der Anwendung von Nutzwertanalysen in der Raumordnung, in: Raumforschung und Raumordnung; Bremen, Köln, Berlin 29 (1971), S. 64

205) vgl. Kapitel 4

206) ZANGEMEISTER, Christof: Nutzwertanalyse in der Systemtechnik ..., a.a.O., S. 92

207) KUNZE, Dieter M. / BLANEK, Hans-Dieter / SIMONS, Detlev: Nutzwertanalyse als Entscheidungshilfe für Planungsträger, Bauschriften des Kuratoriums für Technik und Bauwesen in der Landwirtschaft, Heft 1, Frankfurt 1969, S. 41

208) BEIRAT FÜR RAUMORDNUNG: Gesellschaftliche Indikatoren für die Raumordnung, Empfehlung vom 16. 6. 1976, Bonn 1976

209) BUNDESMINISTER FÜR RAUMORDNUNG, BAUWESEN UND STÄDTEBAU (Hrsg.): Planungssystem PRO-REGIO. Eine Methode zum Einsatz von EDV-Anlagen, Schriftenreihe Raumordnung 6.007, Bonn 1976, S. 77

210) ZANGEMEISTER, Christof: Nutzwertanalyse in der Systemtechnik ..., a.a.O., S. 62

211) EEKHOFF, Johann: Zu den Grundlagen der Entwicklungsplanung. Methodische und konzeptionelle Überlegungen am Beispiel der Stadtentwicklung, Veröff. d. Akad. f. Raumforschung u. Landesplanung Abh., Bd. 83, Hannover 1981, S. 51

212) - ZANGEMEISTER, Christof: Nutzwertanalyse ..., a.a.O., S. 215
    - vgl. auch LINDSTADT, Hans-Joachim: Nutzwertanalytische Evaluierung kommunaler Infrastrukturinvestitionen. Unter exemplarischer Betrachtung des Verkehrssektors; Zürich, Frankfurt, Thun 1978, S. 306

213) ZANGEMEISTER, Christof: Nutzwertanalyse ..., a.a.O., S. 103

214) BECHMANN, Armin: Nutzwertanalyse, Bewertungstheorie und Planung, a.a.O., S. 39

215) Definition der Nutzenunabhängigkeit: EEKHOFF, Johann: Zu den Grundlagen der Entwicklungsplanung ..., a.a.O., Ziffer 246

216) ZANGEMEISTER, Christof: Nutzwertanalyse ..., a.a.O., S. 77 ff.

217) KUNZE, Dieter M. / BLANEK, Hans-Dieter / SIMONS, Detlev: Nutzwertanalyse als Entscheidungshilfe für Planungsträger, a.a.O., S. 29

218) STADT BONN: Bericht zur Stadtentwicklung, Bonn 1984, S. 32

219) ebenda, S. 17

220) vgl. KAIER, Ulrich: Bewertungsmodell zur Abgrenzung alternativer Möglichkeiten künftiger Wärmebedarfsdeckung, Diss., Essen 1978

221) - vgl. STADTWERKE SAARBRÜCKEN: Örtliches Versorgungskonzept für die Landeshauptstadt Saarbrücken 1980-1995, Saarbrücken 1980
- WIBERA WIRTSCHAFTSBERATUNG AG: Wärmeversorgungskonzept Bremen. Energiewirtschaftlicher Teil, Düsseldorf 1982/83
- BUNDESMINISTER FÜR RAUMORDNUNG, BAUWESEN UND STÄDTEBAU (Hrsg.): Energieversorgungskonzept Gelsenkirchen, Schriftenreihe Städtebauliche Forschung 3.103, Bonn 1984

222) Ab dem Jahr 2000 sollen die Stadtwerke Bonn im Hardtberg-Bereich die Gasversorgung übernehmen (General-Anzeiger vom 16. 10. 1984).

223) OHNE VERFASSERANGABE: Stadt und Energie. Zum Beispiel: Bonn, in: Bonner Energie-Report 4 (1983), Nr. 13/14, Bonn, S. 25

224) STADTWERKE BONN: Jahresbericht 1983, Bonn 1984, S. 14

225) STADTWERKE BONN: Fernwärme, die wirtschaftliche, bequeme und zukunftssichere Heizungsart, Bonn 1980, S. 10 f.

226) Eigene Berechnungen aufgrund des 'Zahlenspiegels' der Stadtwerke Bonn.

227) STADT BONN: Umweltbericht Stadt Bonn 1984, Bonn 1984, S. 112

228) Preismittel 1981 nach Angaben der Arbeitsgemeinschaft Fernwärme DM 74,45.

229) vgl. Kapitel 7.2

230) vgl. Kapitel 4.2

231) Angaben der jeweiligen Energieversorgungsunternehmen; der Verbrauch der Heizwerke kann nach Schätzungen zu einem Drittel dem Sektor Haushalte und zu zwei Dritteln den Einrichtungen der öffentlichen Hände zugerechnet werden.

232) STADTWERKE BONN: Jahresbericht 1983, a.a.O., S. 16 f.

233) Zusammengestellt nach Angaben der Versorgungsunternehmen.

234) STADTWERKE BONN: Jahresbericht 1983, a.a.O., S. 12 f.

235) Zusammengestellt nach Angaben der Versorgungsunternehmen.

236) vgl. Kapitel 7.2

237) BUNDESMINISTER FÜR FORSCHUNG UND TECHNOLOGIE: Planstudie über die Möglichkeiten der Fernwärmeversorgung - vorzugsweise durch nukleare Heizkraftwerke - für den Raum Koblenz/Bonn/Köln, Forschungsbericht ET 5075 E, Bonn 1976, S. 1

238) ebenda, S. 20

239) ebenda, S. 101

240) BUNDESMINISTER FÜR FORSCHUNG UND TECHNOLOGIE: Planstudie über die Möglichkeiten der Fernwärmeversorgung ... für den Raum Koblenz/Bonn/Köln, a.a.O., S. 104

241) abgedruckt in: STADT BONN: Umweltbericht 1984, a.a.O., Anlage 13

242) ebenda, Anlage 16

243) GOEPFERT & REIMER UND PARTNER: Vorentwurf Neubau Müllheizkraftwerk Bonn / Müllverbrennung Bonn mit Energienutzung, Vorlagen für eine gemeinsame Sitzung des Umwelt-, Stadtwerke- und Bauausschusses am 24. 11. 1981

244) GOEPFERT & REIMER UND PARTNER: Müllverbrennung Bonn mit Energienutzung, a.a.O., S. 11

245) vgl. BONNER RUNDSCHAU vom 19. 3. 1982: 'Zahlen sprechen für Müll-Verbrennung'

246) STADT BONN: Umweltbericht 1984, a.a.O., Anlage 27

247) GENERAL-ANZEIGER vom 23. 2. 1984: 'Schweren Herzens Ja zu Müllkraftwerk'; vom 26. 5. 1984: 'Regierungspräsident droht Stadt Bußgeld an'; vom 27. 6. 1984: 'CDU hält Müllverbrennung für einzig sichere Methode der Müllbeseitigung'; und vom 9. 8. 1984: 'Bürgerinitiative will gegen das geplante Müllheizkraftwerk kämpfen'

248) STADT BONN: Vorhabenbeschreibung für die Erstellung eines Energieversorgungskonzeptes für das Stadtgebiet Bonn, Beschlußentwurf zur Sitzung des Hauptausschusses am 14. 7. 1981, Punkt 1.1

249) ebenda, Punkt 1.2

250) ebenda, Punkt 1.3

251) STADT BONN: Vorlage für die gemeinsame Sitzung der Ausschüsse für Umwelt und Gesundheitswesen, Stadtplanung sowie Stadtwerke am 6. 6. 1984, S. 2

252) siehe Anmerkung 248)

253) STADT BONN: Vorhabenbeschreibung für die Erstellung eines Energieversorgungskonzeptes für das Stadtgebiet Bonn, a.a.O., Punkt 1.6

254) STADT BONN: Sitzungsprotokoll der Anhörung der Energieversorgungsunternehmen am 4. 11. 1983, S. 2 und Ausschußsitzung vom 6. 6. 1984

255) BUNDESMINISTER FÜR FORSCHUNG UND TECHNOLOGIE / STADT BONN (Hrsg.): Entwicklung eines Wärmeversorgungskonzeptes für das Stadtgebiet Bonn, o. O. 1984, S. 61

256) ebenda, S. 66 ff.

257) ebenda, S. 72

258) ebenda, S. 75

259) ebenda, S. 130

260) ebenda, S. 84

261) ebenda, S. 90

262) ebenda, S. 86 ff.

263) ebenda, S. 161 ff.

264) ebenda, S. 192 ff.

265) ebenda, S. 237 ff.

266) ebenda, S. 242 ff.

267) JOCHIMSEN, Reimut: Neue Anforderungen an die Politikberatung, in: Informationen zur Raumentwicklung, Bonn 1982, Heft 9, S. 749

268) vgl. Kapitel 6.2.1

269) vgl. Kapitel 9.1

270) - VEREIN DEUTSCHER INGENIEURE: Wirtschaftlichkeitsberechnungen von Wärmeverbrauchsanlagen, VDI-Richtlinie 2067, Blatt 1, a.a.O., S. 7 ff.
- BUNDESAMT FÜR KONJUNKTURFRAGEN: Wärmetechnische Gebäudesanierung, Handbuch Planung und Projektierung, 3. Aufl., Bern 1980; Tabelle A 12

271) ebenda, Tabelle A 12

272) STADTWERKE BONN: Fernwärme, die wirtschaftliche, bequeme und zukunftssichere Heizungsart, Bonn 1980, S. 4

273) vgl. Kapitel 4.3

274) STADT BONN: Ausländerplan, Teil I 'Entwicklung, Struktur und Verteilung der Ausländer im Stadtgebiet', Bonn 1983, S. 7

275) BEIRAT FÜR RAUMORDNUNG: Gesellschaftliche Indikatoren für die Raumordnung, a.a.O., S. 41 u. 54

276) STADT BONN: Ausländerplan, Teil I ..., a.a.O., S. 9

277) LANDESAMT FÜR DATENVERARBEITUNG UND STATISTIK NORDRHEIN-WESTFALEN: Jahresarbeitsstatistik Wohngeld, Düsseldorf 1984

278) Kein Wohngeld erhalten Studenten, die Zahlungen nach dem Bundes-Ausbildungs-Förderungsgesetz erhalten.

279) - z. B. HIRSCHGRÄBER, W. / SCHÜTZ, K.: Wähler und Gewählte. Eine Untersuchung der Bundestagswahl 1953, Berlin 1957
- GANSER, Karl: Eine sozialgeographische Gliederung der Stadt München nach Wahlergebnissen, München 1965
- STATISTISCHES LANDESAMT HAMBURG: Wahlatlas 1978. Regionale Aspekte des Wahlverhaltens in Hamburg, Hamburg in Zahlen, Heft 1, Hamburg 1979
- HAHN, Helmut / KEMPER, Franz-Josef: Sozialökonomische Struktur und Wahlverhalten am Beispiel der Bundestagswahlen von 1980 und 1983 in Essen, Arbeiten zur Rheinischen Landeskunde, Heft 53, Bonn 1985

280) KOSACK, Klaus-Peter: Wählerverhalten bei den letzten Wahlen, hrsg. vom AMT FÜR STATISTIK UND WAHLEN, Manuskript, Bonn 1976, S. 25

281) Korrelationskoeffizient der Nichtwähleranteile in den Statistischen Bezirken: 0,9

282) STADT BONN: Kommunalwahl in der Stadt Bonn am 30. 9. 1979. Eine wahlstatistische Analyse, Bonn 1980, S. 16

283) BUND-LÄNDER-KOMMISSION FÜR BILDUNGSFRAGEN: Bildungsgesamtplan, Bd. 1 und Bd. 2, Stuttgart 1974

284) vgl. auch Ausführungen in Kapitel 4.3

285) vgl. STATISTISCHES BUNDESAMT: Das Wohnen in der Bundesrepublik Deutschland, Ausgabe 1981; Stuttgart, Mainz 1981, S. 36 f.

286) STADT BONN: Wanderungsuntersuchung, Bonn 1979, S. 11 und Tab. 5.2

287) BEIRAT FÜR RAUMORDNUNG: Gesellschaftliche Indikatoren für die Raumordnung, a.a.O., S. 40 u. 53

288) STATISTISCHES BUNDESAMT: Das Wohnen in der Bundesrepublik Deutschland, a.a.O., S. 33 ff.

289) HECKING, Georg / KNAUSS, Erich / SEITZ, Ulrich: Zur Expansion der Wohnflächennachfrage, in: Informationen zur Raumentwicklung, Bad Godesberg 1981, Heft 5/6, S. 303 ff.

290) - vgl. auch STADT BONN: Eignung und Dichte zukünftiger Wohnstandorte in Bonn, Wohnungsentwicklungsplan, Bericht 2, Bonn 1975
- DIESELBE: Maßnahmen bis zur Baureife unbebauter Flächen, Wohnungsentwicklungsplan, Bericht 3, Bonn 1979

291) BUNDESMINISTER FÜR FORSCHUNG UND TECHNOLOGIE / STADT BONN (Hrsg.): Entwicklung eines Wärmeversorgungskonzeptes ..., a.a.O., S. 84

292) STADT BONN: Wirtschaftsstrukturanalyse, Bonn 1980

293) BUNDESMINISTER FÜR FORSCHUNG UND TECHNOLOGIE / STADT BONN (Hrsg.): Entwicklung eines Wärmeversorgungskonzeptes ..., a.a.O., S. 85

294) STADT BONN: Bericht zur Stadtentwicklung 1984, Bonn 1984, S. 37

295) STADT BONN: Flächennutzungsplan der Stadt Bonn, Stand August 1983

296) STADT BONN: Flächennutzungsplan, Erläuterungsbericht, Bonn 1976, S. 14

297) - STADT BONN: Wirtschaftsstrukturanalyse, Bonn 1980
- DIESELBE: Räumlich-Funktionales Zentrenkonzept, Bonn 1977

298) STADT BONN: Städtebaulicher Rahmenplan des Parlaments- und Regierungsviertels, Bonn 1982

299) - PROJEKTGRUPPE 'ÖRTLICHE VERSORGUNGSKONZEPTE': Anforderungsprofil für die Ausarbeitung von örtlichen Versorgungskonzepten, a.a.O., S. 8
- GEIGER, Bernd: Prognosen über private Haushalte, Kleinverbraucher und Verkehr, in: Energiebedarf und Energiebedarfsforschung, Argumente in der Energiediskussion 2, Villingen-Schwenningen 1979, S. 208

300) DEUTSCHER WETTERDIENST: Die Klimaverhältnisse im Großraum Bonn, Amtliches Gutachten des Wetteramtes Essen, Essen 1972, S. 11

301) ebenda, S. 32

302) EMONDS, Hubert: Das Bonner Stadtklima, Diss., Bonn 1953, S. 42

303) BUNDESMINISTERIUM DES INNERN (Hrsg.): Was Sie schon immer über Luftreinhaltung wissen wollten, a.a.O., S. 11 f.

304) - TECHNISCHER ÜBERWACHUNGS-VEREIN: Gutachten über die Messung der Immissionsvorbelastung im Einwirkungsbereich der geplanten Müllverbrennungsanlage Bonn-Bad Godesberg, Bericht Nr. 936/790059, Köln 1982
- DERSELBE: Gutachten über die Messung der Immissionsvorbelastung im Einwirkungsbereich der geplanten Müllverbrennungsanlage Bonn-Nord, Bericht Nr. 936/792008, Köln 1984

305) Technische Anleitung zur Reinhaltung der Luft (TA-Luft), Pt. 2.6.2.3

306) IXFELD, Hans / ELLERMANN, K.: Immissionsmessungen in Verdichtungsräumen, Bericht über die Ergebnisse der Messungen in Bielefeld, Bonn und Wuppertal im Jahre 1978, in: Schriftenreihe des Landesanstalt für Immissionsschutz des Landes Nordrhein-Westfalen, Heft 53, Essen 1981

307) TA-Luft, Punkt 2.6.3.4

308) ebenda

309) DEUTSCHER WETTERDIENST: Die Klimaverhältnisse im Großraum Bonn, a.a.O., S. 34 ff.

310) Unterschiede sind signifikant auf dem 5%-Niveau nach dem U-Test von Mann-Whitney.

311) STADT BONN: Umweltbericht 1984, a.a.O., S. 108 f.

312) vgl. GENERAL-ANZEIGER vom 8. 12. 83 / 5. 9. 84 / 27. 9. 84 / 5. 10. 84 / 8. 10. 84 / 7. 12. 84 / 26. 6. 85 / 5. 7. 85 / 17. 7. 85

313) DÜTZ, Armand / FINKING, Gerhard / SPREER, Frithjof: Energie, Umwelt, Raumplanung: Örtliche und regionale Energiekonzepte als umweltpolitische Strategie, in: Informationen zur Raumentwicklung, Bad Godesberg 1984, Heft 7/8, S. 624

314) Zum Verfahren der Distanzgruppierung: BAHRENBERG, Gerhard / GIESE, Ernst: Statistische Methoden und ihre Anwendung in der Geographie, Stuttgart 1975, S. 259 ff.

315) Zum Verfahren der Diskriminanzanalyse:
 - RAO, C. Radhakrishna: Linear Statistical Inference and Its Applications; New York, London, Sydney 1965, S. 487-493
 - HOPE, Keith: Methoden multivariater Analyse; Weinheim, Basel 1975, S. 131 ff.

316) BUNDESMINISTER FÜR FORSCHUNG UND TECHNOLOGIE / STADT BONN (Hrsg.): Entwicklung eines Wärmeversorgungskonzeptes ..., a.a.O., S. 237 ff.

317) ebenda, S. 237

318) vgl. Kapitel 6.1

319) BUNDESMINISTER FÜR FORSCHUNG UND TECHNOLOGIE / STADT BONN (Hrsg.): Entwicklung eines Wärmeversorgungskonzeptes ..., a.a.O., S. 240

TABELLENANHANG

Tabelle A 1: Weltreserven an verschiedenen Energieträgern in Milliarden Tonnen Steinkohleneinheiten

	Kohle (1980) absolut	in %	Erdöl (1983)	in %	Erdgas (1983)	in %	Uran (1982) abs.
Westeuropa	90,5	13,2	4,5	3,4	5,2	5,1	2,6
Osteuropa	46,4	6,7	0,6	0,4	0,5	0,5	
UdSSR	165,5	24,1	12,4	9,4	41,8	40,9	
Afrika	32,7	4,8	11,1	8,4	6,4	6,3	10,2
(darunter OPEC)	(-)		(9,2)	(7,0)	(5,6)	(5,5)	
Naher Osten	0,9	0,1	72,6	55,1	26,0	25,4	0,1
(darunter OPEC)	(-)		(71,6)	(54,3)	(25,5)	(24,9)	
Nordamerika	195,3	28,4	7,0	5,4	10,1	9,9	12,2
Mittelamerika	1,5	0,2	9,8	7,4	2,6	2,5	
Südamerika	3,0	0,4	6,2	4,7	3,7	3,6	2,1
(darunter OPEC)	(-)		(4,8)	(3,6)	(2,0)	(1,9)	
VR China	99,0	14,4	3,9	3,0	1,0	0,9	
Ferner Osten	16,2	2,4	3,4	2,6	4,2	4,1	0,7
(darunter OPEC)	(-)		(1,8)	(1,4)	(1,0)	(1,0)	
Australien	36,5	5,3	0,3	0,2	0,8	0,8	4,5
insgesamt	687,5		131,8		102,3		32,4
(OPEC-Länder)			(87,4)		(34,1)		

(Uran Kostenkategorie bis 130 U.S. Dollar/kg Uran)

Tabelle A 2: Primärenergieverbrauch 1960-1984 in der Bundesrepublik

JAHR	STEIN-KOHLE PJ	%	BRAUN-KOHLE PJ	%	MINERAL-OEL PJ	%	ERDGAS PJ	%	KERN-ENERGIE PJ	%	REGENE-RATIVE ENER. PJ	%	INS-GESAMT PJ	%
1960	3763	.	856	.	1301	.	26	.	0	.	252	.	6198	.
1961	3617	-3.9	859	.3	1574	20.9	29	11.1	0	0.0	243	-11.5	6322	2.0
1962	3669	1.5	897	4.4	1955	24.2	38	30.0	0	0.0	220	-12.3	6780	7.2
1963	3719	1.4	950	5.9	2365	21.0	50	30.8	0	0.0	211	-1.5	7294	7.6
1964	3570	-4.0	964	1.5	2737	15.7	73	47.1	0	0.0	191	-9.8	7535	3.3
1965	3353	-6.1	879	-8.8	3165	15.6	103	40.0	0	0.0	255	46.1	7754	2.9
1966	3016	-10	826	-6.0	3573	12.9	123	20.0	3	0.0	296	16.8	7817	.8
1967	2834	-6.0	800	-3.2	3728	4.3	164	33.3	12	300.0	281	-10.4	7819	.0
1968	2875	1.4	841	5.1	4173	11.9	270	64.3	18	50.0	278	-1.3	8455	8.1
1969	2981	3.7	876	4.2	4701	12.6	384	42.4	50	183.3	240	-21.3	9233	9.2
1970	2837	-4.8	897	2.3	5243	11.5	536	39.7	62	23.5	296	33.5	9870	6.9
1971	2647	-6.7	859	-4.2	5442	3.8	703	31.1	59	-4.8	237	-23.8	9948	.8
1972	2444	-7.6	909	5.8	5756	5.8	897	27.5	91	55.0	287	26.6	10383	4.4
1973	2465	1.0	970	6.8	6122	6.4	1131	26.1	114	25.8	287	-4.6	11092	6.8
1974	2424	-1.8	1032	6.3	5519	-9.9	1363	20.5	120	5.1	267	-3.5	10724	-3.3
1975	1949	-20	1008	-2.3	5305	-3.9	1442	5.8	208	73.2	278	5.4	10192	-5.0
1976	2072	6.3	1102	9.3	5741	8.2	1524	5.7	232	11.3	182	-42.3	10853	6.5
1977	1964	-5.2	1029	-6.6	5683	-1.0	1627	6.7	346	49.4	264	62.2	10913	.5
1978	2028	3.3	1052	2.3	5958	4.8	1770	8.8	346	0.0	246	-3.7	11401	4.5
1979	2222	9.5	1117	6.1	6064	1.8	1931	9.1	407	17.8	223	-12.1	11964	4.9
1980	2260	1.7	1149	2.9	5442	-10	1885	-2.4	419	2.9	281	42.1	11436	-4.4
1981	2295	1.6	1166	1.5	4909	-9.8	1758	-6.7	516	23.1	314	18.2	10964	-4.1
1982	2254	-1.8	1125	-3.5	4683	-4.6	1615	-8.2	613	18.8	311	13.2	10601	-3.3
1983	2277	1.0	1122	-.3	4645	-.8	1662	2.9	633	3.3	349	27.1	10689	.8
1984	2330	2.3	1125	.3	4645	0.0	1753	5.5	891	40.7	290	-19.9	11034	3.2
MITTLERE PROZENTUALE VERAENDERUNG		-1.8		1.3		5.9		20.5		36.6		4.7		2.5

%: PROZENTUALE VERAENDERUNG GEGENUEBER DEM VORJAHR

Tabelle A 3: Entwicklung des Bruttosozialprodukts, des Primärenergieverbrauchs und des Elastizitätskoeffizienten 1961-1984

Jahr	Primärenergieverbrauch in PJ	Steigerung %	Bruttoinlandsprodukt in Mrd. DM	Steigerung %	Elastizitätskoeffizient	im Jahresdurchschnitt
1961	6.322	2,0	642,7	5,1	0,4	
1962	6.780	7,2	671,2	4,4	1,6	
1963	7.294	7,6	692,1	3,1	2,5	
1964	7.535	3,3	738,7	6,7	0,5	
1965	7.754	2,9	779,7	5,6	0,5	0,9
1966	7.817	0,8	800,1	2,6	0,3	
1967	7.819	0,0	799,3	-0,1	-0,3	
1968	8.455	8,1	864,6	5,9	1,4	
1969	9.233	9,2	909,8	7,5	1,2	
1970	9.870	6,9	956,6	5,1	1,4	
1971	9.948	0,8	986,2	3,1	0,3	1,1
1972	10.383	4,4	1.027,1	4,2	1,0	
1973	11.092	6,8	1.073,9	4,6	1,5	
1974	10.724	-3,3	1.079,7	0,5	-6,6	-1,9
1975	10.191	-5,0	1.061,4	-1,7	2,9	
1976	10.853	6,5	1.119,7	5,5	1,2	
1977	10.913	0,6	1.154,0	3,1	0,2	1,0
1978	11.401	4,5	1.189,5	3,1	1,5	
1979	11.964	5,0	1.239,2	4,2	1,2	
1980	11.436	-4,4	1.262,0	1,8	-2,4	
1981	10.964	-4,1	1.261,0	-0,1	41,0	14,0
1982	10.596	-3,4	1.247,9	-1,0	3,4	
1983	10.689	0,9	1.259,8	1,0	0,9	1,0
1984	11.032	3,2	1.299,7	3,2	1,0	

(Bruttoinlandsprodukt in Preisen von 1976)

Tabelle A 4: Anteil der mit Fernwärme- bzw. Erdgasrohren versehenen Anliegerstraßen

NR.	STATISTISCHER BEZIRK	ERD-GAS	FERN-WAERME
110	ZENTRUM-RHEINVIERTEL	97	29
111	ZENTR-MUENSTERVIERTE	82	46
112	WICHELSHOF	100	20
113	VOR DEM STERNTOR	100	18
114	RHEINDORFER-VORSTADT	93	18
115	ELLERVIERTEL	96	20
116	GUETERBAHNHOF	91	49
117	BAUMSCHULVIERTEL	100	26
118	BONNER-TALVIERTEL	100	29
119	V DEM KOBLENZER TOR	100	40
120	NEU-ENDENICH	86	11
121	ALT-ENDENICH	91	0
122	POPPELSDORF	100	26
123	KESSENICH	93	9
124	DOTTENDORF	91	0
125	VENUSBERG	64	33
126	IPPENDORF	39	0
127	ROETTGEN	33	0
128	UECKESDORF	13	0
131	ALT-TANNENBUSCH	72	21
132	NEU-TANNENBUSCH	79	19
133	BUSCHDORF	33	0
134	AUERBERG	80	0
135	GRAU-RHEINDORF	85	0
136	DRANSDORF	77	5
137	LESSENICH-MESSDORF	67	0
141	GRONAU-REGIERUNGSV.	94	32
242	HOCHKREUZ-REGIERUNGS	78	0
251	BAD GODESBERG-ZENTRU	97	0
252	GODESBERG-KURVIERTEL	47	0
253	SCHWEINHEIM	64	0
254	BAD GODESBERG-NORD	71	0
255	VILLENVIERTEL	85	0
260	FRIESDORF	66	0
261	NEU-PLITTERSDORF	49	19
262	ALT-PLITTERSDORF	84	0
263	RUENGSDORF	80	0
264	MUFFENDORF	68	0
265	PENNENFELD	60	0
266	LANNESDORF	52	0
267	MEHLEM-RHEINAUE	58	0
268	OBERMEHLEM	45	0
269	HEIDERHOF	0	100
371	BEUEL-ZENTRUM	95	0
372	VILICH-RHEINDORF	85	0
373	BEUEL-OST	88	0
374	BEUEL-SUED	91	0
381	GEISLAR	81	0
382	VILICH-MUELDORF	86	0
383	PUETZCHEN-BECHLINGH	61	0
384	LI KUE RA	79	0
385	OBERKASSEL	80	0
386	HOLZLAR	83	0
387	HOHOLZ	33	0
388	HOLTDORF	52	0
491	DUISDORF-ZENTRUM	76	0
492	FINKENHOF	0	100
493	MEDINGHOFEN	96	0
494	BRUESER BERG	95	0
495	LENGSDORF	66	0
496	DUISDORF-NORD	60	0
497	NEU-DUISDORF	52	28
MITTELWERT		73	11

Tabelle A 5: Wärmeanschluß- und Einwohner/Arbeitsplatzdichte in den Statistischen Bezirken der Stadt Bonn

Statistischer Bezirk		Wärmean-schluß-wert in kW	Einwoh-nerzahl	Arbeits-platz-zahl	Brutto-bauflä-che in ha	Wärmean-schluß-dichte (kW)/ha	Einwoh-ner/Ar-beits-platz-dichte pro ha
110	ZENTRUM RHEINVIERTEL	37602	2595	5700	346	1086.8	239.7
111	ZEN. MUENSTERVIERTEL	89407	3799	15200	497	1798.9	382.3
112	WICHELSHOF	34282	6537	1500	544	630.2	147.7
113	VOR DEM STERNTOR	47496	9133	6100	540	879.6	282.1
114	RHEINDORFER VORSTADT	51854	5613	6000	1143	453.7	101.6
115	ELLERVIERTEL	39942	5402	2300	1232	324.2	62.5
116	GUETERBAHNHOF	16069	1506	2000	556	289.0	63.1
117	BAUMSCHULVIERTEL	51408	7604	3900	722	712.0	159.3
118	TALVIERTEL	71335	8870	6000	786	907.6	189.2
119	VOR D KOBLENZER TOR	55678	4241	9300	655	850.0	206.7
120	NEU ENDENICH	34619	3233	400	928	373.0	39.1
121	ALT ENDENICH	42527	7587	1000	1114	381.8	77.1
122	POPPELSDORF	58727	6266	4100	1222	480.6	84.8
123	KESSENICH	75308	13394	4700	1862	404.4	97.2
124	DOTTENDORF	36803	4909	1400	1386	265.5	45.5
125	VENUSBERG	38079	2762	2500	1013	375.9	51.9
126	IPPENDORF	39892	6964	600	1937	205.9	39.1
127	ROETTGEN	26196	4469	400	1148	228.2	42.4
128	UECKESDORF	6941	1054	100	551	126.0	20.9
131	ALT TANNENBUSCH	32402	6820	800	1122	288.8	67.9
132	NEU TANNENBUSCH	32085	6565	900	1289	248.9	57.9
133	BUSCHDORF	27533	3206	4500	1469	187.4	52.5
134	AUERBERG	37039	7206	200	1352	274.0	54.8
135	GRAU RHEINDORF	24435	3005	300	879	278.0	37.5
136	DRANSDORF	41593	4983	1300	1536	270.8	40.9
137	LESSENICH MESSDORF	17439	3308	700	624	279.5	64.2
141	GRONAU REGIERUNGSVIE	101365	2314	14800	1858	545.6	92.1
242	HOCHKREUZ REGIERUNGS	45295	2340	7200	923	490.7	103.4
251	BADGODESBERG ZENTRUM	55701	4575	5100	630	884.1	153.6
252	GODESBERG KURVIERTEL	27451	1887	800	888	309.1	30.3
253	SCHWEINHEIM	37351	2868	800	1007	370.9	36.4
254	BAD GODESBERG NORD	20027	1961	2000	670	298.9	59.1
255	VILLENVIERTEL	55340	5724	2700	978	565.8	86.1
260	FRIESDORF	42934	7658	1000	1247	344.3	69.4
261	NEU PLITTERSDORF	52785	5419	500	1498	352.4	39.5
262	ALT PLITTERSDORF	27094	3472	300	689	393.2	54.7
263	RUENGSDORF	51175	6010	2300	1722	297.2	48.3
264	MUFFENDORF	28046	3512	300	977	287.1	39.0
265	PENNENFELD	34975	3793	1500	797	438.8	66.4
266	LANNESDORF	50516	5798	2500	1387	364.2	59.8
267	MEHLEM RHEINAUE	22092	3712	1600	647	341.5	82.1
268	OBERMEHLEM	22106	4118	400	973	227.2	46.4
269	HEIDERHOF	22848	4610	200	1177	194.1	40.9
371	BEUEL ZENTRUM	62176	10024	3400	1118	556.1	120.1
372	VILICH RHEINDORF	37521	6238	1500	1989	188.7	38.9
373	BEUEL OST	35820	3422	3000	1793	199.8	35.8
374	BEUEL SUED	24448	5168	300	1241	197.0	44.1
381	GEISLAR	8731	1398	200	416	209.9	38.4
382	VILICH MUELDORF	9709	1919	200	416	233.4	50.9
383	PUETZCHEN BECHLINGH	33518	4202	1000	1696	197.6	30.7
384	LI KUE RA	32855	5733	800	1424	230.7	45.9
385	OBERKASSEL	45708	6268	1400	2339	195.4	32.8
386	HOLZLAR	32509	5450	1000	1991	163.3	32.4
387	HOHOLZ	16120	2051	100	949	169.9	22.7
388	HOLTDORF	11888	1596	100	473	251.3	35.9
491	DUISDORF ZENTRUM	27274	4308	2500	877	311.0	77.6
492	FINKENHOF	18026	2758	200	545	330.8	54.3
493	MEDINGHOFEN	18761	4133	1800	846	221.8	70.1
494	BRUESER BERG	32680	2859	5000	2267	144.2	34.7
495	LENGSDORF	23175	4060	600	1288	179.9	36.2
496	DUISDORF NORD	11117	1241	300	299	371.8	51.5
497	NEU DUISDORF	30018	5678	2600	1001	299.9	82.7

Tabelle A 6: Anschlußanteil großer Gebäude in %

NR.	STATISTISCHER BEZIRK	LEISTUNG IN KW	ANTEIL OEFFENTL GEBAEUDE	ANTEIL WIRTSCH GEBAEUDE
110	ZENTRUM-RHEINVIERTEL	37602	44.9	4.6
111	ZENT-MUENSTERVIERTEL	89407	44.7	0.0
112	WICHELSHOF	34282	10.2	0.0
113	VOR DEM STERNTOR	47496	28.6	2.8
114	RHEINDORFER-VORSTADT	51854	69.0	.5
115	ELLERVIERTEL	39942	28.9	8.3
116	GUETERBAHNHOF	16069	8.5	57.5
117	BAUMSCHULVIERTEL	51408	10.7	.7
118	BONNER-TALVIERTEL	71335	24.3	0.0
119	V DEM KOBLENZER TOR	55678	30.0	2.6
120	NEU-ENDENICH	34619	44.8	.4
121	ALT-ENDENICH	42527	9.2	1.7
122	POPPELSDORF	58727	44.3	0.0
123	KESSENICH	75308	6.1	.6
124	DOTTENDORF	36803	9.1	7.8
125	VENUSBERG	38079	66.9	0.0
126	IPPENDORF	39892	8.9	0.0
127	ROETTGEN	26196	3.8	0.0
128	UECKESDORF	6941	13.8	0.0
131	ALT-TANNENBUSCH	32402	6.3	2.5
132	NEU-TANNENBUSCH	32085	27.8	.8
133	BUSCHDORF	27533	48.0	0.0
134	AUERBERG	37039	14.8	.5
135	GRAU-RHEINDORF	24435	31.1	1.8
136	DRANSDORF	41593	1.1	15.8
137	LESSENICH-MESSDORF	17439	1.5	1.1
141	GRONAU-REGIERUNGSV.	101365	70.7	5.0
242	HOCHKREUZ-REGIERUNGS	45295	44.5	.2
251	BADGODESBERG-ZENTRUM	55701	10.6	.2
252	GODESBERG-KURVIERTEL	27451	40.4	0.0
253	SCHWEINHEIM	37351	22.2	0.0
254	BAD GODESBERG-NORD	20027	5.5	26.1
255	VILLENVIERTEL	55340	6.0	0.0
260	FRIESDORF	42934	2.1	0.0
261	NEU-PLITTERSDORF	52785	18.7	0.0
262	ALT-PLITTERSDORF	27094	4.6	0.0
263	RUENGSDORF	51175	16.0	0.0
264	MUFFENDORF	28046	12.0	0.0
265	PENNENFELD	34975	30.3	0.0
266	LANNESDORF	50516	17.8	28.9
267	MEHLEM-RHEINAUE	22092	4.1	0.0
268	OBERMEHLEM	22106	4.3	0.0
269	HEIDERHOF	22348	2.8	0.0
371	BEUEL-ZENTRUM	62176	12.6	1.6
372	VILICH-RHEINDORF	37521	15.7	.7
373	BEUEL-OST	35820	1.0	34.8
374	BEUEL-SUED	24448	13.6	0.0
381	GEISLAR	8731	1.4	0.0
382	VILICH-MUELDORF	9709	0.0	0.0
383	PUETZCHEN-BECHLINGH	33518	11.7	10.8
384	LI KUE RA	32855	1.9	0.0
385	OBERKASSEL	45708	10.9	.3
386	HOLZLAR	32509	3.8	3.3
387	HOHOLZ	16120	2.6	0.0
388	HOLTDORF	11888	2.7	0.0
491	DUISDORF-ZENTRUM	27274	6.4	0.0
492	FINKENHOF	18026	41.8	.7
493	MEDINGHOFEN	18761	23.9	0.0
494	BRUESER BERG	32680	55.3	0.0
495	LENGSDORF	23175	3.6	.8
496	DUISDORF-NORD	11117	0.0	20.2
497	NEU-DUISDORF	30018	19.4	0.0
MITTELWERT			19.0	3.9
MAXIMUM			70.7	57.5

Tabelle A 7: Anteil der Heizungsarten in % bei Wohngebäuden

NR.	STATISTISCHER BEZIRK	E-OFEN-HEIZUNG	ETAGEN-HEIZUNG	SAMMEL-HEIZUNG
110	ZENTRUM-RHEINVIERTEL	19	29	52
111	ZENT-MUENSTERVIERTEL	32	14	54
112	WICHELSHOF	20	23	57
113	VOR DEM STERNTOR	26	16	58
114	RHEINDORFER-VORSTADT	40	14	46
115	ELLERVIERTEL	27	15	58
116	GUETERBAHNHOF	0	71	29
117	BAUMSCHULVIERTEL	20	27	53
118	BONNER-TALVIERTEL	14	25	61
119	V DEM KOBLENZER TOR	18	29	53
120	NEU-ENDENICH	23	19	58
121	ALT-ENDENICH	31	25	44
122	POPPELSDORF	22	26	52
123	KESSENICH	22	35	43
124	DOTTENDORF	23	21	56
125	VENUSBERG	8	42	50
126	IPPENDORF	20	2	78
127	ROETTGEN	15	0	85
128	UECKESDORF	8	0	92
131	ALT-TANNENBUSCH	26	6	68
132	NEU-TANNENBUSCH	11	13	76
133	BUSCHDORF	21	6	73
134	AUERBERG	29	0	71
135	GRAU-RHEINDORF	33	3	64
136	DRANSDORF	24	14	62
137	LESSENICH-MESSDORF	21	10	69
141	GRONAU-REGIERUNGSV.	9	13	74
242	HOCHKREUZ-REGIERUNGS	5	4	91
251	BADGODESBERG-ZENTRUM	6	31	63
252	GODESBERG-KURVIERTEL	21	12	67
253	SCHWEINHEIM	9	3	88
254	BAD GODESBERG-NORD	22	24	54
255	VILLENVIERTEL	15	24	61
260	FRIESDORF	18	37	45
261	NEU-PLITTERSDORF	26	26	48
262	ALT-PLITTERSDORF	30	25	45
263	RUENGSDORF	7	24	69
264	MUFFENDORF	25	0	75
265	PENNENFELD	53	0	47
266	LANNESDORF	25	3	72
267	MEHLEM-RHEINAUE	7	3	90
268	OBERMEHLEM	6	8	86
269	HEIDERHOF	0	0	100
371	BEUEL-ZENTRUM	16	12	72
372	VILICH-RHEINDORF	16	5	79
373	BEUEL-OST	18	5	77
374	BEUEL-SUED	16	10	74
381	GEISLAR	18	12	70
382	VILICH-MUELDORF	23	6	71
383	PUETZCHEN-BECHLINGH	19	3	78
384	LI KUE RA	21	6	73
385	OBERKASSEL	29	12	59
386	HOLZLAR	13	5	82
387	HOHOLZ	14	0	86
388	HOLTDORF	18	0	82
491	DUISDORF-ZENTRUM	21	7	72
492	FINKENHOF	3	0	97
493	MEDINGHOFEN	9	0	91
494	BRUESER BERG	17	21	62
495	LENGSDORF	13	10	77
496	DUISDORF-NORD	17	11	72
497	NEU-DUISDORF	15	7	78
MITTELWERT		19	14	68
MINIMUM		0	0	29
MAXIMUM		53	71	100

Tabelle A 8: Altersklassen der Wohngebäude

NR.	STATISTISCHER BEZIRK	BIS 1918 ABSOLUT	IN %	1919-1948 ABSOLUT	IN %	1949-1960 ABSOLUT	IN %	1961-1968 ABSOLUT	IN %	1968-1982 ABSOLUT	IN %	GEBAEUDE INSGES.
110	ZENTRUM-RHEINVIERTEL	80	25.2	10	3.2	169	53.3	42	13.2	16	5.0	317
111	ZENT-MUENSTERVIERTEL	321	58.5	20	3.6	165	30.1	18	3.3	25	4.6	549
112	WICHELSHOF	245	37.9	64	9.9	189	29.3	100	15.5	48	7.4	646
113	VOR DEM STERNTOR	700	74.1	93	9.8	107	11.3	29	3.1	16	1.7	945
114	RHEINDORFER-VORSTADT	38	8.7	191	43.8	131	30.0	28	6.4	48	11.0	436
115	ELLERVIERTEL	107	17.5	245	40.1	224	36.7	31	5.1	4	.7	611
116	GUETERBAHNHOF	34	23.8	36	25.2	25	17.5	3	2.1	45	31.5	143
117	BAUMSCHULVIERTEL	468	50.9	118	12.8	279	30.3	18	2.0	37	4.0	920
118	BONNER-TALVIERTEL	922	77.7	145	12.2	71	6.0	27	2.3	21	1.8	1186
119	V DEM KOBLENZER TOR	342	63.6	55	10.2	117	21.7	16	3.0	8	1.5	538
120	NEU-ENDENICH	44	8.9	59	11.9	166	33.5	145	29.3	81	16.4	495
121	ALT-ENDENICH	322	32.8	98	10.0	333	33.9	114	11.6	114	11.6	981
122	POPPELSDORF	529	64.5	83	10.1	120	14.6	38	4.6	50	6.1	820
123	KESSENICH	512	27.6	295	15.9	729	39.3	96	5.2	224	12.1	1356
124	DOTTENDORF	191	20.6	144	15.6	333	36.0	126	13.6	131	14.2	925
125	VENUSBERG	5	1.1	37	8.0	393	84.9	18	3.9	10	2.2	463
126	IPPENDORF	139	9.8	108	7.6	483	34.0	426	30.0	266	18.7	1422
127	ROETTGEN	36	3.6	36	3.6	179	18.1	493	49.9	243	24.6	987
128	UECKESDORF	15	5.6	3	1.1	68	25.5	135	50.6	46	17.2	267
131	ALT-TANNENBUSCH	0	0.0	93	12.8	531	73.2	66	9.1	35	4.8	725
132	NEU-TANNENBUSCH	1	.4	1	.4	1	.4	0	0.0	228	98.7	231
133	BUSCHDORF	38	7.5	24	4.8	39	7.7	174	34.5	229	45.4	504
134	AUERBERG	11	1.4	179	22.0	118	14.5	261	32.1	244	30.0	813
135	GRAU-RHEINDORF	254	52.6	38	7.9	93	19.3	58	12.0	40	8.3	483
136	DRANSDORF	127	17.8	108	15.1	113	15.8	99	13.9	267	37.4	714
137	LESSENICH-MESSDORF	58	9.9	47	8.1	137	23.5	80	13.7	261	44.8	583
141	GRONAU-REGIERUNGSV.	48	11.1	139	32.0	179	41.2	58	13.4	10	2.3	434
242	HOCHKREUZ-REGIERUNGS	19	3.5	36	6.7	138	25.5	213	39.4	135	25.0	541
251	BADGODESBERG-ZENTRUM	430	60.9	81	11.5	45	6.4	24	3.4	126	17.8	706
252	GODESBERG-KURVIERTEL	31	8.6	36	10.0	85	23.6	38	10.6	170	47.2	360
253	SCHWEINHEIM	57	7.9	73	10.1	405	55.8	123	16.9	68	9.4	726
254	BAD GODESBERG-NORD	38	11.2	170	50.3	76	22.5	37	10.9	17	5.0	333
255	VILLENVIERTEL	488	45.9	316	29.7	140	13.2	39	3.7	81	7.6	1064
260	FRIESDORF	296	23.2	295	23.1	412	32.3	187	14.7	35	6.7	1275
261	NEU-PLITTERSDORF	21	2.3	79	8.5	587	63.5	109	11.8	128	13.9	924
262	ALT-PLITTERSDORF	173	23.7	216	29.5	173	23.7	87	11.9	82	11.2	731
263	RUENGSDORF	315	29.2	232	21.5	427	39.6	78	7.2	25	2.3	1077
264	MUFFENDORF	211	32.5	61	9.4	176	27.1	104	16.0	98	15.1	650
265	PENNENFELD	12	2.3	31	6.0	343	66.1	108	20.8	25	4.8	519
266	LANNESDORF	211	22.7	101	10.9	146	15.7	367	39.5	104	11.2	929
267	MEHLEM-RHEINAUE	177	29.8	66	11.1	251	42.3	58	9.8	42	7.1	594
268	OBERMEHLEM	135	16.7	88	10.9	223	27.5	158	19.5	206	25.4	810
269	HEIDERHOF	1	.1	1	.1	1	.1	492	69.8	210	29.8	705
371	BEUEL-ZENTRUM	468	34.9	229	17.1	378	28.2	188	14.0	77	5.7	1340
372	VILICH-RHEINDORF	356	33.5	133	12.5	230	21.6	189	17.8	155	14.6	1063
373	BEUEL-OST	121	21.2	161	28.2	132	23.1	84	14.7	73	12.8	571
374	BEUEL-SUED	20	2.6	53	7.0	271	35.9	139	18.4	272	36.0	755
381	GEISLAR	164	47.5	29	8.4	63	18.3	49	14.2	40	11.6	345
382	VILICH-MUELDORF	69	15.4	36	8.0	104	23.2	101	22.5	139	31.0	449
383	PUETZCHEN-BECHLINGH	98	12.2	109	13.5	94	11.7	247	30.7	257	31.9	805
384	LI KUE RA	360	30.6	171	14.5	191	16.2	217	18.5	237	20.2	1176
385	OBERKASSEL	560	45.9	130	10.6	280	22.9	143	11.7	108	8.8	1221
386	HOLZLAR	47	5.3	54	6.1	224	25.1	214	24.0	353	39.6	892
387	HOHOLZ	69	12.1	31	5.4	53	9.3	222	39.0	194	34.1	569
388	HOLTDORF	88	21.8	21	5.2	37	9.2	86	21.3	171	42.4	403
491	DUISDORF-ZENTRUM	224	30.2	93	12.5	216	29.1	116	15.6	93	12.5	742
492	FINKENHOF	0	0.0	2	.6	2	.6	337	94.4	16	4.5	357
493	MEDINGHOFEN	22	5.5	14	3.5	25	6.2	21	5.2	321	79.7	403
494	BRUESER BERG	0	0.0	5	1.1	19	4.1	41	9.0	393	85.8	458
495	LENGSDORF	157	18.9	88	10.6	303	36.4	168	20.2	116	13.9	832
496	DUISDORF-NORD	0	0.0	21	9.3	96	42.3	51	22.5	59	26.0	227
497	NEU-DUISDORF	12	1.6	81	10.8	222	29.7	394	52.7	39	5.2	748
MITTELWERT			22.1		12.8		26.8		18.6		19.7	
MINIMUM			0.0		.1		.1		0.0		.7	
MAXIMUM			77.7		50.3		84.9		94.4		98.7	

Tabelle A 9: Zahl der Haushalte pro Wohngebäude

NR.	STATISTISCHER BEZIRK	HAUS-HALTE	WOHNGE-BAEUDE	HAUSH./GEBAEUDE
110	ZENTRUM-RHEINVIERTEL	1348	317	4.3
111	ZENT-MUENSTERVIERTEL	1973	549	3.6
112	WICHELSHOF	3266	646	5.1
113	VOR DEM STERNTOR	5055	945	5.3
114	RHEINDORFER-VORSTADT	2285	436	5.2
115	ELLERVIERTEL	2298	611	3.8
116	GUETERBAHNHOF	610	143	4.3
117	BAUMSCHULVIERTEL	4043	920	4.4
118	BONNER-TALVIERTEL	5021	1186	4.2
119	V DEM KOBLENZER TOR	2540	538	4.7
120	NEU-ENDENICH	1190	495	2.4
121	ALT-ENDENICH	3576	981	3.6
122	POPPELSDORF	3372	820	4.1
123	KESSENICH	6562	1856	3.5
124	DOTTENDORF	2400	925	2.6
125	VENUSBERG	1130	463	2.4
126	IPPENDORF	3082	1422	2.2
127	ROETTGEN	1678	987	1.7
128	UECKESDORF	419	267	1.6
131	ALT-TANNENBUSCH	2689	725	3.7
132	NEU-TANNENBUSCH	2590	231	11.2
133	BUSCHDORF	1268	504	2.5
134	AUERBERG	3011	813	3.7
135	GRAU-RHEINDORF	1294	483	2.7
136	DRANSDORF	1735	714	2.4
137	LESSENICH-MESSDORF	1409	583	2.4
141	GRONAU-REGIERUNGSV.	1159	434	2.7
242	HOCHKREUZ-REGIERUNGS	1158	541	2.1
251	BADGODESBERG-ZENTRUM	2379	706	3.4
252	GODESBERG-KURVIERTEL	839	360	2.3
253	SCHWEINHEIM	1227	726	1.7
254	BAD GODESBERG-NORD	921	338	2.7
255	VILLENVIERTEL	2918	1064	2.7
260	FRIESDORF	3613	1275	2.8
261	NEU-PLITTERSDORF	2713	924	2.9
262	ALT-PLITTERSDORF	1649	731	2.3
263	RUENGSDORF	2786	1077	2.6
264	MUFFENDORF	1810	650	2.8
265	PENNENFELD	1657	519	3.2
266	LANNESDORF	2470	929	2.7
267	MEHLEM-RHEINAUE	1838	594	3.1
268	OBERMEHLEM	1844	810	2.3
269	HEIDERHOF	1768	705	2.5
371	BEUEL-ZENTRUM	5168	1340	3.9
372	VILICH-RHEINDORF	2847	1063	2.7
373	BEUEL-OST	1483	571	2.6
374	BEUEL-SUED	2181	755	2.9
381	GEISLAR	584	345	1.7
382	VILICH-MUELDORF	819	449	1.8
383	PUETZCHEN-BECHLINGH	1749	805	2.2
384	LI KUE RA	2479	1176	2.1
385	OBERKASSEL	2692	1221	2.2
386	HOLZLAR	2140	892	2.4
387	HOHOLZ	772	569	1.4
388	HOLTDORF	621	403	1.5
491	DUISDORF-ZENTRUM	1939	742	2.6
492	FINKENHOF	1018	357	2.9
493	MEDINGHOFEN	1447	403	3.6
494	BRUESER BERG	1374	458	3.0
495	LENGSDORF	1737	832	2.1
496	DUISDORF-NORD	537	227	2.4
497	NEU-DUISDORF	2584	748	3.5
MITTELWERT		2141	714	3.1
MINIMUM		419	143	1.4
MAXIMUM		6562	1856	11.2

Tabelle A 10: Anteil der über 60-jährigen und der Ausländer an der Gesamtbevölkerung

NR.	STATISTISCHER BEZIRK	UEBER 60 JAH. ABSOLUT	IN %	AUSLAEN-DER ABSOLUT	IN %	EINWOHNER INSGESAMT
110	ZENTRUM-RHEINVIERTEL	628	24.2	204	7.9	2596
111	ZENT-MUENSTERVIERTEL	704	18.8	787	21.0	3742
112	WICHELSHOF	1587	24.3	512	7.8	6543
113	VOR DEM STERNTOR	1331	14.6	1703	18.6	9137
114	RHEINDORFER-VORSTADT	1342	24.0	523	9.3	5598
115	ELLERVIERTEL	1153	21.3	567	10.5	5417
116	GUETERBAHNHOF	237	17.6	318	23.7	1344
117	BAUMSCHULVIERTEL	1537	20.3	689	9.1	7582
118	BONNER-TALVIERTEL	1279	14.5	822	9.3	8834
119	V DEM KOBLENZER TOR	680	15.7	503	11.6	4340
120	NEU-ENDENICH	501	15.5	235	7.3	3224
121	ALT-ENDENICH	1525	19.9	640	8.4	7652
122	POPPELSDORF	1109	17.6	709	11.3	6289
123	KESSENICH	3258	24.5	1173	8.8	13277
124	DOTTENDORF	1177	23.9	389	7.9	4924
125	VENUSBERG	717	26.0	130	4.7	2763
126	IPPENDORF	1553	22.5	346	5.0	6893
127	ROETTGEN	859	19.2	98	2.2	4478
128	UECKESDORF	209	20.1	19	1.8	1039
131	ALT-TANNENBUSCH	1925	28.6	227	3.4	6727
132	NEU-TANNENBUSCH	505	7.6	1449	21.8	6655
133	BUSCHDORF	374	11.4	232	7.1	3274
134	AUERBERG	1232	17.2	596	8.3	7149
135	GRAU-RHEINDORF	683	22.3	142	4.7	2995
136	DRANSDORF	680	13.9	433	8.9	4883
137	LESSENICH-MESSDORF	520	15.5	108	3.2	3361
141	GRONAU-REGIERUNGSV.	420	18.0	253	10.8	2333
242	HOCHKREUZ-REGIERUNGS	583	25.0	156	6.7	2335
251	BADGODESBERG-ZENTRUM	926	20.2	1291	28.2	4577
252	GODESBERG-KURVIERTEL	490	26.0	155	8.2	1885
253	SCHWEINHEIM	768	26.8	234	8.2	2865
254	BAD GODESBERG-NORD	433	22.2	258	13.2	1954
255	VILLENVIERTEL	1464	25.6	870	15.2	5720
260	FRIESDORF	1813	23.7	574	7.5	7651
261	NEU-PLITTERSDORF	1638	30.4	447	8.3	5397
262	ALT-PLITTERSDORF	1063	30.7	339	9.8	3465
263	RUENGSDORF	1710	28.6	664	11.1	5979
264	MUFFENDORF	894	25.5	377	10.8	3500
265	PENNENFELD	1119	29.6	360	9.5	3784
266	LANNESDORF	1166	20.2	622	10.8	5784
267	MEHLEM-RHEINAUE	1086	29.2	613	16.5	3717
268	OBERMEHLEM	914	22.2	309	7.5	4125
269	HEIDERHOF	1105	24.0	128	2.8	4608
371	BEUEL-ZENTRUM	2096	21.0	999	10.0	9998
372	VILICH-RHEINDORF	1223	19.5	396	6.3	6282
373	BEUEL-OST	516	15.1	665	19.4	3422
374	BEUEL-SUED	985	19.0	296	5.7	5178
381	GEISLAR	253	18.1	34	2.4	1401
382	VILICH-MUELDORF	319	16.6	67	3.5	1922
383	PUETZCHEN-BECHLINGH	760	18.1	248	5.9	4199
384	LI KUE RA	1098	19.2	354	6.2	5731
385	OBERKASSEL	1351	21.4	518	8.2	6313
386	HOLZLAR	681	12.0	315	5.5	5690
387	HOHOLZ	360	17.6	64	3.1	2040
388	HOLTDORF	259	16.1	57	3.5	1610
491	DUISDORF-ZENTRUM	993	23.1	411	9.6	4302
492	FINKENHOF	510	18.5	44	1.6	2763
493	MEDINGHOFEN	317	7.7	217	5.2	4134
494	BRUESER BERG	270	7.3	395	10.6	3716
495	LENGSDORF	740	18.3	274	6.8	4042
496	DUISDORF-NORD	231	18.0	83	6.5	1284
497	NEU-DUISDORF	1432	25.2	186	3.3	5687
MITTELWERT			20.3		8.9	
MINIMUM			7.3		1.6	
MAXIMUM			30.7		28.2	

Tabelle A 11: Anteil der wohngeldempfangenden Haushalte

NR.	STATISTISCHER BEZIRK	WOHNGELD EMPF. HAUSHALTE	GES. ZAHL DER HAUSHALTE	WOHNGELD-EMPFAENGER IN PROZENT
110	ZENTRUM-RHEINVIERTEL	229	1348	17.0
111	ZENT-MUENSTERVIERTEL	275	1973	13.9
112	WICHELSHOF	456	3266	14.0
113	VOR DEM STERNTOR	1373	5055	27.2
114	RHEINDORFER-VORSTADT	503	2285	22.0
115	ELLERVIERTEL	824	2298	35.9
116	GUETERBAHNHOF	137	610	22.5
117	BAUMSCHULVIERTEL	320	4043	7.9
118	BONNER-TALVIERTEL	92	5021	1.8
119	V DEM KOBLENZER TOR	456	2540	18.0
120	NEU-ENDENICH	92	1190	7.7
121	ALT-ENDENICH	549	3576	15.4
122	POPPELSDORF	320	3372	9.5
123	KESSENICH	778	6562	11.9
124	DOTTENDORF	336	2400	14.0
125	VENUSBERG	46	1130	4.1
126	IPPENDORF	137	3082	4.4
127	ROETTGEN	92	1678	5.5
128	UECKESDORF	23	419	5.5
131	ALT-TANNENBUSCH	503	2689	18.7
132	NEU-TANNENBUSCH	1327	2590	51.2
133	BUSCHDORF	229	1268	18.1
134	AUERBERG	824	3011	27.4
135	GRAU-RHEINDORF	229	1294	17.7
136	DRANSDORF	336	1735	19.4
137	LESSENICH-MESSDORF	92	1409	6.5
141	GRONAU-REGIERUNGSV.	46	1159	4.0
242	HOCHKREUZ-REGIERUNGS	46	1158	4.0
251	BADGODESBERG-ZENTRUM	229	2379	9.6
252	GODESBERG-KURVIERTEL	92	839	11.0
253	SCHWEINHEIM	92	1227	7.5
254	BAD GODESBERG-NORD	275	921	29.9
255	VILLENVIERTEL	183	2918	6.3
260	FRIESDORF	824	3613	22.8
261	NEU-PLITTERSDORF	336	2713	12.4
262	ALT-PLITTERSDORF	229	1649	13.9
263	RUENGSDORF	275	2786	9.9
264	MUFFENDORF	92	1810	5.1
265	PENNENFELD	320	1657	19.3
266	LANNESDORF	92	2470	3.7
267	MEHLEM-RHEINAUE	456	1838	24.8
268	OBERMEHLEM	320	1844	17.4
269	HEIDERHOF	46	1768	2.6
371	BEUEL-ZENTRUM	1007	5168	19.5
372	VILICH-RHEINDORF	595	2847	20.9
373	BEUEL-OST	320	1433	21.6
374	BEUEL-SUED	92	2181	4.2
381	GEISLAR	46	584	7.9
382	VILICH-MUELDORF	229	819	28.0
383	PUETZCHEN-BECHLINGH	137	1749	7.8
384	LI KUE RA	275	2479	11.1
385	OBERKASSEL	595	2692	22.1
386	HOLZLAR	275	2140	12.9
387	HOHOLZ	23	772	3.0
388	HOLTDORF	23	621	3.7
491	DUISDORF-ZENTRUM	320	1939	16.5
492	FINKENHOF	23	1018	2.3
493	MEDINGHOFEN	183	1447	12.6
494	BRUESER BERG	137	1374	10.0
495	LENGSDORF	92	1737	5.3
496	DUISDORF-NORD	46	537	8.6
497	NEU-DUISDORF	275	2584	10.6
MITTELWERT		310	2141	13.7
MINIMUM		23	419	1.8
MAXIMUM		1373	6562	51.2

Tabelle A 12: Anteil der Nichtwähler und Gymnasiasten

NR.	STATISTISCHER BEZIRK	NICHTWAEHLER KOMMUNALWAHL 1979 IN %	NICHTWAEHLER BUNDESTAGS- WAHL 1983 IN%	GYMNASIASTEN AN DEN 10-20 JAEHRIGEN %
110	ZENTRUM-RHEINVIERTEL	36.6	13.0	37.6
111	ZENT-MUENSTERVIERTEL	44.4	12.4	37.6
112	WICHELSHOF	39.0	12.9	15.0
113	VOR DEM STERNTOR	48.1	18.2	15.0
114	RHEINDORFER-VORSTADT	38.3	13.9	18.5
115	ELLERVIERTEL	44.2	18.7	18.5
116	GUETERBAHNHOF	51.0	18.4	18.3
117	BAUMSCHULVIERTEL	34.0	9.8	18.3
118	BONNER-TALVIERTEL	38.5	11.7	29.0
119	V DEM KOBLENZER TOR	40.0	10.6	29.0
120	NEU-ENDENICH	35.5	12.0	23.6
121	ALT-ENDENICH	33.1	9.4	23.6
122	POPPELSDORF	38.9	10.8	38.5
123	KESSENICH	34.1	9.6	25.5
124	DOTTENDORF	30.7	8.4	35.4
125	VENUSBERG	28.6	6.6	25.2
126	IPPENDORF	28.0	7.8	39.8
127	ROETTGEN	20.8	5.5	53.4
128	UECKESDORF	21.3	4.4	46.9
131	ALT-TANNENBUSCH	31.1	8.6	23.8
132	NEU-TANNENBUSCH	37.6	13.4	23.8
133	BUSCHDORF	34.6	11.2	30.2
134	AUERBERG	40.0	12.8	19.5
135	GRAU-RHEINDORF	36.4	10.7	25.8
136	DRANSDORF	45.9	20.1	15.8
137	LESSENICH-MESSDORF	28.6	7.2	36.6
141	GRONAU-REGIERUNGSV.	32.8	7.5	32.1
242	HOCHKREUZ-REGIERUNGS	31.1	7.0	30.1
251	BADGODESBERG-ZENTRUM	39.3	11.2	21.2
252	GODESBERG-KURVIERTEL	23.2	7.4	21.2
253	SCHWEINHEIM	32.6	8.4	35.7
254	BAD GODESBERG-NORD	34.7	10.4	19.7
255	VILLENVIERTEL	32.6	9.1	28.3
260	FRIESDORF	33.8	8.9	33.5
261	NEU-PLITTERSDORF	30.7	7.0	54.3
262	ALT-PLITTERSDORF	32.7	8.4	54.3
263	RUENGSDORF	33.3	8.2	33.0
264	MUFFENDORF	33.4	8.9	41.8
265	PENNENFELD	31.9	9.1	47.6
266	LANNESDORF	32.0	10.0	21.4
267	MEHLEM-RHEINAUE	29.7	8.3	38.5
268	OBERMEHLEM	33.6	9.9	38.5
269	HEIDERHOF	24.9	5.1	53.4
371	BEUEL-ZENTRUM	35.1	9.9	33.0
372	VILICH-RHEINDORF	36.0	11.2	22.2
373	BEUEL-OST	36.2	12.1	22.2
374	BEUEL-SUED	29.2	7.1	33.0
381	GEISLAR	31.5	7.3	17.6
382	VILICH-MUELDORF	32.0	9.9	27.7
383	PUETZCHEN-BECHLINGH	31.2	10.2	31.3
384	LI KUE RA	32.5	8.5	33.0
385	OBERKASSEL	33.0	8.9	27.3
386	HOLZLAR	30.5	7.5	38.3
387	HOHOLZ	24.1	7.2	38.3
388	HOLTDORF	26.5	7.0	41.1
491	DUISDORF-ZENTRUM	30.7	8.7	29.8
492	FINKENHOF	27.4	4.9	29.8
493	MEDINGHOFEN	31.7	8.2	29.8
494	BRUESER BERG	30.5	10.9	49.4
495	LENGSDORF	31.6	8.2	34.3
496	DUISDORF-NORD	34.3	9.3	29.8
497	NEU-DUISDORF	28.6	8.0	29.8
MITTELWERT		33.5	9.8	31.1
MINIMUM		20.8	4.4	15.0
MAXIMUM		51.0	20.1	54.3

Tabelle A 13: Nutzung der Eigentümer und Besitzer von Wohngebäuden

NR.	STATISTISCHER BEZIRK	BESITZER SELBST IM HAUS	EINZEL- PERSON EHEPAAR	EIGENTUE- MERGE- MEINSCH.	WOHNUNGS UNTER- NEHMEN	FIRMEN BANKEN VERSICH.	OEFFENT- LICHE HAENDE	SONSTIGE EIGENTUE- MER
110	ZENTRUM-RHEINVIERTEL	45.3	69.8	14.0	1.7	2.8	10.6	1.1
111	ZENT-MUENSTERVIERTEL	43.1	69.8	19.4	.4	3.9	3.4	3.0
112	WICHELSHOF	35.6	54.7	10.9	24.3	5.7	2.0	2.4
113	VOR DEM STERNTOR	34.8	73.8	14.8	8.5	2.0	1.0	0.0
114	RHEINDORFER-VORSTADT	41.0	43.4	10.8	21.7	.5	23.6	0.0
115	ELLERVIERTEL	29.3	44.8	9.3	18.9	6.9	18.5	1.5
116	GUETERBAHNHOF	25.8	38.3	6.7	21.7	5.0	28.3	0.0
117	BAUMSCHULVIERTEL	40.4	67.5	8.6	15.0	2.1	3.2	3.6
118	BONNER-TALVIERTEL	43.5	71.2	13.4	.7	3.1	8.2	3.4
119	V DEM KOBLENZER TOR	39.5	64.0	14.9	3.1	5.4	8.4	4.2
120	NEU-ENDENICH	80.7	60.1	35.3	2.8	1.4	.5	0.0
121	ALT-ENDENICH	58.3	79.9	6.5	12.2	.7	.4	.4
122	POPPELSDORF	52.1	74.3	13.2	2.1	.7	6.8	2.9
123	KESSENICH	53.5	71.4	12.6	10.5	2.5	2.5	.6
124	DOTTENDORF	55.3	67.7	9.6	18.6	2.1	1.0	1.0
125	VENUSBERG	31.4	33.1	6.8	47.5	.4	10.6	1.7
126	IPPENDORF	76.2	88.4	9.4	.6	.3	.3	.9
127	ROETTGEN	79.1	88.9	3.8	2.4	2.4	2.4	0.0
128	UECKESDORF	80.5	96.9	3.1	0.0	0.0	0.0	0.0
131	ALT-TANNENBUSCH	36.2	41.0	2.4	43.8	.3	11.7	.7
132	NEU-TANNENBUSCH	15.5	15.5	0.0	53.6	28.0	3.0	0.0
133	BUSCHDORF	56.5	70.9	7.0	19.1	2.6	.4	0.0
134	AUERBERG	57.9	61.6	6.2	21.6	4.5	5.5	.7
135	GRAU-RHEINDORF	53.6	71.2	4.9	16.5	.7	6.7	0.0
136	DRANSDORF	49.8	58.6	3.6	24.3	2.4	10.0	1.2
137	LESSENICH-MESSDORF	74.4	82.5	3.4	11.1	0.0	0.0	3.0
141	GRONAU-REGIERUNGSV.	46.9	60.9	12.6	8.7	8.7	6.8	2.4
242	HOCHKREUZ-REGIERUNGS	68.1	88.0	3.6	4.8	1.2	.4	2.0
251	BADGODESBERG-ZENTRUM	55.2	71.2	21.2	2.4	2.1	2.8	.3
252	GODESBERG-KURVIERTEL	61.9	76.2	3.8	1.3	2.1	16.3	.4
253	SCHWEINHEIM	72.5	86.0	10.9	.8	0.0	.8	1.5
254	BAD GODESBERG-NORD	59.2	78.9	8.8	3.5	4.4	3.9	.4
255	VILLENVIERTEL	52.6	76.3	11.7	6.5	3.1	.3	2.1
260	FRIESDORF	48.1	68.0	7.8	11.5	8.1	3.7	.9
261	NEU-PLITTERSDORF	47.2	50.8	8.4	29.4	.7	.3	10.4
262	ALT-PLITTERSDORF	62.2	79.7	16.2	1.7	1.4	.7	.3
263	RUENGSDORF	35.5	45.6	19.5	29.7	.9	3.5	.9
264	MUFFENDORF	75.1	85.7	12.2	1.6	0.0	0.0	.4
265	PENNENFELD	43.7	62.9	8.3	9.6	3.9	11.4	3.9
266	LANNESDORF	56.7	71.1	7.0	16.4	1.3	.7	3.4
267	MEHLEM-RHEINAUE	55.6	66.7	11.4	16.2	1.5	1.5	2.7
268	OBERMEHLEM	58.0	83.1	8.1	2.7	1.4	3.1	1.7
269	HEIDERHOF	71.4	73.4	9.0	9.0	6.3	.3	2.0
371	BEUEL-ZENTRUM	56.2	77.8	14.4	2.8	4.0	1.0	0.0
372	VILICH-RHEINDORF	64.6	87.6	8.7	.6	0.0	2.5	.6
373	BEUEL-OST	50.2	71.6	7.0	10.3	10.3	.4	.4
374	BEUEL-SUED	55.4	65.1	4.7	21.6	6.1	1.8	.7
381	GEISLAR	72.7	92.5	4.4	0.0	.9	1.3	.9
382	VILICH-MUELDORF	56.3	66.4	5.7	25.3	.4	1.7	.4
383	PUETZCHEN-BECHLINGH	72.5	77.2	7.6	0.0	11.6	2.2	1.4
384	LI KUE RA	66.3	86.1	7.1	4.0	.9	1.9	0.0
385	OBERKASSEL	60.6	81.3	7.0	6.4	2.1	2.8	.3
386	HOLZLAR	59.0	81.9	4.1	12.9	0.0	.7	.4
387	HOHOLZ	74.1	97.8	1.7	.4	0.0	0.0	0.0
388	HOLTDORF	73.6	89.8	2.3	6.5	.5	.9	0.0
491	DUISDORF-ZENTRUM	59.4	79.4	10.3	9.6	0.0	.7	0.0
492	FINKENHOF	65.0	72.4	15.9	11.8	0.0	0.0	0.0
493	MEDINGHOFEN	48.7	58.2	4.9	28.1	2.7	3.4	2.7
494	BRUESER BERG	25.9	29.7	10.9	33.5	25.5	.4	0.0
495	LENGSDORF	72.4	89.5	8.0	0.0	.9	1.2	.3
496	DUISDORF-NORD	66.9	83.4	9.7	.6	4.0	1.1	1.1
497	NEU-DUISDORF	46.8	52.8	12.3	24.5	6.7	3.0	.7
MITTELWERT		54.9	69.7	9.3	12.2	3.4	4.1	1.3
MINIMUM		15.5	15.5	0.0	0.0	0.0	0.0	0.0
MAXIMUM		80.7	97.8	35.3	53.6	28.0	28.3	10.4

Tabelle A 14: Nahwanderungssaldo 1982/83 und Raumzahl pro Person

NR.	STATISTISCHER BEZIRK	SALDO 1982	SALDO 1983	SALDO ZUS.	RAUM-ZAHL
110	ZENTRUM-RHEINVIERTEL	-4.86	-2.97	-7.83	1.62
111	ZENT-MUENSTERVIERTEL	-3.51	-2.87	-6.38	.95
112	WICHELSHOF	-1.29	-.35	-1.64	1.57
113	VOR DEM STERNTOR	-1.67	-2.58	-4.25	1.42
114	RHEINDORFER-VORSTADT	-1.11	-2.05	-3.16	.91
115	ELLERVIERTEL	-2.98	-2.39	-5.37	1.63
116	GUETERBAHNHOF	-1.34	-4.05	-5.39	1.53
117	BAUMSCHULVIERTEL	-2.58	-2.47	-5.05	1.59
118	BONNER-TALVIERTEL	-3.63	-2.82	-6.45	1.53
119	V DEM KOBLENZER TOR	-5.10	-2.90	-8.00	1.41
120	NEU-ENDENICH	-4.35	-2.69	-7.04	1.40
121	ALT-ENDENICH	-.62	-1.19	-1.81	1.53
122	POPPELSDORF	1.67	-2.09	-.42	1.43
123	KESSENICH	-1.85	-2.04	-3.89	1.86
124	DOTTENDORF	-1.89	-.77	-2.66	1.87
125	VENUSBERG	-3.78	-4.09	-7.87	1.39
126	IPPENDORF	-.84	-2.67	-3.51	1.67
127	ROETTGEN	-.31	-.67	-.98	1.96
128	UECKESDORF	1.82	-2.18	-.36	1.86
131	ALT-TANNENBUSCH	-1.50	-1.35	-2.85	1.74
132	NEU-TANNENBUSCH	-.99	-2.79	-3.78	.92
133	BUSCHDORF	-3.30	-1.68	-4.98	1.48
134	AUERBERG	-.91	-2.26	-3.17	1.18
135	GRAU-RHEINDORF	-.61	-1.36	-1.97	1.57
136	DRANSDORF	-4.02	-4.09	-8.11	1.50
137	LESSENICH-MESSDORF	2.74	1.42	4.16	1.80
141	GRONAU-REGIERUNGSV.	-4.07	-3.93	-8.00	1.60
242	HOCHKREUZ-REGIERUNGS	-.35	-1.15	-1.50	2.08
251	BADGODESBERG-ZENTRUM	-1.87	-.31	-2.18	1.29
252	GODESBERG-KURVIERTEL	-3.89	-1.06	-4.95	3.30
253	SCHWEINHEIM	-1.67	-2.89	-4.56	1.53
254	BAD GODESBERG-NORD	-2.32	-2.14	-4.46	1.49
255	VILLENVIERTEL	-1.70	-1.47	-3.17	1.88
260	FRIESDORF	-.93	-1.21	-2.14	1.66
261	NEU-PLITTERSDORF	-2.46	-3.38	-5.84	2.00
262	ALT-PLITTERSDORF	-1.62	-.69	-2.31	2.12
263	RUENGSDORF	-1.22	-1.85	-3.07	1.77
264	MUFFENDORF	-.92	-1.34	-2.26	1.45
265	PENNENFELD	-1.98	-1.40	-3.38	1.77
266	LANNESDORF	-1.54	-2.09	-3.63	2.92
267	MEHLEM-RHEINAUE	-3.78	-1.21	-4.99	1.64
268	OBERMEHLEM	.05	-.39	-.34	1.80
269	HEIDERHOF	-1.22	-.63	-1.85	1.78
371	BEUEL-ZENTRUM	-1.82	-2.42	-4.24	1.58
372	VILICH-RHEINDORF	-1.68	-1.46	-3.14	1.38
373	BEUEL-OST	-.61	-.26	-.87	1.52
374	BEUEL-SUED	.32	-.95	-.63	1.69
381	GEISLAR	.14	-2.58	-2.44	1.58
382	VILICH-MUELDORF	.90	-2.81	-1.91	1.96
383	PUETZCHEN-BECHLINGH	.28	-1.52	-1.24	1.62
394	LI KUE RA	-.81	-1.41	-2.22	1.64
385	OBERKASSEL	-.77	-1.34	-2.11	1.47
386	HOLZLAR	-1.62	2.99	1.37	1.34
387	HOHOLZ	.71	-2.68	-1.97	2.02
388	HOLTDORF	.70	.06	.76	1.51
491	DUISDORF-ZENTRUM	1.10	-2.21	-1.11	1.64
492	FINKENHOF	-2.99	-5.04	-8.03	1.65
493	MEDINGHOFEN	-3.90	-3.07	-6.97	1.99
494	BRUESER BERG	10.25	9.09	19.34	2.73
495	LENGSDORF	-1.14	-1.60	-2.74	1.66
496	DUISDORF-NORD	-10.78	-9.11	-19.89	1.96
497	NEU-DUISDORF	2.16	-.37	1.79	1.84
MITTELWERT		-1.417	-1.771	-3.188	1.6803
MINIMUM		-10.78	-9.11	-19.89	.91
MAXIMUM		10.25	9.09	19.34	3.30

Tabelle A 15: Zunahme des Wärmeanschlußwertes durch Neubauten

NR.	STATISTISCHER BEZIRK	ZUNAHME DURCH WOHNGE-BAEUDE IN KW	IN %	GEWERB-LICHE GEBAEU-DE IN KW	IN %	GESCHAEF-TE BUEROS U.S.W. IN KW	IN %
110	ZENTRUM-RHEINVIERTEL	0	0.0	0	0.0	970	2.6
111	ZENT-MUENSTERVIERTEL	0	0.0	0	0.0	730	.8
112	WICHELSHOF	0	0.0	0	0.0	0	0.0
113	VOR DEM STERNTOR	0	0.0	0	0.0	0	0.0
114	RHEINDORFER-VORSTADT	0	0.0	0	0.0	220	.4
115	ELLERVIERTEL	3200	8.0	3520	8.8	990	2.5
116	GUETERBAHNHOF	0	0.0	240	1.5	1100	6.8
117	BAUMSCHULVIERTEL	0	0.0	0	0.0	0	0.0
118	BONNER-TALVIERTEL	0	0.0	.	.	.	.
119	V DEM KOBLENZER TOR	0	0.0	0	0.0	0	0.0
120	NEU-ENDENICH	2500	7.2	0	0.0	5540	16.0
121	ALT-ENDENICH	1000	2.4	0	0.0	2000	4.7
122	POPPELSDORF	1600	2.7	0	0.0	0	0.0
123	KESSENICH	0	0.0	0	0.0	0	0.0
124	DOTTENDORF	2160	5.9	220	.6	0	0.0
125	VENUSBERG	0	0.0	0	0.0	0	0.0
126	IPPENDORF	3000	7.5	0	0.0	0	0.0
127	ROETTGEN	2400	9.2	0	0.0	1221	4.7
128	UECKESDORF	4080	58.8	0	0.0	0	0.0
131	ALT-TANNENBUSCH	0	0.0	0	0.0	400	1.2
132	NEU-TANNENBUSCH	8250	25.7	130	.4	0	0.0
133	BUSCHDORF	9000	32.7	29160	105.9	7700	28.0
134	AUERBERG	8600	23.2	0	0.0	1650	4.5
135	GRAU-RHEINDORF	5500	22.5	0	0.0	0	0.0
136	DRANSDORF	1600	3.8	13500	32.5	1540	3.7
137	LESSENICH-MESSDORF	900	5.2	0	0.0	0	0.0
141	GRONAU-REGIERUNGSV.	0	0.0	0	0.0	2750	2.7
242	HOCHKREUZ-REGIERUNGS	6720	14.8	0	0.0	8800	19.4
251	BADGODESBERG-ZENTRUM	0	0.0	0	0.0	330	.6
252	GODESBERG-KURVIERTEL	0	0.0	0	0.0	0	0.0
253	SCHWEINHEIM	0	0.0	0	0.0	0	0.0
254	BAD GODESBERG-NORD	0	0.0	5350	26.7	0	0.0
255	VILLENVIERTEL	0	0.0	0	0.0	0	0.0
260	FRIESDORF	2140	5.0	0	0.0	0	0.0
261	NEU-PLITTERSDORF	3250	6.2	0	0.0	0	0.0
262	ALT-PLITTERSDORF	0	0.0	0	0.0	0	0.0
263	RUENGSDORF	0	0.0	0	0.0	1980	3.9
264	MUFFENDORF	2400	8.6	0	0.0	0	0.0
265	PENNENFELD	0	0.0	0	0.0	1210	3.5
266	LANNESDORF	3240	6.4	7180	14.2	990	2.0
267	MEHLEM-RHEINAUE	0	0.0	0	0.0	440	2.0
268	OBERMEHLEM	0	0.0	0	0.0	0	0.0
269	HEIDERHOF	6500	28.4	0	0.0	0	0.0
371	BEUEL-ZENTRUM	800	1.3	0	0.0	3250	5.2
372	VILICH-RHEINDORF	8000	21.3	0	0.0	3660	9.8
373	BEUEL-OST	8000	22.3	11500	32.1	3470	9.7
374	BEUEL-SUED	6700	27.4	0	0.0	0	0.0
381	GEISLAR	6800	77.9	0	0.0	0	0.0
382	VILICH-MUELDORF	6800	70.0	0	0.0	0	0.0
383	PUETZCHEN-BECHLINGH	1200	3.6	7170	21.4	1650	4.9
384	LI KUE RA	4400	13.4	730	2.2	0	0.0
385	OBERKASSEL	5840	12.8	0	0.0	0	0.0
386	HOLZLAR	6780	20.9	0	0.0	0	0.0
387	HOHOLZ	1620	10.0	0	0.0	0	0.0
388	HOLTDORF	0	0.0	0	0.0	0	0.0
491	DUISDORF-ZENTRUM	960	3.5	690	2.5	8250	30.2
492	FINKENHOF	2000	11.1	0	0.0	0	0.0
493	MEDINGHOFEN	0	0.0	240	1.3	0	0.0
494	BRUESER BERG	25000	76.5	0	0.0	0	0.0
495	LENGSDORF	1200	5.2	2840	12.3	0	0.0
496	DUISDORF-NORD	6000	54.0	140	1.3	5960	53.6
497	NEU-DUISDORF	0	0.0	3740	12.5	990	3.3
MAXIMUM		25000	77.9	29160	105.9	8800	53.6

Tabelle A 16: Zunahme des Wärmeanschlußwertes durch Bundesbauten und Infrastruktureinrichtungen

NR.	STATISTISCHER BEZIRK	INFRA-STRUKTUR ABSOLUT IN KW	INFRA-STRUKTUR RELATIV IN %	BUNDES-BAUTEN ABSOLUT IN KW	BUNDES-BAUTEN RELATIV IN %
110	ZENTRUM-RHEINVIERTEL	0	0.0	0	0.0
111	ZENT-MUENSTERVIERTEL	0	0.0	0	0.0
112	WICHELSHOF	0	0.0	0	0.0
113	VOR DEM STERNTOR	0	0.0	0	0.0
114	RHEINDORFER-VORSTADT	0	0.0	960	1.9
115	ELLERVIERTEL	510	1.3	0	0.0
116	GUETERBAHNHOF	0	0.0	0	0.0
117	BAUMSCHULVIERTEL	0	0.0	0	0.0
118	BONNER-TALVIERTEL	0	0.0	0	0.0
119	V DEM KOBLENZER TOR	0	0.0	0	0.0
120	NEU-ENDENICH	0	0.0	0	0.0
121	ALT-ENDENICH	0	0.0	0	0.0
122	POPPELSDORF	800	1.4	0	0.0
123	KESSENICH	0	0.0	0	0.0
124	DOTTENDORF	0	0.0	0	0.0
125	VENUSBERG	2474	6.5	0	0.0
126	IPPENDORF	0	0.0	0	0.0
127	ROETTGEN	0	0.0	0	0.0
128	UECKESDORF	0	0.0	0	0.0
131	ALT-TANNENBUSCH	0	0.0	0	0.0
132	NEU-TANNENBUSCH	0	0.0	0	0.0
133	BUSCHDORF	0	0.0	0	0.0
134	AUERBERG	0	0.0	0	0.0
135	GRAU-RHEINDORF	0	0.0	0	0.0
136	DRANSDORF	0	0.0	0	0.0
137	LESSENICH-MESSDORF	0	0.0	0	0.0
141	GRONAU-REGIERUNGSV.	2800	2.8	12840	12.7
242	HOCHKREUZ-REGIERUNGS	0	0.0	6000	13.2
251	BADGODESBERG-ZENTRUM	0	0.0	0	0.0
252	GODESBERG-KURVIERTEL	0	0.0	0	0.0
253	SCHWEINHEIM	0	0.0	0	0.0
254	BAD GODESBERG-NORD	0	0.0	0	0.0
255	VILLENVIERTEL	307	.6	0	0.0
260	FRIESDORF	0	0.0	0	0.0
261	NEU-PLITTERSDORF	0	0.0	0	0.0
262	ALT-PLITTERSDORF	0	0.0	0	0.0
263	RUENGSDORF	0	0.0	0	0.0
264	MUFFENDORF	0	0.0	0	0.0
265	PENNENFELD	0	0.0	0	0.0
266	LANNESDORF	0	0.0	0	0.0
267	MEHLEM-RHEINAUE	0	0.0	0	0.0
268	OBERMEHLEM	0	0.0	0	0.0
269	HEIDERHOF	0	0.0	0	0.0
371	BEUEL-ZENTRUM	1220	2.0	0	0.0
372	VILICH-RHEINDORF	0	0.0	0	0.0
373	BEUEL-OST	0	0.0	0	0.0
374	BEUEL-SUED	0	0.0	2400	9.8
381	GEISLAR	0	0.0	0	0.0
382	VILICH-MUELDORF	0	0.0	0	0.0
383	PUETZCHEN-BECHLINGH	0	0.0	0	0.0
384	LI KUE RA	0	0.0	0	0.0
385	OBERKASSEL	0	0.0	0	0.0
386	HOLZLAR	1860	5.7	0	0.0
387	HOHOLZ	0	0.0	0	0.0
388	HOLTDORF	0	0.0	0	0.0
491	DUISDORF-ZENTRUM	0	0.0	0	0.0
492	FINKENHOF	0	0.0	1010	5.6
493	MEDINGHOFEN	0	0.0	0	0.0
494	BRUESER BERG	0	0.0	6000	18.4
495	LENGSDORF	0	0.0	0	0.0
496	DUISDORF-NORD	0	0.0	0	0.0
497	NEU-DUISDORF	0	0.0	0	0.0
MAXIMUM		2800	6.5	12840	18.4

Tabelle A 17: Belastung der Luft mit Schadstoffen und Klimazonen Bonns

NR.	STATISTISCHER BEZIRK	SO2 I1V	SO2 I2V	NO2 I1V	NO2 I2V	STAUB I1V	STAUB I2V	KLIMA-ZONE
110	ZENTRUM-RHEINVIERTEL	53.8	236.0	43.8	91.0	90.5	154.3	C
111	ZENT-MUENSTERVIERTEL	54.9	161.0	43.3	79.0	94.0	155.3	C
112	WICHELSHOF	50.2	213.0	42.5	82.0	93.0	167.1	C
113	VOR DEM STERNTOR	53.0	214.0	43.4	83.0	104.1	172.4	C
114	RHEINDORFER-VORSTADT	47.3	180.0	44.2	97.0	99.1	188.8	C
115	ELLERVIERTEL	50.5	236.0	43.4	79.0	118.8	191.4	C
116	GUETERBAHNHOF	50.2	161.0	45.2	95.0	117.4	181.0	C
117	BAUMSCHULVIERTEL	52.6	161.0	44.3	87.0	105.7	168.3	C
118	BONNER-TALVIERTEL	50.4	163.0	42.4	87.0	91.2	114.5	C
119	V DEM KOBLENZER TOR	55.1	196.0	44.8	102.0	90.3	144.6	C
120	NEU-ENDENICH	43.1	157.0	43.0	95.0	104.7	152.8	BC
121	ALT-ENDENICH	41.0	114.0	42.0	95.0	88.4	126.7	BC
122	POPPELSDORF	43.0	133.0	37.3	74.0	93.5	157.9	BC
123	KESSENICH	47.3	166.0	38.7	81.0	104.3	183.4	C
124	DOTTENDORF	46.7	190.0	36.2	72.0	85.1	146.7	C
125	VENUSBERG	38.5	112.0	34.1	67.0	115.2	197.3	A
126	IPPENDORF	36.8	130.0	29.9	71.0	81.8	145.5	A
127	ROETTGEN	37.0	135.0	35.2	73.0	86.0	124.0	A
128	JECKESDORF	36.9	133.0	35.6	72.0	83.9	134.7	A
131	ALT-TANNENBUSCH	43.0	196.0	39.3	100.0	93.3	161.4	C
132	NEU-TANNENBUSCH	38.8	193.0	41.6	127.0	95.3	174.3	C
133	BUSCHDORF	39.4	142.0	37.7	89.0	79.7	139.6	C
134	AUERBERG	44.3	190.0	41.8	100.0	115.9	172.7	C
135	GRAU-RHEINDORF	43.5	141.0	42.4	96.0	100.0	201.0	C
136	DRANSDORF	42.8	198.0	37.9	99.0	98.5	171.7	C
137	LESSENICH-MESSDORF	37.4	113.0	34.4	85.7	119.4	222.3	B
141	GRONAU-REGIERUNGSV.	50.5	183.0	41.1	93.0	82.0	135.5	C
242	HOCHKREUZ-REGIERUNGS	57.4	171.5	40.4	107.1	127.2	277.0	C
251	BADGODESBERG-ZENTRUM	50.5	158.7	37.3	86.0	117.2	183.0	BC
252	GODESBERG-KURVIERTEL	46.0	145.7	31.8	73.3	119.4	201.0	B
253	SCHWEINHEIM	45.7	135.3	32.2	77.8	104.9	176.0	AB
254	BAD GODESBERG-NORD	53.5	155.8	39.1	100.5	120.6	230.0	C
255	VILLENVIERTEL	50.7	156.4	40.0	89.4	110.6	193.0	C
260	FRIESDORF	57.4	171.5	40.4	107.1	127.2	277.0	C
261	NEU-PLITTERSDORF	54.5	166.4	37.8	93.9	114.0	182.0	C
262	ALT-PLITTERSDORF	52.0	171.0	29.6	69.7	100.4	173.0	C
263	RUENGSDORF	56.1	156.2	42.0	83.7	122.2	199.0	C
264	MUFFENDORF	48.3	142.0	32.8	79.5	122.5	224.0	BC
265	PENNENFELD	54.9	156.0	39.2	83.1	127.0	197.0	C
266	LANNESDORF	50.9	135.2	35.7	78.0	135.9	351.0	BC
267	MEHLEM-RHEINAUE	56.2	157.1	38.7	77.3	177.4	383.3	C
268	OBERMEHLEM	53.8	154.6	34.7	73.0	149.2	344.0	BC
269	HEIDERHOF	37.0	113.3	24.2	67.1	113.6	383.0	A
371	BEUEL-ZENTRUM	54.3	221.0	43.3	96.0	102.7	174.2	C
372	VILICH-RHEINDORF	46.7	177.7	42.2	89.0	88.8	155.9	C
373	BEUEL-OST	50.2	196.3	41.9	95.0	103.4	182.9	BC
374	BEUEL-SUED	55.9	218.5	41.9	91.0	105.5	215.5	C
381	GEISLAR	41.0	159.0	39.8	105.0	79.9	162.0	C
382	VILICH-MUELDORF	41.0	159.0	39.8	105.0	79.9	162.0	C
383	PUETZCHEN-BECHLINGH	40.0	180.0	40.0	70.0	105.6	215.5	B
384	LI KUE RA	55.9	218.5	41.9	91.0	105.6	215.5	B
385	OBERKASSEL	53.8	158.7	40.7	83.3	166.3	364.0	BC
386	HOLZLAR	44.2	150.3	28.7	61.1	87.2	160.0	B
387	HOHOLZ	44.2	150.3	28.7	61.1	87.2	160.0	A
388	HOLTDORF	44.2	150.3	28.7	61.1	87.2	160.0	A
491	DUISDORF-ZENTRUM	35.8	124.0	33.8	76.0	126.5	198.7	B
492	FINKENHOF	36.1	125.0	36.7	72.0	119.0	211.3	B
493	MEDINGHOFEN	34.4	117.0	31.5	68.0	105.2	186.5	B
494	BRUESER BERG	33.0	112.0	34.2	72.0	110.3	198.7	A
495	LENGSDORF	37.8	135.0	36.2	72.0	82.0	121.3	B
496	DUISDORF-NORD	36.3	113.8	33.7	80.0	116.7	193.2	B
497	NEU-DUISDORF	37.1	122.3	35.8	77.0	101.0	159.3	B
MITTELWERT		46.4	161.0	38.1	84.6	106.2	192.8	
MINIMUM		33.0	112.0	24.2	61.1	79.7	114.5	
MAXIMUM		57.4	236.0	45.2	127.0	177.4	383.3	

Tabelle A 18: Transformierte Indikatkorenwerte

NR.	STATISTISCHER BEZIRK	TI 1	TI 2	TI 3	TI 4	TI 5	TI 6	TI 7	TI 8	TI 9	TI 10
110	ZENTRUM-RHEINVIERTEL	165	135	14	61	41	142	86	105	94	79
111	ZENT-MUENSTERVIERTEL	212	134	0	66	17	120	104	72	103	33
112	WICHELSHOF	126	31	0	73	63	169	86	105	103	65
113	VOR DEM STERNTOR	148	86	8	76	32	178	118	78	65	11
114	RHEINDORFER-VORSTADT	106	207	2	48	126	175	87	102	80	69
115	ELLERVIERTEL	90	87	25	76	113	125	96	99	40	34
116	GUETERBAHNHOF	85	25	173	19	68	142	108	66	79	0
117	BAUMSCHULVIERTEL	134	32	2	63	37	146	99	102	120	94
118	BONNER-TALVIERTEL	151	73	0	84	36	141	118	102	138	68
119	V DEM KOBLENZER TOR	146	90	8	63	33	157	114	96	92	59
120	NEU-ENDENICH	97	134	1	76	103	80	115	107	121	85
121	ALT-ENDENICH	98	28	5	44	54	122	100	104	99	99
122	POPPELSDORF	110	133	0	61	37	137	108	97	116	65
123	KESSENICH	101	18	2	42	53	118	85	103	109	94
124	DOTTENDORF	82	27	23	71	73	86	87	105	103	114
125	VENUSBERG	97	201	0	56	30	81	80	113	131	126
126	IPPENDORF	72	27	0	137	94	72	92	112	130	129
127	ROETTGEN	76	11	0	163	134	57	103	120	127	172
128	UECKESDORF	56	41	0	190	129	52	100	120	127	169
131	ALT-TANNENBUSCH	85	19	8	104	55	124	71	117	89	111
132	NEU-TANNENBUSCH	79	83	3	130	1	250	141	71	0	73
133	BUSCHDORF	68	144	0	120	98	84	129	107	91	91
134	AUERBERG	83	44	1	113	135	123	109	104	65	59
135	GRAU-RHEINDORF	83	93	6	92	50	89	91	113	92	80
136	DRANSDORF	82	3	47	86	72	81	120	103	88	24
137	LESSENICH-MESSDORF	84	4	3	107	54	81	115	117	124	126
141	GRONAU-REGIERUNGSV.	117	212	15	123	113	89	107	98	132	101
242	HOCHKREUZ-REGIERUNGS	111	134	1	186	115	71	83	108	132	111
251	BADGODESBERG-ZENTRUM	149	32	1	89	37	112	99	54	115	63
252	GODESBERG-KURVIERTEL	88	121	0	101	51	78	80	104	112	158
253	SCHWEINHEIM	96	67	0	174	67	56	77	105	121	102
254	BAD GODESBERG-NORD	87	16	78	66	153	91	93	92	58	90
255	VILLENVIERTEL	119	18	0	84	83	91	81	87	125	102
260	FRIESDORF	93	6	0	46	95	94	88	106	78	95
261	NEU-PLITTERSDORF	94	56	0	52	51	98	65	104	107	114
262	ALT-PLITTERSDORF	99	14	0	46	104	75	64	101	103	102
263	RUENGSDORF	86	48	0	107	72	86	71	97	115	98
264	MUFFENDORF	85	36	0	127	63	93	82	98	128	98
265	PENNENFELD	105	91	0	50	67	106	68	101	88	106
266	LANNESDORF	95	53	87	117	126	89	99	98	132	106
267	MEHLEM-RHEINAUE	92	12	0	182	52	103	69	84	72	119
268	OBERMEHLEM	75	13	0	166	76	76	93	106	93	96
269	HEIDERHOF	70	8	0	225	175	84	87	118	135	143
371	BEUEL-ZENTRUM	118	38	5	117	78	129	97	100	87	88
372	VILICH-RHEINDORF	69	47	2	140	76	89	102	109	83	82
373	BEUEL-OST	71	3	104	133	107	87	116	76	81	81
374	BEUEL-SUED	70	41	0	123	64	96	103	111	131	122
381	GEISLAR	73	4	0	110	57	56	106	119	120	109
382	VILICH-MUELDORF	76	0	0	113	76	61	111	116	63	106
383	PUETZCHEN-BECHLINGH	70	35	32	137	111	72	106	110	120	111
384	LI KUE RA	76	6	0	120	82	70	103	110	111	103
385	OBERKASSEL	70	33	1	78	56	73	95	104	80	100
386	HOLZLAR	64	11	10	151	75	80	127	111	106	115
387	HOHOLZ	65	8	0	166	111	45	108	117	134	152
388	HOLTDORF	79	8	0	151	66	51	113	116	132	138
491	DUISDORF-ZENTRUM	88	19	0	117	70	87	90	101	96	114
492	FINKENHOF	91	125	2	212	237	95	105	121	136	133
493	MEDINGHOFEN	75	72	0	186	22	120	141	112	107	108
494	BRUESER BERG	60	166	0	86	25	100	142	98	114	115
495	LENGSDORF	67	11	2	133	77	70	106	108	128	103
496	DUISDORF-NORD	97	0	61	117	79	79	107	109	118	92
497	NEU-DUISDORF	87	58	0	137	159	115	83	117	112	126
MITTELWERT		94	57	12	108	79	100	99	103	104	97
MINIMUM		56	0	0	19	1	45	64	54	0	0
MAXIMUM		212	212	173	225	237	250	142	121	138	172

Tabelle A 18 (Fortsetzung)

NR.	STATISTISCHER BEZIRK	TI 11	TI 12	TI 13	TI 14	TI 15	TI 16	TI 17	TI 18	TI 19	TI 20	TI 21	TI 22	TI 23
110	ZENTRUM-RHEINVIERTEL	125	91	18	106	117	103	0	0	0	0	175	124	68
111	ZENT-MUENSTERVIERTEL	125	86	17	34	112	144	0	0	0	0	120	108	72
112	WICHELSHOF	50	71	120	20	95	106	0	0	0	0	146	109	76
113	VOR DEM STERNTOR	50	70	42	10	104	115	0	0	0	0	154	113	88
114	RHEINDORFER-VORSTADT	62	82	89	236	101	147	0	0	0	1	114	133	91
115	ELLERVIERTEL	62	59	103	185	108	102	7	7	0	0	167	109	112
116	GUETERBAHNHOF	61	52	107	250	109	109	0	0	5	0	109	133	105
117	BAUMSCHULVIERTEL	61	81	69	32	107	105	0	0	0	0	114	120	88
118	BONNER-TALVIERTEL	97	87	15	82	112	109	0	0	0	0	110	115	55
119	V DEM KOBLENZER TOR	97	79	34	84	118	116	0	0	0	0	145	142	65
120	NEU-ENDENICH	79	161	17	5	114	117	5	0	60	0	91	127	80
121	ALT-ENDENICH	79	117	52	4	96	109	0	0	2	0	64	124	56
122	POPPELSDORF	128	104	11	68	91	115	0	0	0	0	77	86	72
123	KESSENICH	85	107	52	25	103	88	0	0	0	0	105	97	93
124	DOTTENDORF	118	111	82	10	99	88	3	0	0	0	120	81	61
125	VENUSBERG	84	63	192	106	117	117	0	0	0	42	59	71	111
126	IPPENDORF	133	152	4	3	102	100	5	0	0	0	64	66	58
127	ROETTGEN	178	158	20	24	93	82	10	0	2	0	67	80	53
128	UECKESDORF	156	161	0	0	91	88	250	0	0	0	66	80	56
131	ALT-TANNENBUSCH	79	72	177	117	99	96	0	0	0	0	117	123	74
132	NEU-TANNENBUSCH	79	31	250	30	103	146	191	0	0	0	107	172	81
133	BUSCHDORF	101	113	87	4	107	112	250	250	214	0	75	104	54
134	AUERBERG	65	116	104	55	101	130	146	0	1	0	115	130	100
135	GRAU-RHEINDORF	86	107	69	67	96	106	134	0	0	0	82	126	99
136	DRANSDORF	53	100	107	100	118	110	1	250	1	0	118	118	83
137	LESSENICH-MESSDORF	122	149	44	0	74	92	2	0	0	0	57	92	130
141	GRONAU-REGIERUNGSV.	107	94	70	68	118	104	0	0	0	140	124	119	55
242	HOCHKREUZ-REGIERUNGS	100	136	24	4	95	75	41	0	100	135	133	136	175
251	BADGODESBERG-ZENTRUM	71	110	18	28	97	123	0	0	0	0	108	100	106
252	GODESBERG-KURVIERTEL	71	124	13	163	107	0	0	0	0	0	90	72	118
253	SCHWEINHEIM	119	145	3	8	106	109	0	0	0	0	84	78	90
254	BAD GODESBERG-NORD	66	118	32	39	105	111	0	188	0	0	113	123	136
255	VILLENVIERTEL	94	105	38	3	101	87	0	0	0	0	107	111	104
260	FRIESDORF	112	96	78	37	97	101	2	0	0	0	133	136	175
261	NEU-PLITTERSDORF	181	94	120	3	110	80	3	0	0	0	122	111	102
262	ALT-PLITTERSDORF	181	124	12	7	98	72	0	0	0	0	119	64	85
263	RUENGSDORF	110	71	122	35	100	94	0	0	1	0	120	110	119
264	MUFFENDORF	139	150	7	0	97	113	8	0	0	0	93	81	134
265	PENNENFELD	159	87	54	114	101	94	0	0	1	0	117	101	124
266	LANNESDORF	71	113	71	7	102	23	3	30	0	0	95	86	248
267	MEHLEM-RHEINAUE	128	111	71	15	107	102	0	0	0	0	121	93	250
268	OBERMEHLEM	128	116	16	31	90	92	0	0	0	0	113	79	250
269	HEIDERHOF	178	143	61	3	96	93	246	0	0	0	57	52	250
371	BEUEL-ZENTRUM	110	112	27	10	104	106	0	0	2	1	163	129	88
372	VILICH-RHEINDORF	74	129	2	25	100	118	116	0	15	0	112	117	68
373	BEUEL-OST	74	100	82	4	92	109	131	250	15	0	133	124	92
374	BEUEL-SUED	110	111	111	18	92	99	225	0	0	100	165	118	112
381	GEISLAR	59	145	4	13	98	106	250	0	0	0	88	132	64
382	VILICH-MUELDORF	92	113	103	17	96	82	250	0	0	0	88	132	64
383	PUETZCHEN-BECHLINGH	106	145	46	22	94	103	1	100	2	0	100	89	112
384	LI KUE RA	110	133	20	19	97	102	30	0	0	0	165	113	112
385	OBERKASSEL	91	121	34	28	97	112	26	0	0	0	116	105	250
386	HOLZLAR	128	118	52	7	84	120	109	0	0	30	89	54	68
387	HOHOLZ	128	148	2	0	96	79	13	0	0	0	89	54	68
388	HOLTDORF	137	147	28	9	87	110	0	0	0	0	89	54	68
491	DUISDORF-ZENTRUM	99	119	38	7	93	102	1	0	240	0	59	80	124
492	FINKENHOF	99	130	47	0	118	101	17	0	29	0	60	83	123
493	MEDINGHOFEN	99	97	123	34	114	80	0	0	0	0	54	66	96
494	BRUESER BERG	165	52	236	4	20	35	250	0	0	142	49	76	107
495	LENGSDORF	114	145	4	12	99	101	2	19	0	0	68	81	50
496	DUISDORF-NORD	99	134	18	11	160	82	250	0	250	0	56	84	111
497	NEU-DUISDORF	99	94	125	30	83	90	0	20	1	0	61	86	79
MITTELWERT		104	110	61	40	101	99	48	18	15	10	103	102	104
MINIMUM		50	31	0	0	20	0	0	0	0	0	49	52	50
MAXIMUM		181	161	250	250	160	147	250	250	250	142	175	172	250

Tabelle A 19: Ergebnisse der Zielbereiche bei Gewichtungsalternative A

NR.	STATISTISCHER BEZIRK	Z 1	Z 2	Z 3	Z 4	Z 5	Z 6	Z 7	Z 8	Z 9	SUMME
110	ZENTRUM-RHEINVIERTEL	183	53	136	150	36	0	0	0	123	681
111	ZENT-MUENSTERVIERTEL	236	50	113	113	44	0	0	0	100	657
112	WICHELSHOF	140	11	170	122	34	0	0	0	111	588
113	VOR DEM STERNTOR	164	34	159	77	37	0	0	0	119	590
114	RHEINDORFER-VORSTADT	118	77	194	176	44	0	0	1	113	723
115	ELLERVIERTEL	100	37	175	136	39	7	0	0	129	624
116	GUETERBAHNHOF	95	41	128	150	36	0	5	0	116	571
117	BAUMSCHULVIERTEL	148	12	137	138	35	0	0	0	108	579
118	BONNER-TALVIERTEL	168	27	145	151	37	0	0	0	93	621
119	V DEM KOBLENZER TOR	162	35	141	133	39	0	0	0	117	628
120	NEU-ENDENICH	107	50	144	138	42	0	60	0	99	642
121	ALT-ENDENICH	109	11	122	132	35	0	2	0	81	491
122	POPPELSDORF	122	50	131	144	36	0	0	0	78	562
123	KESSENICH	112	7	118	137	31	0	0	0	99	504
124	DOTTENDORF	91	15	128	148	32	0	0	0	88	501
125	VENUSBERG	108	75	93	191	39	0	0	42	80	628
126	IPPENDORF	80	10	169	160	37	0	0	0	63	518
127	ROETTGEN	84	4	197	192	35	0	2	0	67	580
128	UECKESDORF	62	15	207	178	196	0	0	0	67	726
131	ALT-TANNENBUSCH	95	8	157	174	32	0	0	0	105	571
132	NEU-TANNENBUSCH	88	32	212	109	171	0	0	0	120	732
133	BUSCHDORF	76	54	168	137	203	250	214	0	78	1181
134	AUERBERG	92	17	207	127	137	0	1	0	115	696
135	GRAU-RHEINDORF	93	36	129	143	124	0	0	0	102	627
136	DRANSDORF	92	10	134	132	38	250	1	0	106	762
137	LESSENICH-MESSDORF	93	2	135	162	30	0	0	0	93	515
141	GRONAU-REGIERUNGSV.	130	82	181	164	36	0	0	140	99	834
242	HOCHKREUZ-REGIERUNGS	123	50	207	148	55	0	100	135	148	966
251	BADGODESBERG-ZENTRUM	165	12	133	117	38	0	0	0	104	570
252	GODESBERG-KURVIERTEL	98	45	128	193	12	0	0	0	93	569
253	SCHWEINHEIM	107	25	166	143	36	0	0	0	84	561
254	BAD GODESBERG-NORD	96	21	172	117	36	188	0	0	124	755
255	VILLENVIERTEL	133	7	144	135	31	0	0	0	107	557
260	FRIESDORF	103	2	131	138	34	0	0	0	148	556
261	NEU-PLITTERSDORF	104	21	112	158	32	0	0	0	112	539
262	ALT-PLITTERSDORF	110	5	125	143	27	0	0	0	90	500
263	RUENGSDORF	96	18	148	149	32	0	1	0	116	560
264	MUFFENDORF	94	13	157	146	41	0	0	0	103	555
265	PENNENFELD	117	34	124	167	32	0	1	0	114	588
266	LANNESDORF	106	36	184	145	19	30	0	0	143	663
267	MEHLEM-RHEINAUE	103	5	188	136	34	0	0	0	154	620
268	OBERMEHLEM	84	5	177	139	30	0	0	0	147	582
269	HEIDERHOF	77	3	269	182	196	0	0	0	119	846
371	BEUEL-ZENTRUM	131	15	180	126	35	0	2	1	127	617
372	VILICH-RHEINDORF	76	18	170	122	114	0	15	0	99	615
373	BEUEL-OST	79	20	182	118	122	250	15	0	116	902
374	BEUEL-SUED	78	15	158	167	182	0	0	100	132	832
381	GEISLAR	81	2	124	142	201	0	0	0	94	644
382	VILICH-MUELDORF	85	0	139	137	196	0	0	0	94	652
383	PUETZCHEN-BECHLINGH	78	19	178	157	34	100	2	0	100	668
384	LI KUE RA	85	2	152	145	54	0	0	0	132	570
385	OBERKASSEL	78	12	116	132	53	0	0	0	157	548
386	HOLZLAR	71	6	170	152	109	0	0	30	71	610
387	HOHOLZ	73	3	180	169	37	0	0	0	71	531
388	HOLTDORF	88	3	150	171	34	0	0	0	71	517
491	DUISDORF-ZENTRUM	98	7	153	137	33	0	240	0	87	756
492	FINKENHOF	101	47	303	162	47	0	0	29	88	778
493	MEDINGHOFEN	83	27	182	161	31	0	0	0	72	555
494	BRUESER BERG	67	62	118	174	177	0	0	142	77	816
495	LENGSDORF	75	4	156	151	35	19	0	0	66	507
496	DUISDORF-NORD	107	11	153	141	203	0	250	0	83	948
497	NEU-DUISDORF	96	22	229	162	29	20	1	0	75	634
MINIMUM		62	0	93	77	12	0	0	0	63	491
MAXIMUM		236	82	303	193	203	250	250	142	157	1181

Erläuterung zu den Tabellen A 19 bis A 21

Zielbereich Z 1: Berücksichtigung betriebswirtschaftlicher Versorgungsmöglichkeiten

Zielbereich Z 2: Berücksichtigung stadtstruktureller Gegebenheiten

Zielbereich Z 3: Beachtung der Gebäudestruktur

Zielbereich Z 4: Beachtung sozialer Verhältnisse

Zielbereich Z 5: Abstimmung mit dem Stadtentwicklungsbereich 'Wohnen'

Zielbereich Z 6: Abstimmung mit dem Bereich 'Arbeit und Wirtschaft'

Zielbereich Z 7: Abstimmung mit dem Aufgabengebiet 'Stadtgestaltung'

Zielbereich Z 8: Abstimmung mit dem Bau sozialer Infrastruktureinrichtungen verschiedener Stadtentwicklungsbereiche und dem Bau von Bundeseinrichtungen

Zielbereich Z 9: Abstimmung mit dem Aufgabengebiet 'Umweltschutz'

Tabelle A 20: Ergebnisse der Zielbereiche bei Gewichtungsalternative B

NR.	STATISTISCHER BEZIRK	Z 1	Z 2	Z 3	Z 4	Z 5	Z 6	Z 7	Z 8	Z 9	SUMME
110	ZENTRUM-RHEINVIERTEL	330	95	81	90	32	0	0	0	305	933
111	ZENT-MUENSTERVIERTEL	425	90	67	68	40	0	0	0	249	939
112	WICHELSHOF	251	21	101	74	31	0	0	0	275	752
113	VOR DEM STERNTOR	296	60	95	46	34	0	0	0	294	825
114	RHEINDORFER-VORSTADT	213	139	116	106	39	0	0	1	281	896
115	ELLERVIERTEL	180	66	105	82	35	3	0	0	321	793
116	GUETERBAHNHOF	170	74	76	91	33	0	2	0	288	733
117	BAUMSCHULVIERTEL	267	22	82	83	32	0	0	0	268	754
118	BONNER-TALVIERTEL	302	49	87	91	33	0	0	0	232	793
119	V DEM KOBLENZER TOR	292	63	84	80	35	0	0	0	291	845
120	NEU-ENDENICH	193	91	86	83	38	0	18	0	247	756
121	ALT-ENDENICH	196	20	73	79	31	0	1	0	203	602
122	POPPELSDORF	219	89	78	87	32	0	0	0	195	702
123	KESSENICH	201	13	71	82	28	0	0	0	246	641
124	DOTTENDORF	163	26	77	89	29	0	0	0	218	602
125	VENUSBERG	194	134	56	115	35	0	0	38	200	772
126	IPPENDORF	144	18	101	96	33	0	0	0	156	548
127	ROETTGEN	151	8	118	116	32	0	0	0	166	591
128	UECKESDORF	112	28	124	107	177	0	0	0	167	715
131	ALT-TANNENBUSCH	170	15	94	105	29	0	0	0	260	673
132	NEU-TANNENBUSCH	158	57	126	66	154	0	0	0	299	859
133	BUSCHDORF	137	97	101	83	183	100	64	0	194	958
134	AUERBERG	166	30	124	76	124	0	0	0	286	807
135	GRAU-RHEINDORF	167	64	77	86	111	0	0	0	255	761
136	DRANSDORF	165	18	80	80	34	100	0	0	265	741
137	LESSENICH-MESSDORF	167	4	80	98	27	0	0	0	231	608
141	GRONAU-REGIERUNGSV.	234	147	109	99	33	0	0	126	246	994
242	HOCHKREUZ-REGIERUNGS	222	90	124	89	49	0	30	121	369	1094
251	BADGODESBERG-ZENTRUM	298	22	79	70	34	0	0	0	260	763
252	GODESBERG-KURVIERTEL	176	81	76	116	11	0	0	0	232	693
253	SCHWEINHEIM	193	45	99	86	32	0	0	0	209	664
254	BAD GODESBERG-NORD	173	37	104	71	33	75	0	0	309	801
255	VILLENVIERTEL	239	12	86	82	27	0	0	0	267	713
260	FRIESDORF	185	4	78	83	31	0	0	0	369	750
261	NEU-PLITTERSDORF	188	38	67	95	29	0	0	0	278	695
262	ALT-PLITTERSDORF	198	9	75	86	24	0	0	0	223	616
263	RUENGSDORF	172	32	88	90	29	0	0	0	290	702
264	MUFFENDORF	170	24	94	88	37	0	0	0	256	669
265	PENNENFELD	210	61	74	100	29	0	0	0	284	758
266	LANNESDORF	191	64	111	88	17	12	0	0	356	839
267	MEHLEM-RHEINAUE	185	8	112	82	31	0	0	0	385	803
268	OBERMEHLEM	151	9	106	84	27	0	0	0	367	743
269	HEIDERHOF	139	6	161	110	176	0	0	0	297	889
371	BEUEL-ZENTRUM	236	27	107	76	32	0	1	1	315	794
372	VILICH-RHEINDORF	138	32	102	74	103	0	4	0	246	698
373	BEUEL-OST	142	37	109	71	110	100	4	0	289	862
374	BEUEL-SUED	140	27	94	101	164	0	0	90	328	944
381	GEISLAR	145	3	74	86	181	0	0	0	235	723
382	VILICH-MUELDORF	153	0	83	83	176	0	0	0	235	730
383	PUETZCHEN-BECHLINGH	141	34	107	95	30	40	1	0	250	697
384	LI KUE RA	152	4	91	88	48	0	0	0	328	710
385	OBERKASSEL	140	22	69	80	48	0	0	0	391	750
386	HOLZLAR	128	11	102	92	98	0	0	27	176	633
387	HOHOLZ	130	5	108	102	33	0	0	0	176	554
388	HOLTDORF	159	5	89	103	31	0	0	0	176	563
491	DUISDORF-ZENTRUM	176	13	91	82	30	0	72	0	218	683
492	FINKENHOF	182	85	182	98	43	0	0	26	221	836
493	MEDINGHOFEN	149	48	108	97	27	0	0	0	179	609
494	BRUESER BERG	120	111	70	105	159	0	0	127	193	886
495	LENGSDORF	134	8	93	91	31	8	0	0	165	531
496	DUISDORF-NORD	193	20	91	85	182	0	75	0	207	854
497	NEU-DUISDORF	173	39	137	98	26	8	0	0	187	669
MINIMUM		112	0	56	46	11	0	0	0	156	531
MAXIMUM		425	147	182	116	183	100	75	127	391	1094

Tabelle A 21: Ergebnisse der Zielbereiche bei Gewichtungsalternative C

NR.	STATISTISCHER BEZIRK	Z 1	Z 2	Z 3	Z 4	Z 5	Z 6	Z 7	Z 8	Z 9	SUMME
110	ZENTRUM-RHEINVIERTEL	110	32	81	181	47	0	0	0	492	943
111	ZENT-MUENSTERVIERTEL	142	30	67	136	60	0	0	0	402	837
112	WICHELSHOF	84	7	102	147	46	0	0	0	444	829
113	VOR DEM STERNTOR	99	20	95	93	50	0	0	0	475	832
114	RHEINDORFER-VORSTADT	71	46	116	212	60	0	0	0	454	960
115	ELLERVIERTEL	60	22	105	164	51	4	0	0	519	924
116	GUETERBAHNHOF	57	25	76	181	48	0	1	0	465	853
117	BAUMSCHULVIERTEL	89	7	82	167	47	0	0	0	432	824
118	BONNER-TALVIERTEL	101	16	87	182	49	0	0	0	375	809
119	V DEM KOBLENZER TOR	97	21	84	161	52	0	0	0	470	885
120	NEU-ENDENICH	64	30	87	167	55	0	12	0	399	813
121	ALT-ENDENICH	65	7	73	158	47	0	0	0	327	678
122	POPPELSDORF	73	30	78	174	48	0	0	0	316	719
123	KESSENICH	67	4	71	165	41	0	0	0	397	744
124	DOTTENDORF	54	9	77	178	42	0	0	0	352	712
125	VENUSBERG	65	45	56	230	52	0	0	13	323	783
126	IPPENDORF	48	6	101	193	48	0	0	0	252	648
127	ROETTGEN	50	3	118	231	44	0	0	0	268	716
128	UECKESDORF	37	9	125	215	206	0	0	0	270	861
131	ALT-TANNENBUSCH	57	5	94	209	43	0	0	0	420	828
132	NEU-TANNENBUSCH	53	19	126	132	187	0	0	0	483	999
133	BUSCHDORF	46	32	101	165	216	125	43	0	313	1041
134	AUERBERG	55	10	125	152	152	0	0	0	462	956
135	GRAU-RHEINDORF	56	21	77	173	135	0	0	0	412	874
136	DRANSDORF	55	6	80	159	50	125	0	0	427	903
137	LESSENICH-MESSDORF	56	1	81	196	40	0	0	0	374	747
141	GRONAU-REGIERUNGSV.	78	49	109	198	48	0	0	42	398	922
242	HOCHKREUZ-REGIERUNGS	74	30	125	179	63	0	20	40	596	1126
251	BADGODESBERG-ZENTRUM	99	7	79	140	52	0	0	0	420	798
252	GODESBERG-KURVIERTEL	59	27	77	232	12	0	0	0	375	782
253	SCHWEINHEIM	64	15	100	173	48	0	0	0	338	737
254	BAD GODESBERG-NORD	58	12	104	141	49	94	0	0	499	957
255	VILLENVIERTEL	80	4	86	163	40	0	0	0	432	805
260	FRIESDORF	62	1	78	166	45	0	0	0	596	948
261	NEU-PLITTERSDORF	63	13	67	191	41	0	0	0	449	823
262	ALT-PLITTERSDORF	66	3	75	173	35	0	0	0	359	712
263	RUENGSDORF	58	11	89	179	42	0	0	0	468	847
264	MUFFENDORF	57	8	94	176	54	0	0	0	413	802
265	PENNENFELD	70	20	74	201	43	0	0	0	458	866
266	LANNESDORF	64	21	111	175	21	15	0	0	575	983
267	MEHLEM-RHEINAUE	62	3	112	164	46	0	0	0	622	1009
268	OBERMEHLEM	50	3	106	168	41	0	0	0	592	960
269	HEIDERHOF	46	2	162	219	206	0	0	0	480	1116
371	BEUEL-ZENTRUM	79	9	108	152	47	0	0	0	508	903
372	VILICH-RHEINDORF	46	11	102	147	127	0	3	0	396	833
373	BEUEL-OST	47	12	109	142	134	125	3	0	467	1040
374	BEUEL-SUED	47	9	94	202	193	0	0	30	529	1104
381	GEISLAR	48	1	75	171	213	0	0	0	379	887
382	VILICH-MUELDORF	51	0	84	165	205	0	0	0	379	884
383	PUETZCHEN-BECHLINGH	47	11	107	189	45	50	0	0	403	853
384	LI KUE RA	51	1	91	175	65	0	0	0	529	913
385	OBERKASSEL	47	7	69	159	66	0	0	0	632	980
386	HOLZLAR	43	4	102	183	122	0	0	9	283	746
387	HOHOLZ	44	2	108	204	46	0	0	0	283	686
388	HOLTORF	53	2	90	206	46	0	0	0	283	681
491	DUISDORF-ZENTRUM	59	4	92	165	45	0	48	0	353	765
492	FINKENHOF	61	28	183	195	58	0	0	9	356	890
493	MEDINGHOFEN	50	16	109	194	39	0	0	0	290	698
494	BRUESER BERG	40	37	70	210	180	0	0	42	312	892
495	LENGSDORF	45	3	94	182	46	10	0	0	267	646
496	DUISDORF-NORD	64	7	92	170	212	0	50	0	335	929
497	NEU-DUISDORF	58	13	138	195	39	10	0	0	302	756
MINIMUM		37	0	56	93	12	0	0	0	252	646
MAXIMUM		142	49	183	232	216	125	50	42	632	1126

Tabelle A 22: Standardisierte Strukturdaten der nach Prioritätsstufen geordneten Stat. Bezirke Bonns

Prioritätsstufe	Bezirk		1 11	2 12	3 13	4	5	6	7	8	9	10
ERSTE PRIORITAET	110	ZENTRUM RHEINVIERTEL	165 126	95 53	81 44	95	91	62	110	0	0	122
ERSTE PRIORITAET	111	ZENT.MUENSTERVIERTEL	212 129	89 28	68 59	81	86	26	128	0	0	100
ERSTE PRIORITAET	114	RHEINDORFER VORSTADT	106 110	138 30	116 69	78	82	162	124	0	1	115
ERSTE PRIORITAET	133	BUSCHDORF	68 33	96 38	101 60	99	113	46	109	250	93	78
ERSTE PRIORITAET	141	GRONAU REGIERUNGSVIE	117 125	146 20	109 77	111	94	69	111	0	84	99
ERSTE PRIORITAET	242	HOCHKREUZ REGIERUNGS	111 78	89 19	124 80	112	136	14	85	41	101	148
ERSTE PRIORITAET	269	HEIDERHOF	70 100	6 99	161 0	133	143	32	95	246	0	119
ERSTE PRIORITAET	374	BEUEL SUED	70 91	27 39	94 61	119	111	64	95	225	60	132
ERSTE PRIORITAET	494	BRUESER BERG	60 95	111 49	71 49	122	52	120	28	250	85	78
ZWEITE PRIORITAET	113	VOR DEM STERNTOR	148 118	60 41	95 58	54	70	26	110	0	0	118
ZWEITE PRIORITAET	115	ELLERVIERTEL	90 116	66 51	105 48	56	59	144	105	7	2	129
ZWEITE PRIORITAET	118	TALVIERTEL	151 129	49 40	87 50	103	87	49	110	0	0	93
ZWEITE PRIORITAET	119	VOR DEM KOBLENZER T.	146 140	63 35	35 65	85	79	59	117	0	0	117
ZWEITE PRIORITAET	132	NEU TANNENBUSCH	79 98	57 70	127 26	59	31	140	124	191	0	120
ZWEITE PRIORITAET	134	AUERBERG	83 80	30 49	124 51	73	116	79	115	146	0	115
ZWEITE PRIORITAET	254	GODESBERG NORD	87 71	37 28	103 72	77	118	36	108	0	38	124
ZWEITE PRIORITAET	266	LANNESDORF	95 52	65 15	110 84	107	113	39	63	3	6	143
ZWEITE PRIORITAET	267	MEHLEM RHEINAUE	92 58	8 16	113 83	96	111	43	104	0	0	155
ZWEITE PRIORITAET	371	BEUEL ZENTRUM	118 95	27 40	108 60	94	112	19	105	0	1	126
ZWEITE PRIORITAET	373	BEUEL OST	71 88	37 29	103 70	83	100	43	101	131	53	116
ZWEITE PRIORITAET	492	FINKENHOF	91 100	84 100	181 0	124	130	24	110	17	17	89
ZWEITE PRIORITAET	496	DUISDORF NORD	97 60	20 62	92 38	105	134	15	121	250	50	83
DRITTE PRIORITAET	112	WICHELSHOF	126 120	20 50	102 50	82	71	70	101	0	0	110
DRITTE PRIORITAET	117	BAUMSCHULVIERTEL	134 125	22 46	82 54	99	81	50	106	0	0	107
DRITTE PRIORITAET	120	NEU ENDENICH	97 97	90 27	86 71	101	161	11	115	5	12	99
DRITTE PRIORITAET	125	VENUSBERG	97 98	134 60	56 33	115	63	149	117	0	25	80
DRITTE PRIORITAET	135	GRAU-RHEINDORF	83 85	64 29	77 68	91	107	68	101	134	0	102
DRITTE PRIORITAET	136	DRANSDORF	82 82	18 19	80 79	69	100	103	114	1	50	106
DRITTE PRIORITAET	251	GODESBERG ZENTRUM	149 97	21 38	80 62	82	110	23	110	0	0	104
DRITTE PRIORITAET	260	FRIESDORF	93 66	4 40	78 59	93	96	58	99	2	0	148
DRITTE PRIORITAET	265	PENNENFELD	105 60	61 16	74 84	104	87	84	98	0	0	114
DRITTE PRIORITAET	268	OBERMEHLEM	75 45	9 21	106 78	101	116	23	91	0	0	147
DRITTE PRIORITAET	385	OBERKASSEL	70 80	22 40	69 59	93	121	31	105	26	0	157
OHNE PRIORITAET	116	GUETERBAHNHOF	85 140	74 99	76 0	53	52	178	109	0	1	116
OHNE PRIORITAET	121	ALT ENDENICH	98 91	20 31	73 68	97	117	28	102	0	0	81
OHNE PRIORITAET	122	POPPELSDORF	110 126	89 43	78 55	99	104	40	103	0	0	79
OHNE PRIORITAET	123	KESSENICH	101 102	13 45	71 55	97	107	38	96	0	0	99
OHNE PRIORITAET	124	DOTTENDORF	82 91	26 23	77 75	107	111	46	93	3	0	88
OHNE PRIORITAET	126	IPPENDORF	72 39	18 16	101 84	124	152	3	101	5	0	63
OHNE PRIORITAET	127	ROETTGEN	76 33	8 0	118 100	145	158	22	87	10	0	67
OHNE PRIORITAET	128	UECKESDORF	56 13	28 0	124 100	140	161	0	89	250	0	67
OHNE PRIORITAET	131	ALT TANNENBUSCH	85 94	15 34	94 64	97	72	147	98	0	0	105
OHNE PRIORITAET	137	LESSENICH MESSDORF	84 67	4 45	81 54	122	149	22	83	2	0	93
OHNE PRIORITAET	252	GODESBERG KURVIERTEL	88 47	81 16	77 83	115	124	88	53	0	0	93
OHNE PRIORITAET	253	SCHWEINHEIM	96 64	44 71	99 68	103	145	5	107	0	0	84
OHNE PRIORITAET	255	GODBEVILLENVIERTEL	119 85	12 39	86 61	104	105	21	94	0	0	107

Tabelle A 22 (Fortsetzung)

Prioritätsstufe	Bezirk		1 / 11	2 / 12	3 / 13	4	5	6	7	8	9	10
OHNE PRIORITAET	261	NEU PLITTERSDORF	94 / 67	37 / 35	67 / 64	116	94	62	95	3	0	11…
OHNE PRIORITAET	262	ALT PLITTERSDORF	99 / 84	9 / 30	75 / 69	110	124	10	85	0	0	8…
OHNE PRIORITAET	263	RUENGSDORF	86 / 80	32 / 41	88 / 59	102	71	78	97	0	0	11…
OHNE PRIORITAET	264	MUFFENDORF	85 / 68	24 / 10	94 / 90	112	150	3	105	8	0	10…
OHNE PRIORITAET	372	VILICH RHEINDORF	69 / 85	32 / 43	102 / 56	87	125	14	109	116	3	9…
OHNE PRIORITAET	381	GEISLAR	73 / 81	3 / 51	74 / 48	106	145	8	102	250	0	9…
OHNE PRIORITAET	382	VILICH MUELDORF	76 / 86	0 / 43	84 / 57	93	113	60	89	250	0	9…
OHNE PRIORITAET	383	PUETZCHEN BECHLINGH	70 / 61	34 / 24	107 / 74	112	145	34	98	1	20	10…
OHNE PRIORITAET	384	LI KUE RA	76 / 79	4 / 30	91 / 69	107	133	19	100	30	0	13…
OHNE PRIORITAET	386	HOLZLAR	64 / 83	11 / 21	102 / 78	115	118	30	102	109	18	7…
OHNE PRIORITAET	387	HOHOLZ	65 / 33	5 / 8	108 / 91	134	148	1	87	13	0	7…
OHNE PRIORITAET	388	HOLTDORF	79 / 52	5 / 2	90 / 98	130	147	19	98	0	0	7…
OHNE PRIORITAET	491	DUISDORF ZENTRUM	88 / 76	13 / 25	91 / 74	102	119	23	98	1	48	88
OHNE PRIORITAET	493	MEDINGHOVEN	75	48	109	110	97	79	97	0	0	7…
OHNE PRIORITAET	495	LENGSDORF	67 / 66	8 / 67	93 / 32	115	145	8	100	2	4	6…
OHNE PRIORITAET	497	NEU DUISDORF	87 / 80	39 / 43	137 / 56	112	94	77	86	0	4	7…

1. Wärmeanschlußdichte (Zielbereich: betriebswirtschaftliche Versorgungsmöglichkeit)
2. Anschlußanteil großer gewerblich genutzter und öffentlicher Gebäude (Zielbereich: stadtstrukturelle Gegebenheiten)
3. Zielbereich: Gebäudestruktur
4. Indikatoren der Sozialstruktur der Wohnbevölkerung
5. Eigentumsverhältnisse: selbstnutzende Eigentümer
6. Eigentumsverhältnisse: Besitzanteil von Versicherungen, Banken, Firmen, Wohnungsunternehmen, öffentlicher Hand
7. Zielbereich Wohnen: Erneuerungsbedarf im Wohnbereich und Wohnumfeld
8. Zielbereich Wohnen: Wohnungsneubau
9. Neubau gewerblich genutzter und öffentlicher Gebäude
10. Zielbereich Umweltschutz: Notwendigkeit der Entlastung der Luft mit Schadstoffen
11. Prozentualer Anteil des mit Fernwärme und/oder Erdgas versehenen Anliegerstraßennetzes
12. Prozentualer Anteil der mit leitungsgebundenen Energieträgern versorgten Wohngebäude
13. Prozentualer Anteil der mit festen und flüssigen Energieträgern versorgten Wohngebäude

QUELLENANGABEN ZU DEN TABELLEN IM ANHANG

A 1: - Angaben der Bundesanstalt für Geowissenschaften und Rohstoffe in Hannover
- OECD-NUCLEAR ENERGY AGENCY / INTERNATIONAL ATOMIC ENERGY AGENCY: Uranium Resources, Production and Demand; Paris 1982

A 2: - VEREINIGUNG INDUSTRIELLE KRAFTWIRTSCHAFT: Statistik der Energiewirtschaft 1981/82, Essen 1982
- BUNDESMINISTERIUM FÜR WIRTSCHAFT: Daten zur Entwicklung der Energiewirtschaft in der Bundesrepublik Deutschland im Jahre 1984, Bonn 1985

A 3: - ebenda, S. 7 f.
- VEREINIGUNG DEUTSCHER ELEKTRIZITÄTSWERKE: Die öffentliche Elektrizitätsversorgung im Bundesgebiet 1982, a.a.O., Tab. 1
- Berechnungen des Verfassers

A 4: Erhebungen des Verfassers nach Unterlagen der Versorgungsunternehmen

A 5: Berechnungen des Verfassers nach Angaben des Ingenieurbüros Goepfert & Reimer und des Statistischen Amtes der Stadt Bonn

A 6: Berechnungen des Verfassers nach Angaben des Ingenieurbüros Goepfert & Reimer

A 7: - Befragung der Schornsteinfegermeister und der Versorgungsunternehmen im Rahmen der Arbeiten am Wärmeversorgungskonzept Bonn
- Berechnungen des Verfassers

A 8: Berechnungen des Verfassers nach Zahlenangaben der GWZ 1968, der Bautätigkeitsstatistik und des Ingenieurbüros Goepfert & Reimer

A 9: - Statistisches Amt der Stadt Bonn
- Ingenieurbüro Goepfert & Reimer

A 10: Amt für Statistik und Wahlen der Stadt Bonn

A 11: Erhebungen des Verfassers anhand von Unterlagen des Amtes für Wohnungswesen der Stadt Bonn

A 12: - STADT BONN: Kommunalwahl in der Stadt Bonn am 30. September 1979. Eine wahlstatistische Analyse, Bonn 1980
- DIESELBE: Bundestagswahl in der Stadt Bonn am 6. März 1983. Eine wahlstatistische Analyse, Bonn 1983
- Befragung der Bonner Gymnasien und der Ursulinenschule Hersel durch Herrn Oberstudienrat Haffke im Schuljahr 1984/85
- Umrechnung auf die Ebene der Statistischen Bezirke vom Verfasser

A 13: Erhebungen des Verfassers anhand des Adreßbuches der Stadt Bonn 1984/85

A 14: Erhebungen des Verfassers nach Unterlagen des Amtes für Statistik und Wahlen der Stadt Bonn, der Gebäude- und Wohnungszählung 1968 sowie der Bautätigkeitsstatistik

A 15: - Angaben des Amtes für Stadtplanung und Stadtentwicklung
- STADT BONN: Wirtschaftsstrukturanalyse, Bonn 1980
- DIESELBE: Flächennutzungsplan der Stadt Bonn, Stand August 1983
- DIESELBE: Räumlich-funktionales Zentrenkonzept, Bonn 1977
- DIESELBE: Städtebaulicher Rahmenplan für das Parlaments- und Regierungsviertel, Bonn 1982
- Berechnungen des Verfassers

A 16: - STADT BONN: Sportstättenleitplan 1979-1985, Bonn 1978
- DIESELBE: Bericht zur Stadtentwicklung 1984, Bonn 1984
- Angaben des Stadtplanungsamtes und des Staatshochbauamtes
- Mittelfristiges Hochbauprogramm des Bundes
- Berechnungen des Verfassers

A 17: - DEUTSCHER WETTERDIENST: Die Klimaverhältnisse im Großraum Bonn, Amtl. Gutachten, Essen 1972
- TECHNISCHER ÜBERWACHUNGSVEREIN RHEINLAND: Gutachten über die Messungen der Immissionsvorbelastung im Einwirkungsbereich der geplanten Müllverbrennungsanlage Bonn-Bad Godesberg, Bericht Nr. 936/790059, Köln 1982
- DERSELBE: Gutachten über die Messung der Immissionsvorbelastung im Einwirkungsbereich der geplanten Müllverbrennungsanlage Bonn-Nord, Bericht Nr. 936/792008, Köln 1984
- IXFELD, Hans / ELLERMANN, K.: Immissionsmessungen in Verdichtungsräumen, Bericht über die Ergebnisse der Messungen in Bielefeld, Bonn und Wuppertal im Jahre 1978, in: Schriftenreihe der Landesanstalt für Immissionsschutz des Landes NW, Heft 53, Essen 1981
- Ergänzungen und die Umrechnung auf die Ebene der Statistischen Bezirke vom Verfasser

A 18 - A 22:
Berechnungen des Verfassers

QUELLENANGABEN ZU DEN KARTEN

Karte 1 und 2: Stadtwerke Bonn

Karte 3: RWE, Betriebsverwaltung Berggeist

Karte 4: BUNDESMINISTER FÜR FORSCHUNG UND TECHNOLOGIE / STADT BONN (Hrsg.): Entwicklung eines Wärmeversorgungskonzeptes, a.a.O., S. 189

Karte 5: ebenda, S. 256

Karte 6: Amt für Stadtentwicklungsplanung der Stadt Bonn

Karte 7 bis 14: siehe entsprechende Anhang-Tabellen bzw. Berechnungen des Verfassers

LITERATURVERZEICHNIS

ADRESSBUCH DER BUNDESHAUPTSTADT BONN, Einhundertundzweite Ausgabe 1984/85, Bonn 1984

ADRIAN, H.: Wohnungsbau - Wohnungsmarkt, in: Archiv für Kommunalwissenschaft, 1. Halbjahresband; Köln, Stuttgart 17 (1978)

ALBERDING, Hans-Jochen: Instrumente des Bundes im Zusammenhang der rationellen Energieverwendung, in: Der Landkreis, Bonn 49 (1979), S. 426-428

ANTE, Ulrich: Politische Geographie, Braunschweig 1981

ARBEITSGEMEINSCHAFT ENERGIEBILANZEN: Energiebilanzen der Bundesrepublik Deutschland, Frankfurt/Main, Jahrgänge seit 1950

ARBEITSGEMEINSCHAFT FERNWÄRME / BUNDESVERBAND DER GAS- UND WASSERWIRTSCHAFT / VEREINIGUNG DEUTSCHER ELEKTRIZITÄTSWERKE: Erklärung der leitungsgebundenen Energiewirtschaft zu Grundsätzen für Versorgungskonzepte, o. O. 1980

ARENS, Hans Jürgen: Zur Theorie und Technik räumlicher Verteilung von Energieversorgungsanlagen, München 1975

DERSELBE: Raum- und siedlungsstrukturelle Auswirkungen der Veränderungen im Energiesektor, in: Energiewirtschaftliche Tagesfragen, Frankfurt/Main 25 (1975), S. 520-524 und S. 585-588

DERSELBE: Primäre und sekundäre Effekte von Elektrizitätsversorgungsanlagen auf regionales Wirtschaftswachstum, in: Raumforschung und Raumordnung, Köln u. a. 35 (1977), S. 145-154

BAADER, W.: Entwicklungstendenzen und Aktivitäten auf dem Gebiet der Biogas-Technologie, Referat auf der Arbeitstagung der Referenten für Landtechnik u. Landwirtschaftliches Bauwesen vom 11. bis 13. Juni 1979 in Braunschweig

BAHR, Wolfgang: Die Beteiligung der Raumordnung im Planungssystem der Energiepolitik, in: Informationen zur Raumentwicklung, Bonn 1977, S. 555-568

DERSELBE: Örtliche und regionale Energieversorgungskonzepte: Integration von Energieversorgung und Siedlungsentwicklung, in: Verhandlungen des Deutschen Geographentages, Bd. 43, Wiesbaden 1983, S. 425-428

BAHR, Wolfgang / GANSER, Karl: Koordination von Stadtentwicklung und Energieplanung, in: Stadtbauwelt, Berlin 63 (1979), S. 250-254

DIESELBEN: Ein raumbezogenes Konzept für die Energieversorgung der Bundesrepublik Deutschland, in: RAT VON SACHVERSTÄNDIGEN FÜR UMWELTFRAGEN (Hrsg.): Materialien zur Energie und Umwelt, Materialien zur Umweltforschung 6, Worms 1982, S. 395-444

BAHR, Wolfgang / WAGNER, Gerhard: Regionale Disparitäten in der Energieversorgung, in: Der Landkreis, Bonn 49 (1979), S. 329-336

DIESELBEN: Energieeinsparungspotentiale im Verkehr in Abhängigkeit von unterschiedlichen Maßnahmen, in: Informationen zur Raumentwicklung, Bonn 1979, S. 559-574

BAHRENBERG, Gerhard / GIESE, Ernst: Statistische Methoden und ihre Anwendung in der Geographie, Stuttgart 1975

BATTELLE-INSTITUT: Möglichkeiten der Energieeinsparung im Gebäudebestand, Stufe B, Teil I, Frankfurt/Main 1978

DASSELBE: Rationelle Energieverwendung im Wohnungsbau, Tagungsbericht der Fachtagung am 3. 6. 1977, Frankfurt/Main 1977

BAYERISCHES STAATSMINISTERIUM FÜR WIRTSCHAFT UND VERKEHR (Hrsg.): Fernwärme für Bayern, München 1977

BECHMANN, Armin: Nutzwertanalyse, Bewertungstheorie und Planung, Beiträge zur Wirtschaftspolitik, Bd. 29, Bern 1978

BEIRAT FÜR RAUMORDNUNG: Gesellschaftliche Indikatoren für die Raumordnung, in: Empfehlungen vom 16. Juni 1976, Bonn 1976

DERSELBE: Regionale Aspekte von Energieversorgung und -einsparung, Empfehlung vom 11. März 1982, in: Informationen zur Raumentwicklung, Bonn 1982, S. 413-426

BIELENBERG, Walter: Rechts- und Verwaltungsfragen der kommunalen Entwicklungsplanung, in: Raumplanung - Entwicklungsplanung, Forschungs- und Sitzungsberichte der Akademie für Raumforschung und Landesplanung, Bd. 80, Recht und Verwaltung 1, Hannover 1972, S. 55-81

BISCHOFF, Gerhard / GOCHT, Werner: Das Energietaschenbuch, Braunschweig 1979

BOCKELMANN, Detlef: Kernkraftwerke. Ihre Standortwahl und ihre Bedeutung für die Raumordnung, Schriftenreihe des Instituts für Regionalwissenschaft der Universität Karlsruhe, Heft 5, Karlsruhe 1974

BOESLER, Klaus Achim: Umweltpolitische Erfordernisse der Stadtentwicklungsplanung, in: Abhandlungen des Geographischen Instituts der F. U. Berlin, Bd. 24, Berlin 1976, S. 39-45

DERSELBE: Raumordnung, Erträge der Forschung, Bd. 165, Darmstadt 1982

BÖRNER, Holger: Grundlinien einer rationellen Energiepolitik, in: Fernwärme international, Frankfurt/Main 10 (1981), S. 295-299

BOHN, Thomas: Ausgewählte Technologien zur rationellen Energieversorgung und ihre Bewertung, in: KOMMUNALVERBAND RUHRGEBIET (Hrsg.): Rationelle Energieverwendung im Ruhrgebiet, Arbeitshefte Ruhrgebiet 8, Essen 1981, S. 103-117

BONNER RUNDSCHAU vom 19. 3. 1982

BÜCH, Dietrich u. a.: Bewertung von Bauflächen nach Umweltkriterien im Stadtverband Saarbrücken, Saarbrücken 1978

BUND-LÄNDER-KOMMISSION FÜR BILDUNGSFRAGEN: Bildungsgesamtplan, Bd. 1 und Bd. 2, Stuttgart 1974

BUNDESAMT FÜR KONJUNKTURFRAGEN: Wärmetechnische Gebäudesanierung, Handbuch Planung und Projektierung, 3. korrigierte Aufl., Bern 1980

BUNDESMINISTER FÜR FORSCHUNG UND TECHNOLOGIE (Hrsg.): Planstudie über die Möglichkeiten der Fernwärmeversorgung - vorzugsweise durch nukleare Heizkraftwerke - für den Raum Koblenz/Bonn/Köln, Forschungsbericht ET 5075 E, Bonn 1976

DERSELBE: Gesamtstudie über die Möglichkeiten der Fernwärmeversorgung aus Heizkraftwerken in der Bundesrepublik Deutschland, Bonn 1977

DERSELBE: Neue und erneuerbare Energiequellen, Länderpapier der Bundesrepublik Deutschland für die Konferenz der Vereinten Nationen über Neue und Erneuerbare Energiequellen in Nairobi, Bonn 1981

BUNDESMINISTER FÜR FORSCHUNG UND TECHNOLOGIE / STADT BONN (Hrsg.): Entwicklung eines Wärmeversorgungskonzeptes für das Stadtgebiet Bonn, o. O. 1984

BUNDESMINISTER DES INNERN (Hrsg.): Abwärme, Auswirkungen, Verminderung, Nutzung. Kurzfassung des zusammenfassenden Berichts über die Arbeit der Abwärmekommission 1974-1982, Bonn 1983

DERSELBE: Was Sie schon immer über Luftreinhaltung wissen wollten, Stuttgart u. a. 1984

BUNDESMINISTER FÜR RAUMORDNUNG, BAUWESEN UND STÄDTEBAU (Hrsg.): Fachseminar 'Wohnungsmarktentwicklung und Strategien der Stadtentwicklung', Schriftenreihe Städtebauliche Forschung 3.067, Bonn 1978

DERSELBE: Finanzielle Auswirkungen der Stadt-Umland-Wanderungen, Schriftenreihe Städtebauliche Forschung 3.073, Bonn 1979

DERSELBE: Rationelle Energieverwendung im Rahmen der kommunalen Entwicklungsplanung, Schriftenreihe Städtebauliche Forschung 3.083, Bonn 1980

DERSELBE: Rationelle Energieverwendung im Rahmen der Stadterneuerung, Schriftenreihe Städtebauliche Forschung, Bonn 1981, Sonderheft

DERSELBE: Analyse von Informations- und Methodengrundlagen für örtliche Energieversorgungskonzepte, Schriftenreihe Städtebauliche Forschung 3.091, Bonn 1982

DERSELBE: Rationelle Energieverwendung im Rahmen von neuen Siedlungsvorhaben, Schriftenreihe Städtebauliche Forschung 3.095, Bonn 1983

DERSELBE: Energieversorgungskonzept Gelsenkirchen, Schriftenreihe Städtebauliche Forschung 3.103, Bonn 1984

DERSELBE: Raumordnungsbericht 1974, Schriftenreihe Raumordnung 6.004, Bonn 1974

DERSELBE: Planungssystem PRO-REGIO. Eine Methode zum Einsatz von EDV-Anlagen als Beitrag zur Regionalplanung unter besonderer Berücksichtigung von Standortanforderungen, Schriftenreihe Raumordnung 6.007, Bonn 1976

DERSELBE: Auswirkungen von Entwicklungen im Energiesektor auf die Raum- und Siedlungsstruktur, Schriftenreihe Raumordnung 6.011, Bonn 1977

DERSELBE: Faktoren der Standortwahl für Kernkraftwerke in ausgewählten Industriestaaten, Schriftenreihe Raumordnung 6.017, Bonn 1978

DERSELBE: Ansätze integrierter örtlicher Energieversorgungskonzepte in ausgewählten europäischen Staaten, Schriftenreihe Raumordnung 6.035, Bonn 1979

DERSELBE: Anforderungen an Kraftwerksstandorte aus der Sicht der Raumordnung, Schriftenreihe Raumordnung 6.036, Bonn 1979

DERSELBE: Wechselwirkungen zwischen Siedlungsstruktur und Wärmeversorgungssystemen, Schriftenreihe Raumordnung 6.044, Bonn 1980

DERSELBE: Bundesregierung legt Baugesetzbuch vor, Pressemitteilung Nr. 93/85 vom 4. Dezember 1985

DERSELBE: Baugesetzbuch, Informationen zum Gesetzentwurf der Bundesregierung, Bonn 1985

BUNDESMINISTER FÜR RAUMORDNUNG, BAUWESEN UND STÄDTEBAU / BUNDESMINISTER FÜR FORSCHUNG UND TECHNOLOGIE: Arbeitsprogramm "Örtliche und regionale Energieversorgungskonzepte" vom 25. September 1980

BUNDESMINISTER FÜR WIRTSCHAFT: Daten zur Entwicklung der Energiewirtschaft in der Bundesrepublik Deutschland im Jahre 1984, Bonn 1985

BUNDESVERBAND DER DEUTSCHEN GAS- UND WASSERWIRTSCHAFT: Fakten, Tendenzen, Konsequenzen; Bonn Ausgaben 1983 und 1985

CHANDLER, Tony John: London's urban climate, in: Geographical Journal, London 128 (1962), S. 279-302

CHOLEWA, Werner: Energiepolitik der Gemeinden, in: Städte- und Gemeindebund, Düsseldorf 37 (1982), S. 60-62

CRONAUGE, Ulrich: Örtliche Versorgungskonzepte verabschieden - neue Bewährungsprobe für gemeindliche Selbstverwaltung, in: Städte- und Gemeinderat, Düsseldorf 36 (1982), S. 168-173

DERSELBE: Integrierte örtliche Versorgungskonzepte für Klein- und Mittelstädte - Überlegungen zur Aufstellung örtlicher Versorgungskonzepte aus der Sicht des Deutschen Städte- und Gemeindebundes, in: Energieversorgung im ländlichen Raum, Informationen zur Raumentwicklung, Bonn 1983, S. 1011-1016

CWIENK, Georg: Entwicklungstendenzen bei der Wärmeversorgung von Stadt und Land - komplementäre Systeme, Teil 1-2, in: Kommunalwirtschaft, Düsseldorf 71 (1982), S. 85-93 und S. 146-154

DERSELBE: Örtliches Versorgungskonzept am Beispiel Tübingen, in: Städtetag, Stuttgart 35 (1982), S. 687-692

DEHLI, Martin / SCHNELL, Peter: Die gegenwärtige Energiesituation und ihre voraussichtliche Veränderung. Überarbeitete und aktualisierte Fassung eines Vortrages, gehalten am 5. Juni 1978

DEUSTER, Gerhard: Technische, ökonomische und umweltpolitische Möglichkeiten und Probleme einer dezentralen Energieversorgung unter besonderer Berücksichtigung der Fernwärme, in: INSTITUT FÜR KOMMUNALWISSENSCHAFTEN DER KONRAD-ADENAUER-STIFTUNG (Hrsg.): Kommunale Energieversorgungskonzepte, Fachtagung, St. Augustin 1981, S. 22-47

DEUTSCHER BUNDESTAG: Energieprogramm der Bundesregierung, BT-Drucksache 7/1057 vom 3. 10. 1973

DERSELBE: Erste Fortschreibung des Energieprogramms der Bundesregierung, BT-Drucksache 7/2713 vom 30. 10. 1974

DERSELBE: Zweite Fortschreibung des Energieprogramms der Bundesregierung, BT-Drucksache 8/1357 vom 19. 12. 1977

DERSELBE: Regionale Strompreisdisparitäten. Kleine Anfrage der CDU/CSU-Fraktion, BT-Drucksache 8/1568 vom 2. 3. 1978

DERSELBE: Abbau regionaler Energiepreisdisparitäten, Antwort der Bundesregierung, BT-Drucksache 8/1960 vom 26. 6. 1978

DERSELBE: Erster Immissionsschutzbericht der Bundesregierung, BT-Drucksache 8/2006 vom 24. 7. 1978

DERSELBE: Örtliche Versorgungskonzepte, Antwort der Bundesregierung auf eine kleine Anfrage der CDU/CSU-Fraktion, BT-Drucksache 8/3888 vom 3. 4. 1980

DERSELBE: Bericht der Enquête-Kommission 'Zukünftige Kernenergie-Politik', BT-Drucksache 8/4341 vom 27. 6. 1980

DERSELBE: Dritte Fortschreibung des Energieprogramms der Bundesregierung, BT-Drucksache 9/983 vom 4. 11. 1981

DERSELBE: Bericht der Bundesregierung über Ergebnisse von Maßnahmen zur rationellen Energieverwendung, BT-Drucksache 9/1953 vom 7. 9. 1982

DERSELBE: Dritter Immissionsschutzbericht der Bundesregierung, BT-Drucksache 10/1354 vom 25. 4. 1984

DEUTSCHER GEWERKSCHAFTSBUND: Energiepolitische Erklärung des Deutschen Gewerkschaftsbundes vom 4. 11. 1980, in: Informationen zur Raumentwicklung, Bonn 1982, S. 410-413

DEUTSCHER RAT FÜR STADTENTWICKLUNG: Empfehlungen des Deutschen Rates für Stadtentwicklung, in: BUNDESMINISTER FÜR RAUMORDNUNG, BAUWESEN UND STÄDTEBAU: Städtebaubericht 1975, Bonn 1975, S. 92-106

DEUTSCHER STÄDTETAG: Die Städte in der Energiepolitik, DST-Beiträge zur Wirtschafts- und Verkehrspolitik, Heft 3, Köln 1981

DERSELBE: Probleme der Stadtentwicklung, DST-Beiträge zur Stadtentwicklung, Heft 9, Köln 1981

DERSELBE: Bessere Chancen für die Städte und ihre Bürger. Vorträge, Ansprachen und Ergebnisse der 21. ord. Hauptversammlung. Neue Schriften des Deutschen Städtetages, Heft 45, Stuttgart 1981

DERSELBE: Überlegungen zur Aufstellung und Weiterentwicklung eines örtlichen Versorgungskonzeptes - Konzept für die Versorgung mit Niedertemperaturwärme, Umdruck Nr. U 4593, Köln 1983

DEUTSCHER STÄDTETAG NORDRHEIN-WESTFALEN: Vorbericht für den Arbeitskreis IV 'Energieversorgungskonzept - Aufgabe der Stadt' der Mitgliederversammlung des Städtetages Nordrhein-Westfalen am 4. 3. 1982 in Witten, Umdruck Nr. R 5489, Köln 1982

DEUTSCHER STÄDTE- UND GEMEINDEBUND: Hinweise zur Energiepolitik in Gemeinden, Düsseldorf 1982

DEUTSCHER VERBAND FÜR WOHNUNGSWESEN, STÄDTEBAU UND RAUMPLANUNG: Energieversorgung und kommunale Entwicklungsplanung - Erfordernisse und Möglichkeiten einer integrierten Politik, Dokumentation einer Fachtagung, Bonn 1978

DERSELBE: Neuordnung der Energieversorgung wird zur Überlebensfrage, Presseerklärung vom 2. 10. 1981

DERSELBE: Örtliche und regionale Energieversorgungskonzepte zur Sicherstellung der Wärmeversorgung in Städten und Gemeinden, Erklärung des DV, Bonn 1981

DEUTSCHER WETTERDIENST: Die Klimaverhältnisse im Großraum Bonn, Amtliches Gutachten, Essen 1972

DEUTSCHES INSTITUT FÜR WIRTSCHAFTSFORSCHUNG / ENERGIEWIRTSCHAFTLICHES INSTITUT KÖLN / RHEINISCH-WESTFÄLISCHES INSTITUT FÜR WIRTSCHAFTSFORSCHUNG: Die künftige Entwicklung der Energienachfrage in der Bundesrepublik Deutschland und deren Deckung, Perspektiven bis zum Jahr 2000, Essen 1978

DIESELBEN: Detaillierung des Energieverbrauchs in der Bundesrepublik Deutschland im HuK-Sektor nach homogenen Verbrauchergruppen sowie in den Sektoren HuK, Industrie und Verkehr nach Verwendungszwecken; Berlin, Essen, Köln 1982

DIETRICH, Bernd: Möglichkeiten und Grenzen der Nutzung der Sonnenenergie, in: Möglichkeiten und Grenzen der rationellen Energieverwendung, VDI-Bericht 275, Düsseldorf 1976, S. 61-73

DÖLLEKES, Hans Peter: Planung der Energie- und Umweltpolitik, Beiträge zum Siedlungs- und Wohnungswesen und zur Raumplanung, Bd. 29, Münster 1976

DOLINSKI, Urs: Untersuchungen zu Fragen regional unterschiedlicher Energiepreise in der Bundesrepublik Deutschland, Beiträge zur Strukturforschung, Heft 52, Berlin 1979

DOMRÖS, Manfred: Luftreinhaltung und Stadtklima im Rheinisch-Westfälischen Industriegebiet und ihre Auswirkungen auf den Flechtenbewuchs der Bäume, Arbeiten zur Rheinischen Landeskunde, Heft 23, Bonn 1966

DOOSE, Ulrich: Zur Problematik des Anschluß- und Benutzungszwangs, in: Der Landkreis, Bonn 49 (1979), S. 416-418

DREYHAUPT, Franz Joseph: Luftreinhaltung als Faktor der Stadt- und Regionalplanung, Schriftenreihe Umweltschutz des TÜV Rheinland, Bd. 1, Köln 1971

DÜTZ, Armand / FINKING, Gerhard / SPREER, Fritjof: Energie, Umwelt, Raumplanung: Örtliche und regionale Energiekonzepte als umweltpolitische Strategie, in: Energie und Umwelt, Informationen zur Raumentwicklung, Heft 7/8, Bonn 1984, S. 623-658

DÜTZ, Armand / FÜRBÖCK, Martin: Bisherige Erfahrungen mit dem Arbeitsprogramm 'Örtliche und regionale Energieversorgungskonzepte', in: Örtliche und regionale Energieversorgungskonzepte, Informationen zur Raumentwicklung, Heft 4/5, Bonn 1982, S. 353-364

DIESELBEN: Organisatorische Voraussetzungen für die Erstellung von Versorgungskonzepten, in: VDI-Bericht 491, Düsseldorf 1984, S. 27-32

DÜTZ, Armand / JANK, Reinhard: Möglichkeiten und Grenzen der Fernwärmeversorgung im Wohnungsbau, Schriftenreihe Landes- und Stadtentwicklungsforschung des Landes Nordrhein-Westfalen 3.034, Düsseldorf 1983

DÜTZ, Armand / MÄRTIN, Herbert: Energie und Stadtplanung, Leitfaden für Architekten, Planer und Kommunalpolitiker, Berlin 1982

EEKHOFF, Johann: Nutzen-Kosten-Analyse und Nutzwertanalyse als vollständige Entscheidungsmodelle, in: Raumforschung und Raumordnung; Bremen, Köln, Berlin 31 (1973), S. 93-102

DERSELBE: Zu den Grundlagen der Entwicklungsplanung. Methodische und konzeptionelle Überlegungen am Beispiel der Stadtentwicklung, Veröffentlichungen der Akademie für Raumforschung und Landesplanung, Abhandlungen, Bd. 83, Hannover 1981

EMONDS, Hubert: Das Bonner Stadtklima, Diss., Bonn 1954

ENGELS, Walter A. / WINTER, Hans Georg: Entwicklungsmöglichkeiten der Heizkraftwirtschaft in Verdichtungsgebieten. Dargestellt am Beispiel der Fernwärmeversorgung in Köln, in: Städtetag, Stuttgart 33 (1980), S. 327-331

ERSTE ALLGEMEINE VERWALTUNGSVORSCHRIFT ZUM BUNDES-IMMISSIONSSCHUTZGESETZ (Technische Anleitung zur Reinhaltung der Luft - TA-Luft) vom 28. 8. 1974 (GMBl., S. 426, 525)

EULER: Zielfindungs- und Methodenprobleme bei der Stadtentwicklungsplanung und Energieversorgungsplanung, in: KOMMUNALVERBAND RUHRGEBIET (Hrsg.): Rationelle Energieverwendung im Ruhrgebiet, Arbeitshefte Ruhrgebiet 8, Essen 1981, S. 73-79

EVERS, Hans Ulrich: Das Recht der Energieversorgung, Einführung in das Energiewirtschaftsgesetz und das ergänzende Wirtschaftsverwaltungsrecht des Bundes, München 1974

FAHNEMANN, Josef: Energie und Personennahverkehr - Die Auswirkungen von Energiepreissteigerungen auf das Verkehrsaufkommen und die Verkehrsteilung im Personennahverkehr, in: Energie und Verkehr, Beiträge aus dem Institut für Verkehrswissenschaft an der Univ. Münster, Heft 77, Göttingen 1975, S. 105-158

FEUSTEL, J. E.: Möglichkeiten und Grenzen der Windenergienutzung, Vortrag bei der Kerntechnischen Gesellschaft im Deutschen Atomforum am 3. Oktober 1978

FICHTNER, BERATENDE INGENIEURE U. A.: Systemvergleich Fernwärme-/Erdgasversorgung, Essen 1977

FICHTNER, BERATENDE INGENIEURE / PROGNOS AG: Parameterstudie 'Örtliche und regionale Versorgungskonzepte für Niedertemperaturwärme', Forschungsvorhaben des Bundesministers für Forschung und Technologie 03 E - 5358 A/B; Stuttgart, Köln 1983

FISCHER, Klaus Dieter: Struktur und Entwicklungstendenzen der Energiewirtschaft in der Bundesrepublik Deutschland, in: BURBACHER, Fritz (Hrsg.): Ordnungsprobleme und Entwicklungstendenzen in der deutschen Energiewirtschaft, Essen 1967, S. 61-107

FISCHER, Leopold: Spezielle Aspekte der Anwendung von Nutzwertanalysen in der Raumordnung, in: Raumforschung und Raumordnung; Bremen, Köln, Berlin 29 (1971), S. 57-64

FLACH, E.: Über ortsfeste und bewegliche Messungen mit dem Scholzschen Kernzähler und dem Zeißschen Freiluftkonimeter, in: Zeitschrift für Meteorologie, Berlin 6 (1952), S. 96-112

FÖRSTER, Karl: Allgemeine Energiewirtschaft, 2. Aufl., Berlin 1973

FORTAK, Heinz G.: Auswirkungen und Risiken von Primärenergienutzung und Energietransformation auf das lokale, regionale und globale Klima, in: RAT VON SACHVERSTÄNDIGEN FÜR UMWELTFRAGEN (Hrsg.): Materialien zur Energie und Umwelt, Materialien zur Umweltforschung 6, Worms 1982, S. 5-32

FRIESENECKER, Friedrich / VETTER, Wolfgang: Gedanken zum Versorgungskonzept eines regionalen Versorgungsunternehmens, in: Elektrizitätswirtschaft, Frankfurt/Main 80 (1981), S. 919-922

FÜRNIß, Beate u. a.: Optimierung eines regionalen Energieversorgungssystems bei mehrfacher Zielsetzung, in: Energiewirtschaftliche Tagesfragen, Gräfelfing 30 (1980), S. 155-163

GABRIEL, Heinz Werner / RIEGERT, Botho: Energiekrise. Probleme und Lösungsmöglichkeiten, Zur Sache-Informationen für Arbeitnehmer, Köln 1981

GANSER, Karl: Sozialgeographische Gliederung der Stadt München aufgrund der Verhaltensweisen der Bevölkerung bei politischen Wahlen, Münchner Geographische Hefte 28, Regensburg 1966

DERSELBE: Die Entwicklung der Stadtregion München unter dem Einfluß regionaler Mobilitätsvorgänge, in: Mitteilungen der Geographischen Gesellschaft, München 55 (1970)

DERSELBE: Zusammenhänge zwischen Energiepolitik und Siedlungsstruktur, in: Geographische Rundschau, Braunschweig 32 (1980), S. 59-70

GEIGER, Bernd: Die Auswirkungen des urbanen Energieumsatzes auf das Stadtklima, in: Gesundheitsingenieur, München 96 (1975), S. 156-165

DERSELBE: Prognosen über private Haushalte, Kleinverbraucher und Verkehr, in: Energiebedarf und Energiebedarfsforschung, Argumente in der Energiediskussion 2, Villingen-Schwenningen 1979, S. 201-226

GENERAL-ANZEIGER vom 23. 2. 1984, 26. 5. 1984, 27. 6. 1984, 9. 8. 1984

GESAMTVERBAND DES DEUTSCHEN STEINKOHLENBERGBAUS: Steinkohle 1982/83, Daten und Tendenzen, Essen 1983

GÖB, Rüdiger: Auswirkungen technischer Fortschritte in der Energiewirtschaft auf Raumordnung und Stadtplanung, in: Veröffentlichungen der Akademie für Raumforschung und Landesplanung, Forschungs- und Sitzungsberichte, Bd. 46, Hannover 1969, S. 25-30

DERSELBE: Möglichkeiten und Grenzen der Stadtentwicklungsplanung, in: Die öffentliche Verwaltung, Stuttgart 27 (1974), S. 86-93

DERSELBE: Die schrumpfende Stadt, in: Archiv für Kommunalwissenschaften, 2. Halbjahresband, Stuttgart 16 (1977), S. 149-177

DERSELBE: Stadtentwicklung 1982. Rotstift oder neue Perspektiven? in: Archiv für Kommunalwissenschaften, 2. Halbjahresband, Stuttgart 21 (1982), S. 256-273

GOEPFERT & REIMER UND PARTNER, BERATENDE INGENIEURE: Vorentwurf Neubau Müllheizkraftwerk Bonn - Kurzfassung - und Müllverbrennung Bonn mit Energienutzung, Vorlagen für die gemeinsame Sitzung des Umwelt-, Stadtwerke- und Bauausschusses des Rates der Stadt Bonn am 24. November 1981, Bonn 1981

GÖRICKE, Peter / KALISCHER, Peter: Energiebedarf unterschiedlicher Wärmeversorgungssysteme, Heidelberg 1983

GRATHWOHL, Manfred: Energieversorgung. Ressourcen, Technologien, Perspektiven; Berlin, New York 1978

HAACK, Dieter: Zur Abstimmung von Energieplanung und Raumplanung aufeinander, in: Kommunalwirtschaft, Düsseldorf 70 (1981), S. 411-413

HAEBERLIN, Arnulf: Örtliche und regionale Energieversorgungskonzepte, in: Energiewirtschaftliche Tagesfragen, Frankfurt/Main 32 (1982), S. 393-397

HAHN, Helmut / KEMPER, Franz Josef: Sozialökonomische Struktur und Wahlverhalten am Beispiel der Bundestagswahlen 1980 und 1983 in Essen, Arbeiten zur Rheinischen Landeskunde, Heft 53, Bonn 1985

HAMM, Joerg Martin: Untersuchungen zum Stadtklima von Stuttgart, Tübinger Geographische Studien, Bd. 29, Tübingen 1969

HARTKOPF, Günter: Umweltentlastung durch örtliche und regionale Energieversorgungskonzepte, in: Örtliche und regionale Energieversorgungskonzepte, Informationen zur Raumentwicklung, Heft 4/5, Bonn 1982, S. 289-297

HASSELMANN, Wolfram: Stadtentwicklungsplanung. Grundlagen - Methoden - Maßnahmen. Dargestellt am Beispiel der Stadt Osnabrück, Münster 1967

HECKER, G.: Neue Aufgaben für die Versorgungswirtschaft - Vorstellungen und Möglichkeiten, in: Praktische Energiebedarfsforschung, Schriftenreihe der Forschungsstelle für Energiewirtschaft, Bd. 14; Berlin, Heidelberg, New York 1981, S. 44 ff.

HECKING, Georg / KNAUSS, Erich / SEITZ, Ulrich: Zur Expansion der Wohnflächennachfrage, in: Regionale Aspekte der Wohnungspolitik, Informationen zur Raumentwicklung, Heft 5/6, Bonn 1981, S. 303-322

HEIDE, Hans-Jürgen von der: Aspekte und Gedanken zu regionalen Energieversorgungskonzepten unter raumordnerischer Sicht, in: Der Landkreis - Zeitschrift für kommunale Selbstverwaltung, Bonn 52 (1982), S. 203-204

HEINZE, G. Wolfgang / KANZLERSKI, Dieter / WAGNER, Gerhard: Bewertung verschiedener Alternativen zur Kraftstoffeinsparung im privaten PKW-Verkehr, Informationen zur Raumentwicklung, Heft 3, Bonn 1974, S. 77-81

HERMANN, Hans Peter: Rechtliche Grundsatzfragen der Entwicklung und Verwirklichung von Energieversorgungskonzepten, in: Deutsches Verwaltungsblatt; Detmold, Köln, Berlin 97 (1982), S. 1165-1172

HESS, Holger: Erläuterungen zum Energieflußbild der Bundesrepublik Deutschland 1981, in: Elektrizitätswirtschaft, Frankfurt 82 (1983), S. 145-150

HESSE, Joachim Jens: Stadtentwicklungsplanung: Zielfindungsprozesse und Zielvorstellungen; Stuttgart, Berlin, Köln, Mainz 1972

HISCHWEBER, W. / SCHÜTZ, K.: Wähler und Gewählte. Eine Untersuchung der Bundestagswahl 1953, Berlin 1957

HOFFMANN, Egon: Örtliche und regionale Versorgungskonzepte - Tendenzen und Entwicklungen, Vortrag anläßlich der Mitgliederversammlung des Verbandes Bayerischer Elektrizitätswerke am 14. Mai 1982

HOHL, R.: Einwirkungen der Energieerzeugung auf die Umwelt, Betrachtungen zur Gesamtenergiekonzeption, in: Schweizerische Bauzeitung, Zürich 92 (1974), S. 403-409

HOPE, Keith: Methoden multivariater Analyse; Weinheim, Basel 1975

INSTITUT FÜR ENERGIEWIRTSCHAFT UND KRAFTWERKSTECHNIK MÜNCHEN / VEREINIGUNG DEUTSCHER ELEKTRIZITÄTSWERKE: Endenergieverbrauch in der Bundesrepublik Deutschland nach Anwendungsbereichen im Jahre 1982, o. O. und o. J.

INFORMATIONSZENTRALE DER ELEKTRIZITÄTSWIRTSCHAFT (Hrsg.): Daten und Fakten zur Energiediskussion, Heft 1-5, Bonn o. J.

INSTITUT FÜR STÄDTEBAU BERLIN / BUNDESFORSCHUNGSANSTALT FÜR LANDESKUNDE UND RAUMORDNUNG (Hrsg.): Örtliche und regionale Energieversorgungskonzepte - Teil der Entwicklungs- und Bauleitplanung, Schriftenreihe des Instituts für Städtebau Berlin der Deutschen Akademie für Städtebau und Landesplanung, Heft 24, Berlin 1981

IXFELD, Hans / ELLERMANN, K.: Immissionsmessungen in Verdichtungsräumen, Bericht über die Ergebnisse der Messungen in Bielefeld, Bonn und Wuppertal im Jahre 1978, in: Schriftenreihe der Landesanstalt für Immissionsschutz des Landes NW, Heft 53, Essen 1981

JOCHIMSEN, Reimut: Rationelle Energieverwendung im Ruhrgebiet. Eine Herausforderung an die Forschung, in: KOMMUNALVERBAND RUHRGEBIET (Hrsg.): Rationelle Energieverwendung im Ruhrgebiet, Arbeitshefte Ruhrgebiet 8, Essen 1981, S. 31-38

DERSELBE: Neue Anforderungen an die Politikberatung, in: Räumliche Entwicklungsplanung in den 80er Jahren, Informationen zur Raumentwicklung, Heft 9, Bonn 1982, S. 745-751

JÜNGST, Rainer: Örtliche Energieversorgungsplanung - Inhalt, rechtliche Einordnung und Zuständigkeitsproblematik, in: Die öffentliche Verwaltung, Stuttgart 35 (1982), S. 266-271

JÜRGENSEN, Harald: Mehr Aussichten bei mehr Einsichten. Sparen und Substitution durch Innovation öffnen die Entwicklungsschranken der Energiepreiskrisen, in: SPIEGEL-VERLAG: Energie-Bewußtsein und Energie-Einsparung bei privaten Hausbesitzern und Wohnungseigentümern, Hamburg 1981

KAIER, Ulrich: Bewertungsmodell zur Abgrenzung alternativer Möglichkeiten künftiger Wärmebedarfsdeckung, Diss., Essen 1978

KINDLER, Johannes: Rechtliche und förderpolitische Aspekte von Energieversorgungskonzepten, in: BUNDESFORSCHUNGSANSTALT FÜR LANDESKUNDE UND RAUMORDNUNG (Hrsg.): Zukünftige Energieversorgung im ländlichen Raum; Seminare, Symposien, Arbeitspapiere; Heft 4, Bonn 1982, S. 269-278

KLAUS, Joachim / VAUTH, Werner: Stadtentwicklungspolitik, Beiträge zur Wirtschaftspolitik, Bd. 23; Stuttgart, Bonn 1977

KOLB, Dieter: Konzepte für die Abstimmung der Wärmeversorgungssysteme in Verdichtungsräumen, in: Rationelle Energieverwendung und Siedlungsplanung, Schriftenreihe des Instituts für Städtebau Berlin der Deutschen Akademie für Städtebau und Landesplanung, Heft 20, Berlin 1980, S. 97-108

KOMMUNALE GEMEINSCHAFTSSTELLE FÜR VERWALTUNGSVEREINFACHUNG: Verknüpfung der Versorgungsplanung mit der kommunalen Entwicklungsplanung, KGSt-Bericht Nr. 5/1977, Köln 1977

DIESELBE: Kommunale Entwicklungsplanung in der Bundesrepublik Deutschland, Ergebnisse einer Erhebung, Köln 1980

KOMMUNALVERBAND RUHRGEBIET: Fragen und Probleme des Ausbaus der Fernwärmeversorgung, Arbeitshefte Ruhrgebiet 4, Essen o. J.

KONRAD-ADENAUER-STIFTUNG: Stadtentwicklung. Von der Krise zur Reform, Schriftenreihe des Instituts für Kommunalwissenschaften, Bd. 1, Bonn 1973

KOSACK, Klaus-Peter: Wählerverhalten bei den letzten Wahlen, Manuskript, Bonn 1976

KRATZER, Albert: Das Klima der Städte, in: Geographische Zeitschrift, Wiesbaden 41 (1935), S. 321-339

KRAUSE, Florentin: Daten und Fakten zur Energiewende, ÖKO-Bericht Nr. 16, Freiburg 1981

KÜHN, Erich / VOGLER, Paul: Medizin und Städtebau. Ein Handbuch für gesundheitlichen Städtebau, Bd. 2; München, Berlin, Wien 1957

KUNZE, Dieter M. / BLANEK, Hans Dieter / SIMONS, Detlev: Nutzwertanalyse als Entscheidungshilfe für Planungsträger, KURATORIUM FÜR TECHNIK UND BAUWESEN IN DER LANDWIRTSCHAFT (Hrsg.): KTBL-Bauschriften, Heft 1, Frankfurt 1969

LAFONTAINE, Oskar: Wie kann das Rathaus den Bürgern zum sparsamen Energieeinsatz verhelfen? in: Demokratische Gemeinde, Bonn 33 (1981), S. 863-865

LAMBSDORFF, Otto Graf: Energieversorgungskonzepte als Instrument der Energiepolitik, in: Örtliche und regionale Energieversorgungskonzepte, Informationen zur Raumentwicklung, Heft 4/5, Bonn 1982, S. 275-279

LÄMMEL, Peter: Umweltschutz in Ballungsräumen - dargestellt am Beispiel des Hamburger Raumes, Wirtschaftspolitische Studien aus dem Institut für Europäische Wirtschaftspolitik der Univ. Hamburg, Heft 32, Göttingen 1974

LANGE, H. G.: Stadtentwicklung unter unsicheren Annahmen, in: Demokratische Gemeinde, Bonn 30 (1978), S. 710-712

LANGE, Michael: Luftreinhaltung bei Feuerungsanlagen. Heizungen in Haushalt und Kleingewerbe, Industrie- und Kraftwerksfeuerung, in: Der Landkreis, Bonn 49 (1979), S. 446-450

LENDI, Martin: Stadtplanung als politische Aufgabe, in: Dokumente und Informationen zur Schweizerischen Orts-, Regional- und Landesplanung, Zürich 71 (1983), S. 5-11

LEONHARDT, Willy: Planung im Versorgungsunternehmen - Bestandteil kommunaler Entwicklungsplanung, ÖTV-Dokumentation Energie, Mannheim 1972

LESER, Hartmut: Physiogeographische Untersuchungen als Planungsgrundlage für die Gemarkung Esslingen am Neckar, in: Geographische Rundschau, Braunschweig 25 (1973), S. 308-318

LICHTENBERG, Heinz: Örtliche Versorgungskonzepte in der Energiewirtschaft, in: Gemeinde, Stuttgart 104 (1981), S. 874-878

LINDENLAUB, Jürgen: Energieimpulse und regionale Wachstumsdifferenzierung, Schriftenreihe des Energiewirtschaftlichen Instituts, Bd. 14, München 1968

LINDSTADT, Hans Joachim: Nutzwertanalytische Evaluierung kommunaler Infrastrukturinvestitionen. Unter exemplarischer Betrachtung des Verkehrssektors; Zürich, Frankfurt, Thun 1978

LÖBNER, A.: Horizontale und vertikale Staubverteilung in einer Großstadt, in: Veröffentlichungen Geograph. I, Leipzig, 2. Serie, Bd. 7, Heft 2, Leipzig 1935, S. 53-99

LUHMANN, Hans Jochen: Energieeinsparung durch Verstärkung dezentraler Kapitalallokation. Wirtschaftspolitische Vorschläge zum Abbau von Wettbewerbsnachteilen für die Energieeinsparung im Bereich der Haushalte und Abschätzung des Einsparpotentials; Frankfurt, Bern 1981

MÄDING, Erhard: Verfahren der Stadtentwicklungsplanung, in: KAISER, J. H. / COING, H. (Hrsg.): Planung V. Öffentliche Grundlegung der Unternehmungsverfassung, Baden-Baden 1971, S. 319-346

MÄDING, Heinrich / HOLLMANN, Heinz: Merkmale kommunaler Gebietsstruktur, Kommunale Gemeinschaftsstelle für Verwaltungsvereinfachung, KGSt-Bericht Nr. 16/1972, Köln 1972

MÄRTIN, Herbert: Energie und Forschung - neue Ziele der Politik, in: Analysen und Prognosen über die Welt von morgen, Berlin 12 (1980), Nr. 2, S. 21-25

MANHART, Michael: Die Abgrenzung homogener städtischer Teilgebiete, Beiträge zur Stadtforschung, Bd. 3, Hamburg 1977

MARX, D.: Erhaltende Erneuerung als Planungskonzept: wirtschaftliche Aspekte. Neue Ziele und neue Mittel der Stadtplanung, in: Städtebauliche Beiträge 1, München 1977, S. 98-118

MEINERT, Jürgen: Strukturwandlungen der westdeutschen Energiewirtschaft. Die Energiepolitik der Bundesregierung von 1950 bis 1977 unter Berücksichtigung internationaler Dependenzen, Darstellungen zur internationalen Politik und Entwicklungspolitik, Bd. 2, Frankfurt/Main 1980

MEIXNER, Horst: Energieeinsparungspolitik und Marktwirtschaft. Überholte Leitbilder blockieren effiziente Strategien, in: Wirtschaftsdienst, Hamburg 61 (1981), S. 178-183

DERSELBE: Sanfte versus harte Technologien und die Sozialverträglichkeit von Energiesystemen, in: Zeitschrift für Umweltpolitik, Frankfurt 4 (1981), S. 331-356

METTLER-MEIBOM, Barbara: Soziale und ökonomische Bestimmungsgrößen für das Verbraucherverhalten, in: Einfluß des Verbraucherverhaltens auf den Energiebedarf privater Haushalte, Vorträge der Tagung in München am 16. 10. 1981, Schriftenreihe der Forschungsstelle für Energiewirtschaft, Bd. 15; Berlin, Heidelberg, New York 1982, S. 37-72

MEYER-ABICH, Klaus Michael: Wirtschaftspolitische Steuerungsmöglichkeiten zur Einsparung von Energie durch alternative Technologien, Essen 1978

MEYER-ABICH, Klaus Michael / LUHMANN, Hans Jochen: Wirtschafts- und gesellschaftspolitische Chancen einer alternativen Energiepolitik, in: Der Landkreis, Bonn 49 (1979), S. 463-465

MEYER-RENSCHHAUSEN, Martin: Das Energieprogramm der Bundesregierung - Ursachen und Probleme staatlicher Planungen im Energiesektor der Bundesrepublik Deutschland, Campus Forschung, Bd. 206; Frankfurt/Main, New York 1981

MEYSENBURG, H.: Einführung in die Tagung, in: Praktische Energiebedarfsforschung, Basis realistischer Energiestrategien, Schriftenreihe der Forschungsstelle für Energiewirtschaft, Bd. 14; Berlin, Heidelberg, New York 1981, S. 5-13

MINISTER FÜR WIRTSCHAFT, MITTELSTAND UND VERKEHR NW: Energiepolitik in Nordrhein-Westfalen, Energiebericht '82, Düsseldorf 1982

DERSELBE: Energiepolitik in Nordrhein-Westfalen, Positionen und Perspektiven, Düsseldorf 1984

MINISTERIUM FÜR WIRTSCHAFT, MITTELSTAND UND VERKEHR DES LANDES BADEN-WÜRTTEMBERG (Hrsg.): Symposium 'Kriterien und Verfahren für die Wahl von Kraftwerksstandorten' am 13./14. April 1978 in Stuttgart, Stuttgart 1979

MINISTERKONFERENZ FÜR RAUMORDNUNG (ARBEITSGRUPPE ENERGIE): Allgemeine Erfordernisse der Raumordnung und fachliche Kriterien für die Standortvorsorge bei Kernkraftwerken (Standortvorsorgekriterien Kernkraftwerke), Entwurfsfassung vom 20. 11. 1978

MINISTERKONFERENZ FÜR RAUMORDNUNG: Energieversorgungskonzepte aus der Sicht der Raumordnung, Entschließung vom 16. Juni 1983, in: BUNDESMINISTER FÜR RAUMORDNUNG, BAUWESEN UND STÄDTEBAU (Hrsg.): Schriftenreihe Raumordnung 6.049, Bonn 1983, S. 28

MÜLLER, J. Heinz: Die räumlichen Auswirkungen der Wandlungen im Energiesektor, in: Energiewirtschaft und Raumordnung, Forschungs- und Sitzungsberichte der Akademie für Raumforschung und Landesplanung, Bd. 38, Hannover 1967, S. 21-30

MÜLLER, Werner / STOY, Bernd: Wachstum ohne mehr Energie? in: Wirtschaftsdienst, Hamburg 58 (1978), S. 327-332

MÜLLER-REIßMANN, K. Friedrich / BOSSEL, Hartmut: Kriterien für Energieversorgungssysteme, Hannover 1979

MÜNCH, Paul: Funktionen der Querverbund-Unternehmen, in: Rationelle Energieverwendung und Siedlungsplanung, Schriftenreihe des Instituts für Städtebau Berlin der Deutschen Akademie für Städtebau und Landesplanung, Heft 20, Berlin 1980, S. 109-122

DERSELBE: Das örtliche Versorgungskonzept. Ein neuer energiewirtschaftlicher Begriff, in: Kommunalwirtschaft, Düsseldorf 69 (1980), S. 318-320

MUSIL, Ludwig: Allgemeine Energiewirtschaftslehre, Wien 1972

NEU, Axel D.: Substitutionspotentiale und Substitutionshemmnisse in der Energieversorgung, Kieler Studien des Instituts für Weltwirtschaft, Bd. 175, Tübingen 1982

NIEDERSÄCHSISCHER STÄDTEVERBAND: Inhalte der Gemeinde-Entwicklungsplanung, Schriftenreihe des Niedersächsischen Städteverbandes, Heft 6, Hannover 1979

OECD-NUCLEAR ENERGY AGENCY / INTERNATIONAL ATOMIC ENERGY AGENCY: Uranium Resources, Production and Demand; Paris 1982

ORTH, D.: Niedertemperatur-Wärmeversorgung unter besonderer Berücksichtigung ausgewählter neuer Technologien, Angewandte Systemanalyse Nr. 17, Spezielle Berichte der Kernforschungsanlage Jülich Nr. 65, Jülich 1979

PARTZSCH, Dieter: Daseinsgrundfunktionen, in: Handwörterbuch der Raumforschung und Raumordnung, Bd. I, 2. Aufl., Hannover 1970, Spalte 425-430

PILLER, W. / SCHAEFER, H. / WOLFF, U.: Einflußgrößen bei der Wahl von Kraftwerksstandorten verschiedener Kraftwerksarten und Blockgrößen, in: Raumforschung und Raumordnung; Köln, Berlin, Bonn, München 35 (1977), S. 138-144

PLANUNGSGEMEINSCHAFT UNTERMAIN: Lufthygienisch-meteorologische Modelluntersuchung in der Region Untermain, 4. Arbeitsbericht der regionalen Planungsgemeinschaft Untermain, Frankfurt/Main 1972

POPP, M.: Liegt unsere Energieforschung richtig? in: Praktische Energiebedarfsforschung, Basis realistischer Energiestrategien, Schriftenreihe der Forschungsstelle für Energiewirtschaft, Bd. 14; Berlin, Heidelberg, New York 1981, S. 23-32

PRESCOTT, John R. V.: The Geography of State Policies, London 1968

PRESSE- UND INFORMATIONSAMT DER BUNDESREGIERUNG (Hrsg.): Energiesparbuch für das Eigenheim. Eine Anleitung zu Verbesserungen an Haus und Heizung, Reihe Bürger-Service 17, Bonn 1980

DASSELBE: Die Entwicklung des Energieverbrauchs der Industrieländer 1973-1981 und Perspektiven bis 1990, Aktuelle Beiträge zur Wirtschafts- und Finanzpolitik Nr. 44, Bonn 1983

DASSELBE: Die Entwicklung der Gaswirtschaft in der Bundesrepublik Deutschland im Jahre 1982, Aktuelle Beiträge zur Wirtschafts- und Finanzpolitik Nr. 63, Bonn 1983

PRINZ, Wolfgang: Das Flensburger Energiekonzept, Sonderdruck der Stadtwerke Flensburg, o. J.

PROGNOS AG: Örtliches Versorgungskonzept Saarbrücken, städtebauliche und sozialpolitische Aspekte, Köln 1980

DIESELBE: Möglichkeiten des Energiesparens im Wohnbereich im Rahmen von Stadterneuerungsmaßnahmen unter Einbeziehung von Anwendungsmöglichkeiten bei der Sanierung Köln-Severinsviertel, Basel 1981

PROJEKTGRUPPE 'ÖRTLICHE VERSORGUNGSKONZEPTE': Anforderungsprofil für die Ausarbeitung von örtlichen Versorgungskonzepten, Nr. 15 des Maßnahmenkatalogs zum Umweltprogramm Nordrhein-Westfalen, o. O. und o. J.

PROSKE, Martin: Wärmeanschlußdichte und versorgte Fläche - einige Überlegungen zur Definition dieser Begriffe, in: Fernwärme international, Frankfurt/Main 4 (1975), S. 120-123

RAO, C. Radhakrishna: Linear Statistical Inference and Its Application; New York, London, Sydney 1965

RAT VON SACHVERSTÄNDIGEN FÜR UMWELTFRAGEN: Energie und Umwelt, Sondergutachten, Wiesbaden 1981

REENTS, Heinrich: Die Entwicklung des sektoralen End- und Nutzenergiebedarfs in der Bundesrepublik Deutschland, Jülich 1977

RICHTER, Peter: Die Aufgaben der kommunalen Entwicklungsplanung in Abhängigkeit von der Gemeindegröße, Institut für Regionalwissenschaften, Schriftenreihe Nr. 14, Karlsruhe 1979

RIECHMANN, Volkhard: Kommunale Energiepolitik, in: Archiv für Kommunalwissenschaften, 1. Halbjahresband, Stuttgart 21 (1982), S. 69-85

RIESENHUBER, Heinz: Kommunale Energieversorgungskonzepte - zur politischen Strategie, in: INSTITUT FÜR KOMMUNALWISSENSCHAFT DER KONRAD-ADENAUER-STIFTUNG (Hrsg.): Kommunale Energieversorgungskonzepte, Tagungsbericht, St. Augustin 1981, S. 5-21

ROTH, Ueli: Der Einfluß der Siedlungsform auf Wärmeversorgungssysteme, Verkehrsenergieaufwand und Umweltbelastung, in: Raumforschung und Raumordnung; Bremen, Köln, Berlin 35 (1977), S. 155-165

DERSELBE: Ausrüstung unterschiedlicher Siedlungsstrukturen mit geeigneten Energieversorgungssystemen, in: Der Landkreis, Bonn 49 (1979), S. 392-396

DERSELBE: Vergleichende Betrachtung unterschiedlicher Systeme der rationellen Wärmeversorgung aus städtebaulicher und raumstruktureller Sicht, in: Fernwärme international, Frankfurt/Main 9 (1980), S. 221-228

RUDOLPH, R.: Wärmepumpen - Einsatzmöglichkeiten und Wirtschaftlichkeit, in: BATTELLE-INSTITUT (Hrsg.): Rationelle Energieverwendung im Wohnungsbau, Tagungsbericht, Frankfurt/Main 1977, S. 105-116

RUHRGAS AG: Erdgas auf dem Weg ins nächste Jahrhundert, Essen 1979

RUSKE, Barbara / TEUFEL, Dieter: Das sanfte Energiehandbuch. Wege aus der Unvernunft der Energieplanung in der Bundesrepublik, Hamburg 1980

SAMENWERKENDE RIJN- EN MAASWATERLEIDINGBEDRIJVEN RIWA (Amsterdam): Jahresbericht '83 - Teil A: der Rhein, Schiedam 1984

SCHÄFER, Helmut: Struktur und Analyse des Energieverbrauchs in der Bundesrepublik Deutschland, München 1980

SCHEELHAASE, Klaus: Der Einfluß des Energieangebotes auf die künftige Stadtentwicklung und den Stadtverkehr, in: Bauwelt, Berlin 72 (1981), S. 722-726

SCHMIDT, Gerhard: Zur Nutzbarmachung staubklimatischer Untersuchungen für die städtebauliche Praxis, in: Berichte des deutschen Wetterdienstes der U.S.-Zone, Bad Kissingen Nr. 38 (1952), S. 201-205

SCHMITT, Dieter / SCHÜRMANN, Heinz Jürgen: Wachstum ohne Energieverbrauchsanstieg? in: Wirtschaftsdienst, Hamburg 58 (1978), S. 332-335

DIESELBEN: Die Energiewirtschaft zu Beginn der 80er Jahre. Hans K. Schneider zum 60. Geburtstag, Aktuelle Fragen der Energiewirtschaft, Bd. 17, München 1980

SCHNEIDER, Hans Karl: Energiewirtschaft und Raumordnung, in: Handwörterbuch der Raumforschung und Raumordnung, Hannover 1966, Spalte 340-350

DERSELBE: Ökonomische Fragen der Energieversorgung unserer Städte im Zeichen des energiewirtschaftlichen Strukturwandels, in: DEUTSCHER STÄDTETAG: Die Städte in der Energiepolitik, Beiträge zur Wirtschafts- und Verkehrspolitik, Köln 1981

DERSELBE: Örtliche und regionale Versorgungskonzepte. Neun Thesen zu einer umstrittenen Problematik aus der Sicht des Volkswirts, in: Zeitschrift für Energiewirtschaft, Braunschweig (1982), S. 135-142

SCHULZ-TRIEGLAFF, Michael: Wärmeversorgung und räumliche Planung, in: Örtliche und regionale Energieversorgungskonzepte, Informationen zur Raumentwicklung, Heft 4/5, Bonn 1982, S. 309-319

SCHULZ-TRIEGLAFF, Michael / SPREER, Fritjof: Beitrag für den Arbeitskreis 'Örtliche und regionale Energieversorgungskonzepte' der Akademie für Raumordnung und Landesplanung, unveröffentl. Manuskript

SPALTHOFF, Franz Joseph: Energiewirtschaftliche Erfordernisse für die achtziger Jahre, Köln 1981

SPERLING, Dietrich: Chancen und Stellenwert örtlicher Konzepte der Energieversorgung, in: Demokratische Gemeinde, Bonn 33 (1981), S. 858-860

DERSELBE: Energiewirtschaftliche und siedlungsstrukturelle Rahmenbedingungen für örtliche und regionale Energieversorgungskonzepte, in: Örtliche und regionale Energieversorgungskonzepte, Informationen zur Raumentwicklung, Heft 4/5, Bonn 1982, S. 281-288

SPIEGEL-VERLAG (Hrsg.): Spiegel-Dokumentation Energie-Bewußtsein und Energie-Einsparung bei privaten Hausbesitzern und Wohnungseigentümern, Hamburg 1981

SPREER, Fritjof: Grundsatzfragen örtlicher und regionaler Energieversorgungskonzepte, in: Örtliche und regionale Energieversorgungskonzepte - Teil der Entwicklungs- und Bauleitplanung, Schriftenreihe des Instituts für Städtebau Berlin der Deutschen Akademie für Städtebau und Landesplanung, Heft 24, Berlin 1981

DERSELBE: Konflikte zwischen leitungsgebundenen Energien im Rahmen örtlicher Energieversorgungskonzepte, in: Örtliche und regionale Energieversorgungskonzepte, Informationen zur Raumentwicklung, Heft 4/5, Bonn 1982, S. 365-386

STADT BONN (Hrsg.): Eignung und Dichte zukünftiger Wohnstandorte in Bonn, Wohnungsentwicklungsplan, Bericht 2, Bonn 1975

DIESELBE: Flächennutzungsplan, Erläuterungsbericht, Bonn 1976

DIESELBE: Räumlich-funktionales Zentrenkonzept, Bonn 1977

DIESELBE: Maßnahmen bis zur Baureife unbebauter Flächen, Wohnungsentwicklungsplan, Bericht 3, Bonn 1979

DIESELBE: Wanderungsuntersuchung, Stadtentwicklungsplanung Bonn, Bonn 1979

DIESELBE: Wirtschaftsstrukturanalyse, Stadtentwicklungsplanung Bonn, Bonn 1980

DIESELBE: Kommunalwahl in der Stadt Bonn am 30. September 1979. Eine wahlstatistische Analyse, Bonn 1980

DIESELBE: Entwicklung eines Energieversorgungskonzeptes für das Stadtgebiet Bonn, Beschlußfassung auf der Sitzung des Hauptausschusses am 14. Juli 1981

DIESELBE: Städtebaulicher Rahmenplan des Parlaments- und Regierungsviertels, Bonn 1982

DIESELBE: Ausländerplan, Teil I 'Entwicklung, Struktur und Verteilung der Ausländer im Stadtgebiet', Stadtentwicklungsplanung Bonn, Bonn 1983

DIESELBE: Flächennutzungsplan der Stadt Bonn, Stand August 1983

DIESELBE: Bundestagswahl in der Stadt Bonn am 6. März 1983. Eine wahlstatistische Analyse, Bonn 1983

DIESELBE: Bericht zur Stadtentwicklung 1984, Bonn 1984

DIESELBE: Umweltbericht der Stadt Bonn 1984, Bonn 1984

STADTWERKE BONN: Fernwärme, die wirtschaftliche, bequeme und zukunftssichere Heizungsart, Bonn 1980

DIESELBEN: Jahresbericht 1983, Bonn 1984

STADTWERKE SAARBRÜCKEN / VERSORGUNGS- UND VERKEHRSGESELLSCHAFT SAARBRÜCKEN: Örtliches Versorgungskonzept für die Landeshauptstadt Saarbrücken 1980-1985, Saarbrücken 1980

STAHL, Erwin: Forderungen der Forschungspolitik im Hinblick auf die Förderung rationeller Energieverwendung, in: KOMMUNALVERBAND RUHRGEBIET (Hrsg.): Rationelle Energieverwendung im Ruhrgebiet, Arbeitshefte Ruhrgebiet 8, Essen 1981, S. 119-129

STATISTISCHES BUNDESAMT: Das Wohnen in der Bundesrepublik Deutschland, Ausgabe 1981; Stuttgart, Mainz 1981

DASSELBE: Wirtschaft und Statistik, Heft 12/83, Stuttgart 1983

STATISTISCHES LANDESAMT HAMBURG: Wahlatlas 1978. Regionale Aspekte des Wählerverhaltens in Hamburg, Hamburg in Zahlen, Monatsschrift des Statistischen Landesamtes der Freien und Hansestadt Hamburg, Heft 1, Hamburg 1979

STEGEMANN, Dieter: Entwicklungen zur Energiebedarfsdeckung, Hannover 1980

STEHFEST, H.: Ziel-Konflikte-Optimierung eines regionalen Energieversorgungssystems bei mehrfacher Zielsetzung, in: Energie, Gräfelfing 33 (1981)

STEIFF, A. / WEINPASCH, P. M.: Probleme der Abwärmenutzung in Fernwärmesystemen im Ruhrgebiet, in: KOMMUNALVERBAND RUHRGEBIET (Hrsg.): Rationelle Energieverwendung im Ruhrgebiet, Arbeitshefte Ruhrgebiet 8, Essen 1981, S. 169-190

STEIMLE, F. / SUTTOR, Karl Heinz: Bewertung von Maßnahmen zur rationellen Energieverwendung, in: Energie, Gräfelfing 28 (1976), S. 306-311

STEINICKE, Heinz: Versorgungskonzept - aber wie? in: Kommunalwirtschaft, Düsseldorf 69 (1980), S. 395-400

DERSELBE: Versorgungskonzepte - Energiephilosophie der kommunalen Wirtschaft? in: Kommunalwirtschaft, Düsseldorf 71 (1982), S. 268-274

STORBECK, Dietrich: Zielkonfliktsysteme als Ansatz zur rationalen Gesellschaftspolitik, in: Zur Theorie der allgemeinen und der regionalen Planung, Beiträge zur Raumplanung, Bd. I, Bielefeld 1969, S. 61-84

STRÜMPEL, Burkhard: Sozialwissenschaftliche Aspekte einer alternativen Energiepolitik, in: Zeitschrift für Umweltpolitik, Frankfurt/Main 1 (1978), S. 95-112

STUMPF, Hans: Städteplanung, integrierte Energieversorgung und veränderter Energiemarkt, in: Stadtwerke - gut versorgt aus einer Hand, Schriften des Verbandes Kommunaler Unternehmen, Heft 52, Köln 1975, S. 78-100

DERSELBE: Entscheidungsmodell zur Auffindung des wirtschaftlich fernwärmegeeigneten Niedertemperatur-Wärmebedarfs in der Bundesrepublik Deutschland, in: Fernwärme international, Frankfurt/Main 6 (1977), S. 74-81

DERSELBE: Problemfelder bei der Aufstellung örtlicher und regionaler Versorgungskonzepte, in: Der Städtetag, Stuttgart 35 (1982), S. 545-554

SULZER, Jürg: Stadtentwicklung, Koordination von Raum- und Investitionsplanung, Analyse von fünf Beispielen in der Bundesrepublik Deutschland, Beiträge zur kommunalen und regionalen Planung 2, Frankfurt/Main u. a. 1979

TECHNISCHER ÜBERWACHUNGSVEREIN RHEINLAND: Studie über die Auswirkungen der Substitution von Individualheizungen durch Fernwärme auf die Schadstoffbelastung im Kölner Innenstadtgebiet, TÜV-Studie 936/618113, Köln 1978

DERSELBE: Gutachten über die Messung der Immissionsvorbelastung im Einwirkungsbereich der geplanten Müllverbrennungsanlage Bonn-Bad Godesberg, Bericht Nr. 936/790059, Köln 1982

DERSELBE: Gutachten über die Messung der Immissionsvorbelastung im Einwirkungsbereich der geplanten Müllverbrennungsanlage Bonn-Nord, Bericht Nr. 936/792008, Köln 1984

TEGETHOFF, Wilm: Ziele und Grundsätze von Versorgungskonzepten, in: Elektrizitätswirtschaft, Frankfurt/Main 80 (1981), S. 603-608

DERSELBE: Entwicklung von Versorgungskonzepten. Ein Beitrag zu ihrer Begriffsbestimmung und Aufgabenstellung, in: Energiewirtschaftliche Tagesfragen, Gräfelfing 32 (1982), S. 916-921

TEPASSE, Heinrich: Versorgung von Sanierungsgebieten mit "Fernwärme"? in: Bauwelt, Berlin 71 (1980), S. 218-221

THÜRAUF, G.: Industriestandorte in der Region München, Münchner Studien zur Sozial- und Wirtschaftsgeographie 16, München 1975

TRÖSCHER, Herbert: Systemtechnische Methoden zur Untersuchung der Möglichkeiten zentraler und dezentraler Stromerzeugung unter besonderer Berücksichtigung der Energiespeicherung und der Kraft-Wärme-Kopplung, Diss., Essen 1979

TUROWSKI, Gerd / STRASSERT, Günter: Nutzwertanalyse: Ein Verfahren zur Beurteilung regionalpolitischer Projekte, in: Informationen des Instituts für Raumordnung, Bonn 21 (1971), S. 29-42

TUROWSKI, Gerd: Bewertung und Auswahl von Freizeitregionen, Diss., Karlsruhe 1972

UEBERHORST, Wilfried: 25 Jahre Erfahrung mit örtlichen Versorgungskonzepten - Aufgaben und Probleme beim Abbau mehrschieniger Versorgungen, in: Kommunale Versorgungswirtschaft - Konzept mit Zukunft, Beiträge zur kommunalen Versorgungswirtschaft, Heft 58, Köln 1979, S. 60-70

UMWELTBUNDESAMT (Hrsg.): Materialien zum Immissionsschutzbericht 1977 der Bundesregierung an den Deutschen Bundestag, Berlin 1977

VARNHOLT, K.: Zur parlamentarischen Kontrolle der kommunalen Versorgungsplanung im Energiebereich, in: Rationelle Energieverwendung und Siedlungsplanung, Schriftenreihe des Instituts für Städtebau Berlin der Deutschen Akademie für Städtebau und Landesplanung, Heft 20, Berlin 1980, S. 139-150

VERBAND KOMMUNALER UNTERNEHMER: Aufstellung und Weiterentwicklung örtlicher Versorgungskonzepte durch kommunale Querverbundunternehmen - Grundsätze und Hinweise, Anlage zum VKU-Nachrichtendienst, Folge 376, Köln 1980

DERSELBE: 10 Thesen zur Stellung der kommunalen Versorgungsunternehmen in Wirtschaft und Gesellschaft - Leitbild und Ziele, 3. Aufl., Köln 1981

VEREIN DEUTSCHER INGENIEURE: VDI-Richtlinie 2067, Wirtschaftlichkeitsberechnungen von Wärmeverbrauchsanlagen, Blatt 1. Betriebstechnische und wirtschaftliche Grundlagen, Düsseldorf 1974

DERSELBE: Energieversorgungskonzepte der Gemeinden und Städte, Tagung in Essen 1982, VDI-Berichte 447, Düsseldorf 1982

DERSELBE: Örtliche und regionale Energieversorgungskonzepte, Tagungen in Freiburg und Hannover 1983, VDI-Berichte 491, Düsseldorf 1983

VEREINIGUNG DEUTSCHER ELEKTRIZITÄTSWERKE: Argumente für die Elektrowärme-Anwendung zur Raumheizung und Warmwasserbereitung im Haushalt, Frankfurt/Main 1979

DIESELBE: Die volkswirtschaftliche Bedeutung der elektrischen Energie auf dem Wärmemarkt, Frankfurt/Main 1980

DIESELBE: Die öffentliche Elektrizitätsversorgung im Bundesgebiet einschließlich Berlin/West, Ausgaben 1982 und 1984, Frankfurt/Main 1983 und 1985

VEREINIGUNG DEUTSCHER ELEKTRIZITÄTSWERKE / BUNDESVERBAND DER DEUTSCHEN GAS- UND WASSERWIRTSCHAFT / ARBEITSGEMEINSCHAFT FERNWÄRME BEI DER VEREINIGUNG DEUTSCHER ELEKTRIZITÄTSWERKE: Parameterstudie 'Örtliche und regionale Versorgungskonzepte für Niedertemperaturwärme', Forschungsvorhaben des Bundesministers für Forschung und Technologie 03 E - 5358 A/B; Frankfurt/Main, Bonn 1983

VEREINIGUNG DEUTSCHER ELEKTRIZITÄTSWERKE / VEREINIGUNG INDUSTRIELLE KRAFTWIRTSCHAFT / BUNDESVERBAND DER DEUTSCHEN INDUSTRIE: Grundsätze über die Intensivierung der stromwirtschaftlichen Zusammenarbeit zwischen öffentlicher Elektrizitätsversorgung und industrieller Kraftwirtschaft; Frankfurt/Main, Köln, Essen 1979

VEREINIGUNG INDUSTRIELLE KRAFTWIRTSCHAFT: Statistik der Energiewirtschaft, Essen 1980/81 und 1981/82

VOLWAHSEN, Andreas: Bewertungsverfahren für die großräumige Standortplanung von Kraftwerken, in: Informationen zur Raumentwicklung, Bonn (1977), S. 631-643

DERSELBE: Die Berücksichtigung der rationellen Energieverwendung bei der Stadterneuerung an Beispielen, in: Rationelle Energieverwendung und Siedlungsplanung, Schriftenreihe des Instituts für Städtebau Berlin der Deutschen Akademie für Städtebau und Landesplanung, Heft 20, Berlin 1980, S. 55-72

DERSELBE: Stadterneuerung und örtliche Energieversorgungskonzepte, in: Örtliche und regionale Energieversorgungskonzepte - Teil der Entwicklungs- und Bauleitplanung, Schriftenreihe des Instituts für Städtebau Berlin der Deutschen Akademie für Städtebau und Landesplanung, Heft 24, Berlin 1981

DERSELBE: Landesentwicklung und Energieversorgung, in: Räumliche Entwicklungsplanung in den 80er Jahren, Informationen zur Raumentwicklung, Heft 9, Bonn 1982, S. 713-734

VOß, A. / GEIßLER, E.: Umsetzung praktischer Energiebedarfsforschung in strategischen Energiemodellen, in: Praktische Energiebedarfsforschung - Basis realistischer Energiestrategien, Schriftenreihe der Forschungsstelle für Energiewirtschaft, Bd. 14; Berlin, Heidelberg, New York 1981, S. 151-159

VOSS, Gerhard: Energieversorgung - Engpaß der achtziger Jahre, in: Innere Kolonisation, Bonn 28 (1979), S. 236-238

DERSELBE: Energie - Wege aus der Krise, Köln 1981

WAGENER, Frido: Zur Praxis der Aufstellung von Entwicklungsplanungen, in: Archiv für Kommunalwissenschaften, 1. Halbjahresband; Stuttgart, Köln 9 (1970), S. 47-62

DERSELBE: Ziele der Stadtentwicklung nach Plänen der Länder, Schriften zur Städtebau- und Wohnungspolitik, Bd. 1, Göttingen 1971

WAGNER, Gerhard: Auswirkungen der Energie- und Mineralölverknappung auf die Entwicklung der Produktions- und Standortstruktur, in: Informationen zur Raumentwicklung, Heft 3, Bonn 1974, S. 83-92

DERSELBE: Abbau regionaler Strompreisdisparitäten durch raumwirksame Maßnahmen und Planungen in der Bundesrepublik Deutschland, Diss., Bonn 1983

WAGNER, Martin / STROMBERG, Dieter: Der Nutzwert von Alternativen. Zur Anwendung der Delphi-Methode in der Stadtplanung, in: Bauwelt, Berlin 60 (1969), S. 272-274

WEGENER, Gerhard: Problemstellung, Erwartungen an die kommunale Entwicklungsplanung, in: Kommunale Entwicklungsplanung, Dortmunder Beiträge zur Raumplanung, Bd. 20, Dortmund 1981, S. 1-8

WEISCHET, Wolfgang: Stadtklimatologie und Stadtplanung, in: Klima und Planung '79, Tagung am Geographischen Institut der Univ. Bern, Veröffentlichungen der Geographischen Kommission, Schweizer Naturforscher Gesellschaft 6, Bern 1980, S. 73-95

WESSEL, Gerd: Gemeindeentwicklungsplanung - Begriff und Aufgabe, in: Der Städtebund, Göttingen 26 (1971), S. 246-252

WEYL, Heinz: Verdichtungsräume und Entwicklungsplanung, in: PEHNT, Wolfgang (Hrsg.): Die Stadt in der Bundesrepublik Deutschland, Stuttgart 1974, S. 428-452

WIBERA WIRTSCHAFTSBERATUNG AG: Wärmeversorgungskonzept Bremen. Energiewirtschaftlicher Teil, Düsseldorf 1982/83

WICHARDT, Hans-Jürgen: Anschluß- und Benutzungszwang für Fernwärme allein aus Gründen der "Volksgesundheit"? in: Deutsches Verwaltungsblatt, Köln 95 (1980), S. 31-35

WINDORFER, Eugen: Wie ist der Wärmebedarf bis 200° Celsius in der Bundesrepublik Deutschland verteilt? in: Fernwärme international, Frankfurt/Main 6 (1977), S. 82-89

WINKENS, Hans Peter: Energieversorgungskonzept Rhein-Neckar, in: Örtliche und regionale Energieversorgungskonzepte - Teil der Entwicklungs- und Bauleitplanung, Schriftenreihe des Instituts für Städtebau Berlin der Deutschen Akademie für Städtebau und Landesplanung, Heft 24, Berlin 1981

WISSENSCHAFTLICHER BEIRAT BEIM BUNDESMINISTERIUM FÜR WIRTSCHAFT: Wirtschaftspolitische Folgerungen aus der Ölverknappung, in: Bulletin des Presse- und Informationsamtes der Bundesregierung Nr. 155, Bonn 1979, S. 1419-1432

WORLD ENERGY CONFERENCE 1980: Energy for our World, London 1980

ZANGEMEISTER, Christof: Nutzwertanalyse in der Systemtechnik. Eine Methodik zur multidimensionalen Bewertung und Auswahl von Projektalternativen, München 1970

OHNE VERFASSERANGABE: Die Hintergründe der Energieproblematik wurden deutlich gemacht, 9. Workshop 'Energie' in Braunlage 9. bis 11. November 1982, in: RWE-Verbund, Heft 120, Essen 1982, S. 188-193

OHNE VERFASSERANGABE: Stadt und Energie, zum Beispiel Bonn, in: Bonner Energie-Report Nr. 13/14, Bonn 4 (1983), S. 24-26

OHNE VERFASSERANGABE: Übergeordnete Ziele beachten. Wirtschaftsminister legen Grundsätze für örtliche und regionale Energieversorgungskonzepte vor, in: ÖTV-Energiereport 3/1982, Stuttgart 1982, S. 10-11

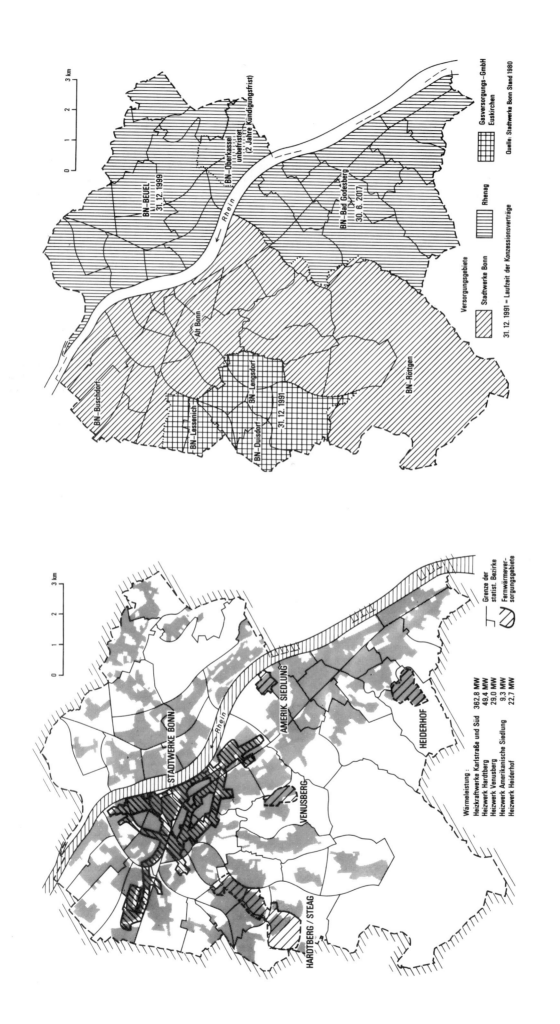

Karte 1: Fernwärmeversorgung im Bonner Stadtgebiet

Karte 2: Gasversorgung im Bonner Stadtgebiet

Karte 3: Stromversorgung im Bonner Stadtgebiet

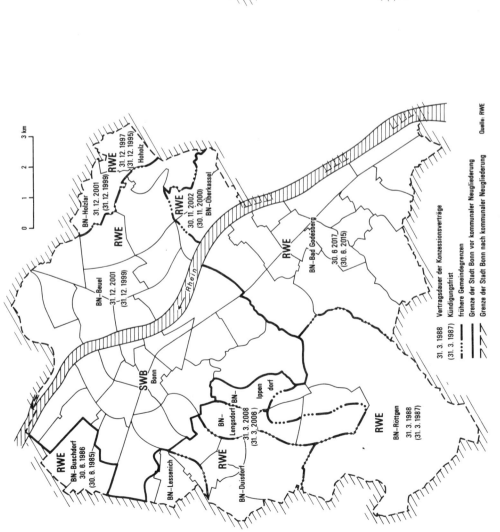

Karte 4: Darstellung der 22 Untersuchungsgebiete des 'Wärmeversorgungskonzeptes Bonn'

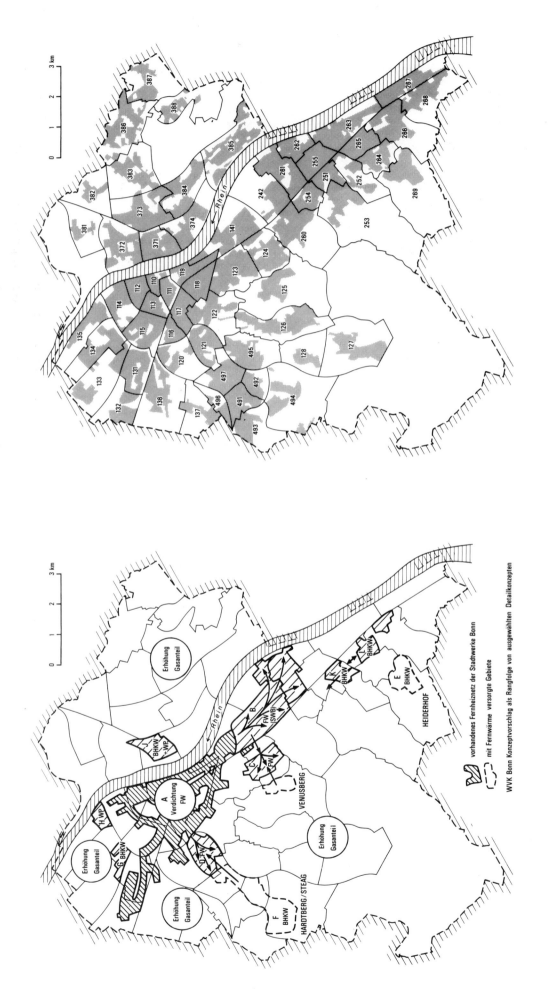

Karte 5: Konzeptvorschläge des 'Wärmeversorgungskonzeptes Bonn'

Karte 6: Statistische Bezirke der Stadt Bonn

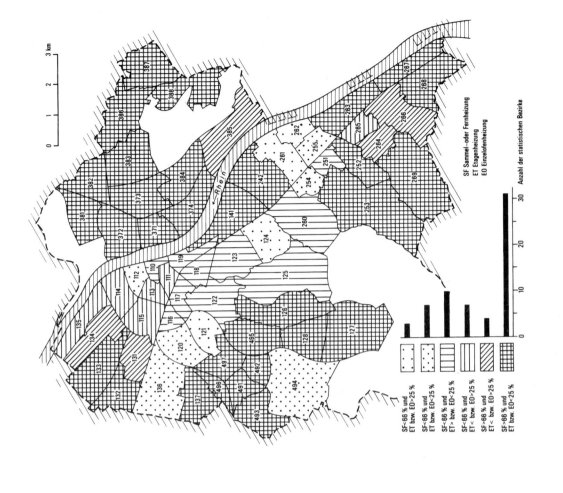

Karte 8: Anteile der einzelnen Heizungsarten bei Wohngebäuden in %

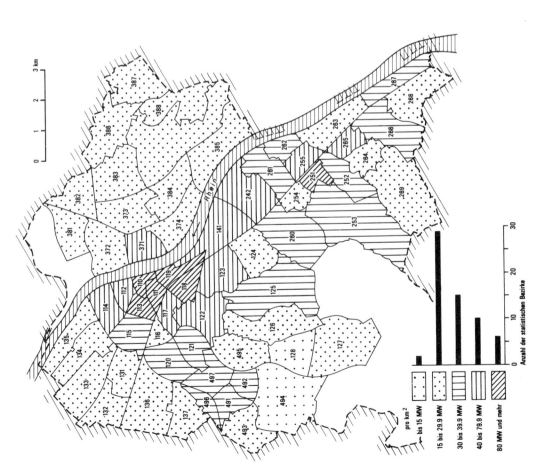

Karte 7: Wärmedichte 1982 in MW/qkm bezogen auf die überbauten Flächen

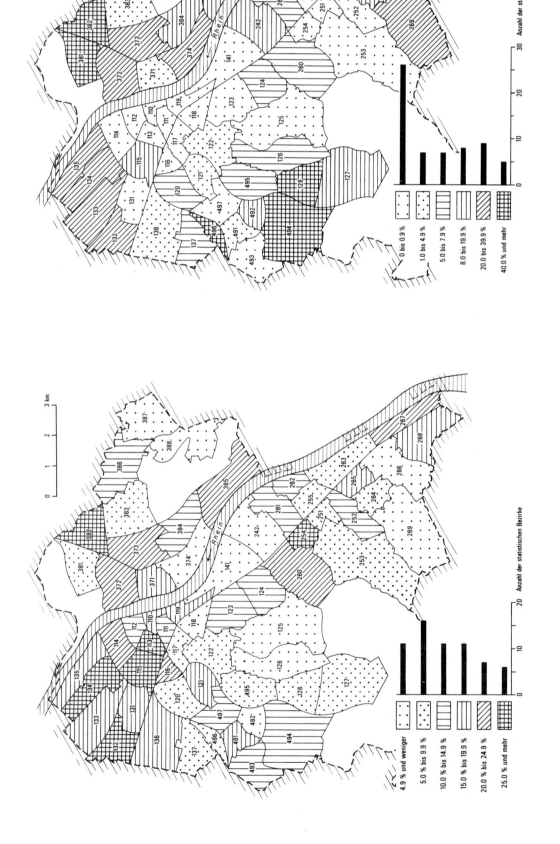

Karte 10: Prozentuale Zunahme des Wärmeanschlußwertes durch den Neubau von Wohngebäuden

Karte 9: Prozentualer Anteil wohngeldempfangender Haushalte

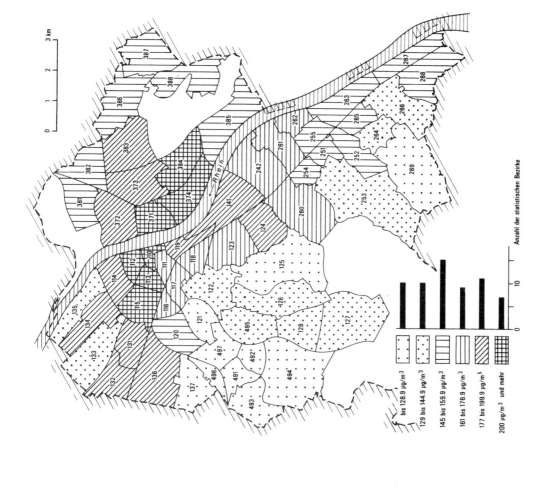

Karte 12: Schwefeldioxidimmissionen
Spitzenbelastung in Mikrogramm pro Kubikmeter

Karte 11: Schwefeldioxidimmissionen mittlere
Belastung in Mikrogramm pro Kubikmeter

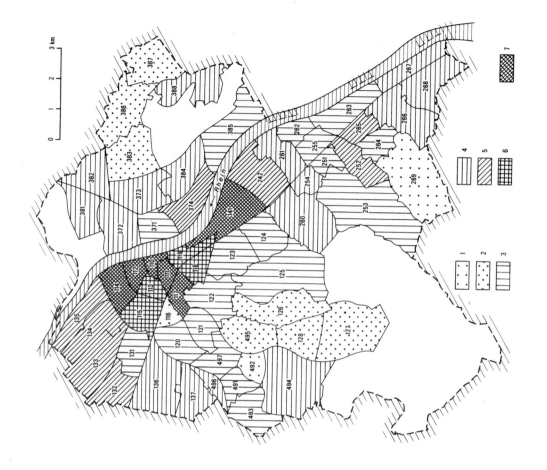

Karte 14: Überblick über die vorgeschlagenen
Ausbaumaßnahmen bei den leitungsgebundenen
Energieträgern

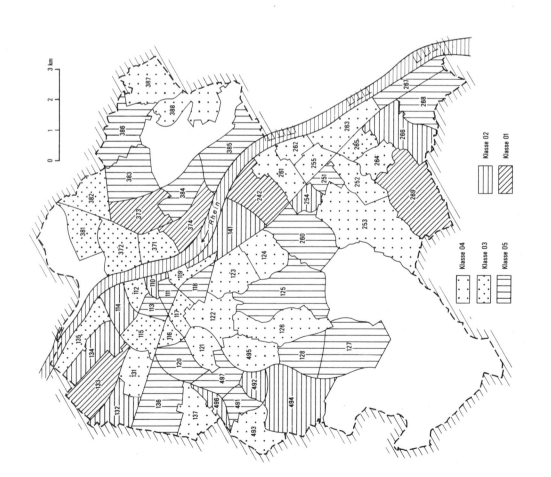

Karte 13: Zusammenfassung und Vergleich der
Ergebnisse der drei Gewichtungsalternativen